创新型人才培养"十二五"规划教材

变频器控制技术

主　编　钱海月　王海浩

副主编　宋　宇　李俊涛　于秀娜

主　审　关　健

电子工业出版社

Publishing House of Electronics Industry

北京·BEIJING

内 容 简 介

本书从变频器的实际应用角度出发，全书内容涵盖了变频器的基本原理、简单操作及其实际应用等多个方面。书中由浅入深地阐述了变频器的基础知识、变频器的基本构成及其主电路的检测方法、变频器的控制方法、变频调速系统主要器件的选用；详细介绍了变频器的主要功能、参数设置方法及变频器的操作、运行、安装、使用维护、应用实例等内容。

本书注重实际、强调应用，可作为高职高专院校电气工程及自动化、机电一体化、过程控制及其相关专业的教材，同时也可供相关领域的专业技术人员参考。

图书在版编目（CIP）数据

变频器控制技术/钱海月，王海浩主编 . ——北京：电子工业出版社，2013.8
创新型人才培养"十二五"规划教材
ISBN 978 - 7 - 121 - 20497 - 5

Ⅰ. ① 变… Ⅱ. ① 钱… ② 王… Ⅲ. ① 变频器 - 高等职业教育 - 教材 Ⅳ. ① TN773

中国版本图书馆 CIP 数据核字（2013）第 107800 号

策划编辑：柴 燕（chaiy@ phei. com. cn）
责任编辑：柴 燕
印 刷：北京虎彩文化传播有限公司
装 订：北京虎彩文化传播有限公司
出版发行：电子工业出版社
　　　　　北京市海淀区万寿路 173 信箱 邮编：100036
开 本：787×109 1/16 印张：14.25 字数：370 千字
版 次：2013 年 8 月第 1 版
印 次：2021 年 12 月第 16 次印刷
定 价：33.00 元

前　　言

20 世纪 80 年代变频器引入中国之后，变频调速技术以其调速精度高、性能好、内部软件齐全、价格低、应用方便等优点替代了直流调速和电磁调速，占据了调速领域的主导地位。因此，变频器被广泛应用于制造业、冶金、矿业、轻工等各个领域，有力地推进了生产力的发展，现已成为工业控制的标准设备。

本书根据高等职业教育"淡化理论，突出实践应用"的原则，在编写思路上力求体现高职高专培养生产一线高技能人才的要求，在内容上根据本课程自身的特点，采用"原理—操作—应用"循序渐进的原则，符合学生的认知规律。本书写作过程中努力做到内容全面、语言简洁、重点突出、图文并茂，尽可能体现高职教育的特点。

本书从实用的角度出发，介绍了变频器中常用电力电子器件的结构、原理、参数、驱动电路及其检测方法，变频器的基本结构、工作过程及其各部分的检测，变频器的控制方法，三菱 FR – 700 系列变频器的外部端子功能、常用控制功能及操作方法，西门子 MM440 变频器的外部端子功能、常用控制功能及操作方法，变频调速系统的构成、元器件的选择及常用控制线路等内容。其中，关于三菱 FR – 700 系列变频器和西门子 MM440 变频器的使用可根据不同院校的实验实训条件决定具体讲解哪一章，而另一章可作为学生自学章节，以适应市场的需求。

本书既可以作为高职高专院校自动化、机电一体化、自动控制专业及其他相关专业的教学用书，也可作为企业培训人员和工程技术人员的参考书和自学教材。

本书由吉林电子信息职业技术学院钱海月、王海浩担任主编，宋宇、李俊涛、于秀娜担任副主编，刘伟、刘爽、董括参编。其中，第 1 章由于秀娜编写，第 3、4 章由钱海月编写，第 2、7 章由王海浩编写，第 6 章由宋宇编写，第 5 章由李俊涛编写，刘伟、刘爽、董括共同编写第 8 章、附录 A 和附录 B。全书由钱海月统稿，由关健主审。

本书配有电子教学参考资料（电子教案和部分习题答案），需要的师生可在电子工业出版社旗下华信教育资源网（www. hxedu. com. cn）下载。

在本书的编写过程中，编者参考了多位同行专家的著作和文献。关健教授以高度负责的态度审阅了全书，并提出了许多宝贵意见，在此一致表示谢意。

由于编者水平有限，书中难免存在疏漏之处，敬请广大读者批评指正。

目　　录

第1章 概　　述

【知识目标】

1. 掌握异步电动机的调速方式及其特性。
2. 熟悉变频调速的基本原理及其优点。
3. 掌握变频器的分类及其性能比较。
4. 了解变频器的发展过程，认识变频器在现代化建设中的作用。
5. 了解变频器的应用领域。

【能力目标】

1. 能够分析比较不同厂家变频器的优缺点。
2. 会查阅变频器的相关文献。

电动机是电力拖动系统中的原动机，它将电能转化为机械能，去拖动各类型生产机械的工作机构运动，以实现各种生产工艺的要求。随着社会化大生产的不断发展，生产制造技术越来越复杂，对生产工艺的要求也进一步提高。而作为系统原动机的电动机则是实现这些要求的主体，因此提高电动机的调速技术对于整个电力拖动系统的性能具有十分重要的意义。

长期以来，在调速领域里，由于直流调速控制简单、调速性能好，一直占据统治地位，但它也具有下述缺点。

① 直流电动机结构复杂，成本高，故障多，维护困难，经常因火花大而影响生产。

② 换向器的换向能力限制了电动机的容量和速度。直流电动机的极限容量和速度之积约为 $10^6 \mathrm{kW \cdot r/min}$，许多大型机械的传动电动机已接近或超过该值，设计制造困难，甚至根本造不出来。

③ 为改善换向能力，要求电枢漏感小，转子短粗，导致转动惯量增大，影响系统动态性能。在动态性能要求高的场合，不得不采用双电枢或三电枢，带来造价高、占地面积大、易共振等一系列问题。

④ 直流电动机除励磁外，全部输入功率都通过换向器流入电枢，电动机效率低。由于转子散热条件差，因而冷却费用高。

相对于直流电动机，异步电动机并无上述缺点，而且具有结构简单、坚固耐用、使用寿命长、易于维修、价格低廉的优点。因此，在整个电力拖动领域中，异步电动机独占鳌头。

1.1　异步电动机的调速方式

当三相电动机定子绕组通入三相交流电后，定子绕组会产生旋转磁场，旋转磁场的转速 n_0 与交流电源的频率 f 和电动机的磁极对数 p 有如下关系，即

$$n_0 = 60f/p \tag{1-1}$$

电动机转子的旋转速度（即电动机的转速）略低于旋转磁场的旋转速度 n_0（又称同步转速），两者的转速差称为转差率 s，电动机的转速为

$$n = (1-s)60f/p \tag{1-2}$$

由上式可知，若要改变电动机转速 n，有如下三种方法。

① 变极调速：改变电动机绕组的磁极对数 p。

② 改变转差率调速：改变电动机的转差率 s。

③ 变频调速：改变供电电源的频率 f。

目前常见的调速方式主要有降电压调速、转子串电阻调速、串级调速、变极调速、变频调速。其中前三项均属于变转差率调速方式。

1. 异步电动机的变极调速

变极调速是通过改变定子绕组的磁极对数来改变旋转磁场同步转速进行调速的，是无附加转差损耗的高效调速方式。由于磁极对数 p 是整数，因此它不能实现平滑调速，只能是有级调速。在供电频率 $f = 50\text{Hz}$ 的电网中，$p = 1$、2、3、4 时，相应的同步转速 $n_0 = 3000$、1500、1000、750r/min。变极调速只适用于变极电动机，现国内生产的变极电动机有双、三、四速等几类。

变极调速的优点是在每一个转速等级下都具有较硬的机械特性，稳定性好，控制线路简单，容易维护；缺点是有级调速，调速平滑性差，从而限制了它的使用范围。

2. 降电压调速

降电压调速是用改变定子电压的方法来改变电动机的转速的。调速过程中，它的转差功率以发热形式损耗在转子绕组中，属于低效调速方式。由于电磁转矩与定子电压的平方成正比，因此改变定子电压就可以改变电动机的机械特性，与某一负载特性相匹配就可以稳定在相应的转速上，从而实现调速功能。使用晶闸管是实现交流调压调速的主要手段，利用改变定子侧三相反并联晶闸管的移相角来调节转速，可以做到无级调速，如图 1-1 所示。

降电压调速的主要优点是控制设备比较简单，可无级调速，初始投资低，使用维护比较方便；缺点是机械特性软，调速范围窄，调速效率比较低。它适用于调速要求不高，在高速区运行时间较长的中小容量的异步电动机。

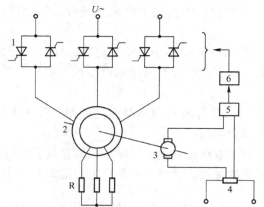

1—晶闸管装置；2—异步电动机；3—测速发电机；4—电压给定器；5—放大器；6—触发器

图 1-1　晶闸管调压调速系统的原理框图

3. 转子串电阻调速

转子串电阻调速适用于绕线式异步电动机，通过在电动机的转子回路中串入不同阻值的电阻，人为地改变转子电流从而改变电动机的转速，如图 1-2 所示。

转子串电阻调速的优点是设备简单，维护方便；控制方法简单，易于实现。其缺点是只能有级调速，平滑性差；低速时机械特性软，故静差率大；低速时转差大，转子铜损高，运行效率低。这种调速方法适合于调速范围不太大和调速特性要求不高的场合。

4. 串级调速

串级调速方式是转子串电阻调速方式的改进，基本工作方式也是通过改变转子回路的等效阻抗从而改变电动机的工作特性，达到调速的目的。其实现方式是在转子回路中串入一个可变的电动势，从而改变转子回路的回路电流，进而改变电动机转速。

串级调速的优点是可以通过某种控制方式使转子回路的能量回馈给电网，从而提高效率，还可以实现无级调速。缺点是对电网干扰大，调速范围窄。

5. 变频调速

变频调速是通过改变异步电动机供电电源的频率 f 来实现无级调速的。从实现原理上考虑，变频调速是一个简捷的方法。从调速特性上看，变频调速的任何一个速度段的硬度均接近自然机械特性，调速特性好。如果能有一个可变频率的交流电源，则可实现连续调速，平滑性好。变频器就是一种可以实现变频、变压的交流电源的专业装置，其变频调速原理图如图1-3所示。

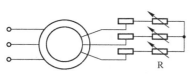

图1-2　转子串电阻电路

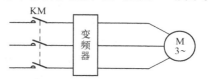

图1-3　变频调速原理图

6. 比较几种调速方式

根据实际应用效果，将交流电动机的各种调速方式的一般特性和特点汇总于表1-1之中。

表1-1　调速方式的一般特性和特点

调速方法 比较项目		变　极	变 转 差 率			变　频
			转子串电阻	串级调速	降压调速	
是否改变同步转速		变	不变	不变	不变	变
调速指标	静差率	小 （好）	大 （差）	小 （好）	开环时大 闭环时小	小 （好）
	在一般静差率要求下的调速范围 D	较小 （$D=2\sim4$）	小 （$D=2$）	较小 （$D=2\sim4$）	闭环时较大 （$D=10$）	较大 （$D=10$）
	调速平滑性	差 （有级调速）	差 （有级调速）	好 （无级调速）	好 （无级调速）	好 （无级调速）
	适应负载类型	恒转矩 恒功率	恒转矩	恒转矩	通风机 恒转矩	恒转矩 恒功率
	设备投资	少	少	较多	较少	多
	电能损耗	小	大	较小	大	较小
运用电动机类型		多速电动机 （鼠笼型）	绕线型异步 电动机	绕线型异步 电动机	绕线型异步电动机、 鼠笼型异步电动机	鼠笼型电动机

1.2　变频器的发展与现状

由于变频器具有体积小、重量轻、精度高、工艺先进、功能丰富、保护齐全、可靠性高、操作简便、通用性强、易形成闭环控制等优点，它优于以往的任何调速方式，如变极调速、调压调速、滑差调速、串级调速等，因而深受钢铁、有色金属、石油、石化、化工、化纤、纺织、机械、电力、建材、煤炭、医药、造纸、卷烟、城市供水及污水处理等行业的欢迎。

当今变频器产业得到了飞速发展，变频器产品的产业化规模日趋壮大。交流变频器自20世纪60年代问世，到20世纪80年代在主要工业化国家已得到了广泛使用。20世纪90年代以来，随着人们节能环保意识的加强，变频器的应用越来越普及。

1. 变频器控制方式的发展和现状

变频技术是应交流电动机无级调速的需要而诞生的。20世纪80年代，作为变频技术核心的PWM模式优化问题引起了业内人士的浓厚科研兴趣，并因此得出了诸多优化模式，如鞍形波PWM模式、电压空间相量PWM模式等。从20世纪80年代后半期开始，欧美发达国家的VVVF（Variable Voltage Variable Frequency）变频器已投入市场并得到了广泛应用。

低压通用变频器输出电压分380V级和660V级两种，输出功率为0.75 ~ 400kW，工作频率为0 ~ 400Hz，它的主电路都采用交—直—交电路。其控制方式经历了以下四代。

第一代，采用正弦脉宽调制（SPWM）的恒压频比控制。该方式控制电路结构简单、成本较低，机械特性硬度也较好，能够满足一般传动的平滑调速要求，已在各个领域得到了广泛应用。这种控制方式在低频时，因输出电压较小，受定子电阻压降的影响比较显著，故造成输出最大转矩减小。但是，其机械特性终究没有直流电动机硬，动态转矩能力和静态调速性能都还不尽如人意。而且，其系统性能不高，控制曲线会随负载的变化而变化，转矩响应慢，电动机转矩利用率不高，低速时因定子电阻和逆变器死区效应的存在而性能下降，稳定性会变差。

第二代，电压空间矢量（磁通轨迹法）控制方式，又称SVPWM控制方式。它是以三相波形整体生成效果为前提，以逼近电动机气隙的理想圆形旋转磁场轨迹为目的，一次生成三相调制波形，以内切多边形逼近圆的方式而进行控制的。经实践使用后又有所改进：引入频率补偿，能消除速度控制的误差；通过反馈估算磁链幅值，消除低速时定子电阻的影响；将输出电压、电流构成闭环，以提高动态的精度和稳定度。但这种方式下的控制电路环节较多，并且没有引入对转矩的调节，所以系统性能没有得到根本改善。

第三代，矢量控制（磁场定向法），又称VC控制方式。矢量控制变频调速的做法是将异步电动机在三相坐标系下的定子交流电流 I_a、I_b、I_c 通过三相—二相变换，等效成两相静止坐标系下的交流电流 I_α、I_β，再通过按转子磁场定向旋转变换，等效成同步旋转坐标系下的直流电流 I_m、I_t（I_m 相当于直流电动机的励磁电流；I_t 相当于与转矩成正比的电枢电流），然后模仿直流电动机的控制方法，求得直流电动机的控制量，经过相应的坐标反变换，实现对异步电动机的控制。

然而在实际应用中，由于转子磁链难以准确观测，系统特性受电动机参数的影响较大，并且在等效直流电动机控制过程中所用矢量旋转变换较为复杂，使得实际的控制效果难以达到理想分析的结果。

第四代，直接转矩控制，又称DTC控制。1985年，德国鲁尔大学的Depenbrock教授首先提出直接转矩控制理论（Direct Torque Control，DTC）。直接转矩控制与矢量控制不同，它不是通过控制电流、磁链等量来间接控制转矩的，而是把转矩直接作为被控量来控制的。

转矩控制是控制定子磁链，在本质上并不需要转速信息；控制效果上，对除定子电阻外的所有电动机参数变化的鲁棒性良好；所引入的定子磁键观测器能很容易地估算出同步速度信息，因而能方便地实现无速度传感器化。这种控制方法被应用于通用变频器的设计之中，是很自然的事，这种控制方式被称为无速度传感器直接转矩控制。然而，这种控制方式依赖于精确的电动机数学模型和对电动机参数的自动识别，通过 I_D 运行自动确立电动机实际的定子阻抗互感、饱和因数、电动机惯量等重要参数，然后根据精确的电动机模型估算出电动机的实际转矩、定子磁链和转子速度，并由磁链和转矩的 Band - Band 控制产生 PWM 信号对逆变器的开关状态进行控制。这种系统可以实现很快的转矩响应速度和很高的速度、转矩控制精度。

2. 电力电子器件的发展与现状

到了 20 世纪 60 年代，随着晶闸管（SCR）功率的不断增大，使变频调速具有了现实可能性。而使变频调速器达到普及应用的阶段（欧美国家），则是在 20 世纪 70 年代，大功率晶体管（GTR）问世之后。20 世纪 90 年代，场效应晶体管、IGBT 的出现及其性能不断提高，又使变频调速器在各个方面前进了一步。可见，变频器的产生、成长和发展，是和电力电子功率器件的进步密不可分的。

电力电子技术是高新技术产业发展的基础技术之一，是传统产业改造的重要手段。自1957 年第一个普通晶闸管诞生以来，电力电子器件产品的发展主要经历了以下四代。

第一代产品，主要标志是器件本身没有关断能力，如普通晶闸管。

第二代产品，主要标志是器件本身有关断能力，如大功率晶体管（GTR）、可关断晶闸管（GTO）等。

第三代产品，主要标志是一些性能优异的复合型器件和功率集成电路，如绝缘栅极双极型晶体管等。

第四代产品，主要标志是集性能优异的复合型、集成电路及智能型的综合功能功率器件，如智能化模块 IPM 等。

3. 国产变频器的发展与现状

中国的变频器市场目前正处于一个高速增长的时期，在空调、电梯、冶金、机械等行业得到了广泛应用。据统计，在过去的几年内，中国变频器的市场保持着 12% ~ 15% 的增长率，这个速度已经远远超过了近几年的 GDP 增长水平，而且至少在未来的 5 年内可保持10% 以上的增长率。

考虑到 4% ~ 6% 的价格下降，中国市场上变频器安装容量（功率）的增长实际上在20% 左右。按照这样的发展速度和中国市场的需求计算，至少在 10 年以后市场才能饱和并逐渐成熟。因此，中国变频器市场具有广阔的发展空间。

4. 国产变频器发展的总趋势

变频器是运动控制系统中的功率变换器。当今的运动控制系统是包含多种学科的技术领域，总的发展趋势是：驱动的交流化，功率变换器的高频化，控制的数字化、智能化和网络化。因此，作为系统的重要功率变换部件，变频器的发展使得提供可控的高性能变压变频的交流电源得到了迅猛发展。

1.3　变频器的分类

变频器是将固定频率的交流电变换为频率连续可调的交流电的电气装置。目前，变频器的类型多种多样，可以按照变换方式、直流电源的性质、输出电压的调节方式及用途进行分类。

1.3.1 按照变换方式分类

变频器按照工作时频率变换的方式主要分为两类，即交—直—交变频器和交—交变频器。

1. 交—直—交变频器

交—直—交变频器先将工频交流电通过整流电路转换成脉动的直流电，再把直流电逆变成频率任意可调的三相交流电，供给负载进行变速控制。

交—直—交变频器又称间接式变频器，由于把直流电逆变成交流电的环节比较容易控制，因此在频率的调节范围内及改善频率后电动机的特性等方面都有明显的优势。目前，此种变频结构广泛用于通用型变频器中。图1-4所示为交—直—交变频器的结构。

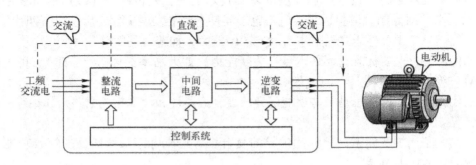

图1-4 交—直—交变频器的结构

2. 交—交变频器

交—交变频器将工频交流电直接转换成频率和电压均可调的交流电，提供给负载进行变速控制。

交—交变频器又称直接式变频器，其主要优点是没有中间环节，故变换效率高，过载能力强。但其连续可调的频率范围窄，一般为额定频率的1/2以下，故它主要用于低速大容量的拖动系统中。图1-5所示为交—交变频器的结构。交—直—交变频器和交—交变频器的特点比较见表1-2。

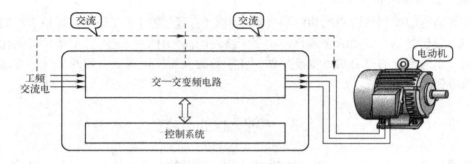

图1-5 交—交变频器的结构

表 1-2　交—直—交变频器和交—交变频器的特点比较

比较项目 \ 变频器类型	交—交变频器	交—直—交变频器
换能形式	一次换能，效率较高	两次换能，效率较低
换流方式	电源电压换流	强迫换流或负载换流
调频范围	最高频率为电源频率的 $\frac{1}{3} \sim \frac{1}{2}$	频率调节范围宽，不受电源频率限制
装置元器件数量	元器件较多，利用率较低	元器件较少，利用率高
电网功率因数	较低	移相调压、低频调压时功率因数低；用斩波 PWM 调压，功率因数高
适用场合	特别适用于低速大功率拖动系统	可用于各种电力拖动装置、稳频、稳压电源和不停电电源

1.3.2　按照直流电源的性质分类

在交—直—交变频器中，根据中间部分的电源性质不同，又可以将变频器分为两大类，即电压型变频器和电流型变频器。

1. 电压型变频器

电压型变频器的特点是中间电路采用电容器作为直流储能元件，可缓冲负载的无功功率，直流电压比较平稳，直流电源内阻较小，相当于电压源，故称为电压型变频器，常用在负载电压变化较大的场合。图 1-6 所示为电压型变频器的结构。

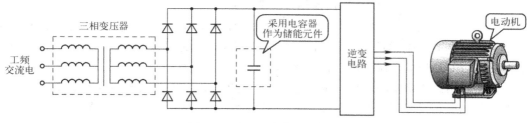

图 1-6　电压型变频器的结构

2. 电流型变频器

电流型变频器的特点是中间电路采用电感器作为直流储能元件，用于缓冲负载的无功功率，即扼制电流的变化，使电压接近正弦波。因该直流内阻较大，故称为电流型变频器。由于电流型变频器可扼制负载电流频繁而急剧的变化，因此常用在负载电流变化较大的场合，适用于需要回馈制动和经常正、反转的生产机械。图 1-7 所示为电流型变频器的结构。电压型变频器与电流型变频器的特点比较见表 1-3。

图 1-7　电流型变频器的结构

表 1-3　电压型变频器与电流型变频器的特点比较

变频器类型 比较项目	电压型变频器	电流型变频器
直流回路环节	电容器	电感器
负载无功功率	通过反馈二极管返还	用换流电容处理
输出电压波形	矩形波或阶梯波	取决于负载，当负载为异步电动机时，近似正弦波
输出电流波形	取决于逆变器电压与负载电动机的电势，近似正弦波	矩形波
电源阻抗	小	大
再生制动	需要附加制动电路	方便，不需附加设备
对晶闸管的要求	一般耐压较低，关断时间要求短	耐压高，对关断时间无严格要求
适用场合	适用于向多台电动机供电、不可逆拖动、稳速工作、快速性要求不高的场合	适用于电动机拖动，频繁加、减速情况下运行，以及需要经常反向的场合

1.3.3　按照输出电压的调制方式分类

按照输出电压的调制方式，可以将变频器分为正弦波脉宽调制（SPWM）控制方式变频器和脉幅调制（PAM）控制方式变频器。

1. 正弦波脉宽调制（SPWM）控制方式变频器

正弦波脉宽调制（SPWM）控制方式变频器是指在逆变电路部分同时对输出电压的幅值和频率进行控制的控制方式。在这种控制方式中，以较高的频率对逆变电路的半导体开关器件进行开闭，并通过调节脉冲占空比来达到控制电压的目的。

SPWM 变频器的功率因数高，调节速度快；输出电压和电流波形接近正弦波，改善了由矩形波引起的电动机发热、转矩降低等电动机运行性能，适用于单台或多台电动机并联运行、动态性能要求高的调速系统。

2. 脉幅调制（PAM）控制方式变频器

脉幅调制（PAM）控制方式变频器将变压和变频分开完成，即在整流电路部分对输出电压的幅值进行控制，而在逆变电路部分对输出频率进行控制。因为在 PAM 控制的变频器中逆变电路换流器件的开关频率即为变频器的输出频率，所以这是一种同步调速方式。在这种方式下，当系统低速运行时，谐波和噪声都比较大。

这两种变频器的区别在于：PAM 调速要采用可控整流器，并需对可控整流器进行导通角控制；而 SPWM 调速则采用不控整流器，工作时无需对整流器进行控制。

1.3.4　按照功能用途分类

变频器按照用途可以分为通用变频器和专业变频器两大类。

1. 通用变频器

通用变频器是指在很多方面具有很强通用性的变频器。该类变频器简化了一些系统功能，并以节能为主要目的，多为中小容量变频器，一般应用在水泵、风扇、鼓风机等对于系统调速性能要求不高的场合。

2. 专业变频器

专业变频器是指专门针对某一方面或某一领域而设计研发的变频器。该类型变频器针对性较强，具有适用于所针对领域独有的功能和优势，从而能够更好地发挥变频调速的作用。目前，较常见的专用变频器主要有风型专用变频器、恒压供水专用变频器、机床类专用变频器、重载专用变频器、注塑机专用变频器、纺织类专用变频器等。

本 章 小 结

1. 变频调速的理论依据：$n = (1 - s)60f/p$。

2. 异步电动机的调速方式如下。

$$
异步电动机的调速方式
\begin{cases}
变极调速 \\
变转差率调速 \begin{cases} 降压调速 \\ 转子串电阻调速 \\ 串级调速（转差电压） \\ 电磁离合器调速 \end{cases} \\
变频调速
\end{cases}
$$

3. 变频器按照工作时频率变换的方式主要分为交—直—交变频器和交—交变频器。目前，交—直—交变频器广泛用于通用型变频器。

4. 交—直—交变频器根据中间部分的电源性质不同，可以分为两大类，即电压型变频器和电流型变频器。电压型变频器直流环节并联电容器，输出电压波形为矩形波或阶梯波，输出电流波形近似正弦波；电流型变频器直流环节串电感，输出电流波形为矩形波，输出电压波形近似正弦波。

5. 变频器按照输出电压的调制方式可以分为正弦波脉宽调制（SPWM）控制方式变频器和脉幅调制（PAM）控制方式变频器。

练 习 题

一、填空题

1. 交流异步电动机调速的理论根据是（　　　　　　　　　）。

2. 交流电动机调速方式有（　　　　　　）、（　　　　　　　）、（　　　　　　　　　）、
（　　　　　　）和（　　　　　　）等。

3. 工业变频器从原理上可分为（　　　　）变频器和（　　　　　　　）变频器。

4. 工业变频器根据中间环节直流电源的性质不同可以分为（　　　　　　　　）变频器和
（　　　　　）变频器。

5. 工业变频器按其输出电压的调制方式可以分为（　　　　　）变频器和（　　　　　　）
变频器。

二、简答题

1. 简述变频调速的优缺点。

2. 从不同角度比较电压型变频器和电流型变频器。

3. 从不同角度比较交—直—交变频器和交—交变频器。

第 2 章　变频器中常用的电力电子器件

【知识目标】

1. 掌握常用电力电子器件的结构和工作原理。
2. 掌握常用电力电子器件的驱动方法。
3. 掌握常用电力电子器件的测试方法。
4. 掌握常用电力电子器件的基本特性及在使用中应注意的问题。
5. 掌握电力电子器件的分类方法。

【能力目标】

1. 能够使用万用表判别常用电力电子器件的好坏。
2. 能够使用万用表区分常用电力电子器件的极性。
3. 能够对常用电力电子器件的触发能力进行检测。
4. 能够使用常用的电力电子器件设计简单的电路。

电力电子器件是变频器主电路的核心器件，是能实现电能变换与控制的半导体器件。电力电子器件的特点主要有①能承受的电压高，允许通过的电流大；②通常工作在开关状态；③功耗大、温度高，一般需要安装散热片；④所处理的电功率大，工作时需要驱动电路为其提供足够的控制信号。

2.1　晶闸管 SCR

晶闸管（Silicon Controlled Rectifier，SCR）是硅晶体闸流管的简称，俗称可控硅，常用 SCR 表示，国际通用名称为 Thyristor，简称 T。晶闸管包括普通晶闸管、双向晶闸管、可关断晶闸管、逆导晶闸管和快速晶闸管等。

2.1.1　SCR 的外形、结构与图形符号

晶闸管的种类很多，从外形上看主要有螺栓形和平板形，如图 2-1（a）所示。在电路中，晶闸管通常用"VT"表示，其图形符号有 3 个电极，分别为阳极（用 A 表示）、阴极（用 K 表示）和门极（用 G 表示），其中门极又称控制极。图 2-1 所示为晶闸管的实物外形、电路符号及文字标识。

晶闸管是 4 层（P_1、N_1、P_2、N_2）3 端器件，有 J_1、J_2、J_3 三个 PN 结，如果把中间的 N_1 和 P_2 分为两部分，就构成了一个 NPN 型晶体管和一个 PNP 型晶体管的复合管，如图 2-2 所示。

（a）实物外形 　　　　　　　　　　　（b）电路符号及文字标识

图 2-1　晶闸管的实物外形、电路符号及文字标识

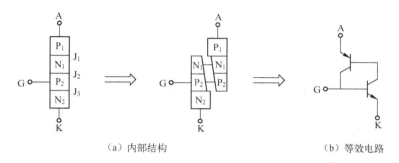

（a）内部结构 　　　　　　　　　　　（b）等效电路

图 2-2　晶闸管的内部结构及等效电路

2.1.2　SCR 的工作原理

图 2-3 所示为晶闸管的导通与关断实验电路。阳极电源 E_a 经双刀双掷开关 S_1、白炽灯、晶闸管的阳极 A 和阴极 K 组成晶闸管的主电路。流过晶闸管阳极的电流称为阳极电流 I_a，晶闸管阳极、阴极间的电压称为阳极电压 U_a。门极电源 E_g 经双刀双掷开关 S_2 连接门极 G 与阴极 K，组成晶闸管的控制电路，也称触发电路。流过晶闸管门极的电流称为门极电流 I_g。晶闸管门极、阴极间的电压称为门极电压 U_g。通过此电路对晶闸管进行导通与关断实验，其结果见表 2-1。

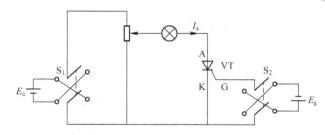

图 2-3　晶闸管的导通与关断实验电路

表 2-1　晶闸管的导通和关断实验结果

实验序号		实验前灯的情况	实验时晶闸管条件		实验后灯的情况	结　论
			阳极电压	门极电压		
导通实验	1	暗	反向	反向	暗	当晶闸管承受反向阳极电压时，不论门极承受何种电压，晶闸管都处于关断状态
	2	暗	反向	零	暗	
	3	暗	反向	正向	暗	
	4	暗	正向	反向	暗	当晶闸管承受正向阳极电压时，仅在门极承受正向电压时，晶闸管才能导通
	5	暗	正向	零	暗	
	6	暗	正向	正向	亮	

实验序号		实验前灯的情况	实验时晶闸管条件		实验后灯的情况	结　　论
			阳极电压	门极电压		
关断实验	1 2 3	亮 亮 亮	正向 正向 正向	正向 零 反向	亮 亮 亮	晶闸管在导通的情况下，只要承受阳极电压，不论门极电压如何，晶闸管仍然导通，即导通后，门极就失去控制作用
	4	亮	正向（逐渐减小到接近于零）	任何	暗	晶闸管在导通的情况下，当主回路电压（或电流）减小到接近于零时，晶闸管关断

由表2-1可见，晶闸管具有闸流特性，电流 I_a 只能从阳极流向阴极，具有单向导电的性质。其导通和关断条件如下。

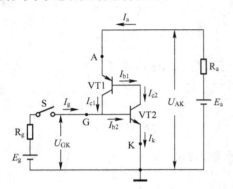

图2-4　晶闸管的工作原理说明图

导通条件：A极电位高于K极电位；G极有足够的正向电压和电流。二者缺一不可。

维持导通条件：A极电位高于K极电位；A极电流大于维持电流 I_H。二者缺一不可。

关断条件：A极电位低于或等于K极电位；A极电流小于维持电流 I_H。任一条件即可。

晶闸管为何具有上述导通与关断特性呢？这就要从晶闸管的内部结构来分析，如图2-4所示。每个晶体管的集电极电流是另一个晶体管的基极电流，两个晶体管相互复合，当有足够的门极电流 I_g 时，就会形成强烈的正反馈，即

$$I_g \uparrow \rightarrow I_{b2} \uparrow \rightarrow I_{c2} \uparrow = I_{b1} \uparrow \rightarrow I_{c1} \uparrow$$

2.1.3　SCR 的参数

为了正确选择和使用晶闸管，需要理解和掌握晶闸管的主要参数。

1. 额定电压 U_{TN}

由图2.5所示晶闸管的阳极伏安特性曲线可见，当门极开路，器件处于额定结温时，根据所测定的正向转折电压 U_{B0} 和反向击穿电压 U_{R0}，由制造厂家规定减去某一数值（通常为100V），分别得到正向不可重复峰值电压 U_{DSM} 和反向不可重复峰值电压 U_{RSM}，再各乘以0.9，即得正向断态重复峰值电压 U_{DRM} 和反向阻断重复峰值电压 U_{RRM}。将 U_{DRM} 和 U_{RRM} 中较小的那个值取整后作为该晶闸管的额定电压值。

使用晶闸管时，若外加电压超过反向击穿电压，则会造成器件永久性损坏。若外加电压超过正向转折电压，器件就会误导通，经数次这种导通后，也会造成器件损坏。此外，器件的耐压还会因散热条件恶化和结温升高而降低。因此，选择器件时应注意留有充分的裕量，一般应按工作电路中可承受到的最大瞬时值电压 U_{TM} 的 2～3 倍来选择晶闸管的额定电压 U_{TN}，即

$$U_{TN} = (2 \sim 3)U_{TM} \tag{2-1}$$

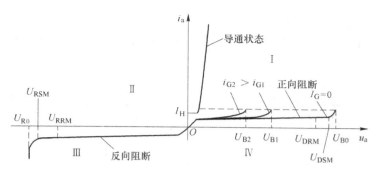

图 2-5　晶闸管的阳极伏安特性曲线

2. 额定电流 $I_{T(AV)}$

晶闸管的额定电流也称为额定通态平均电流，即在环境温度为 40℃ 和规定的冷却条件下，晶闸管在导通角不小于 170° 的电阻性负载电路中，当不超过额定结温且稳定时，所允许通过的工频正弦半波电流的平均值。将该电流按晶闸管标准电流系列取值，称为该晶闸管的额定电流。

由于晶闸管的过载能力差，在实际应用时额定电流一般取 1.5～2 倍的安全裕量，即

$$I_{T(AV)} = (1.5 \sim 2)I_T/1.57 \tag{2-2}$$

式中，I_T 为正弦半波电流的有效值。

3. 通态平均电压 $U_{T(AV)}$

当晶闸管中流过额定电流并达到稳定的额定结温时，阳极与阴极之间电压的平均值，称为通态平均电压。当额定电流大小相同而通态平均电压较小时，晶闸管耗散功率也较小，该管子的质量较好。

4. 门极主要参数

（1）门极不触发电压 U_{GD} 和门极不触发电流 I_{GD}

不能使晶闸管从断态转入通态的最大门极电压，称为门极不触发电压 U_{GD}，相应的最大门极电流称为门极不触发电流 I_{GD}。显然小于该数值时，处于断态的晶闸管不可能被触发导通，当然干扰信号应限制在该数值以下。

（2）门极触发电压 U_{GT} 和门极触发电流 I_{GT}

在室温下，对晶闸管加上一定的正向阳极电压时，使器件由断态转入通态所需的最小门极电流称为门极触发电流 I_{GT}，相应的门极电压称为门极触发电压 U_{GT}。

需要说明的是，为了保证晶闸管触发的灵敏度，各生产厂家的 U_{GT} 和 I_{GT} 的值不得超过标准规定的数值，但对用户而言，设计的实用触发电路提供给门极的电压和电流应适当大于标准值，才能使晶闸管可靠触发导通。

（3）门极正向峰值电压 U_{GM}、门极正向峰值电流 I_{GM} 和门极峰值功率 P_{GM}

在晶闸管的触发过程中，不至于造成门极损坏的最大门极电压、最大门极电流和最大瞬时功率分别称为门极正向峰值电压 U_{GM}、门极正向峰值电流 I_{GM} 和门极峰值功率 P_{GM}。

5. 其他参数

（1）维持电流 I_H

在室温和门极断开的条件下，器件从较大的通态电流降至维持通态所需的最小电流称为

维持电流 I_H，一般为几毫安到几百毫安。

维持电流与器件容量、结温有关，器件的额定电流越大，维持电流也越大。结温低时维持电流大。

（2）擎住电流 I_L

晶闸管刚从断态转入通态就去掉触发信号，能使器件保持导通所需要的最小阳极电流，称为擎住电流 I_L。一般擎住电流 I_L 为维持电流 I_H 的几倍。

（3）通态浪涌电流 I_{TSM}

由电路异常情况引起的、并使晶闸管结温超过额定值的不重复性最大正向通态过载电流，称为通态浪涌电流 I_{TSM}，用峰值表示。

（4）断态电压临界上升率 du/dt

在额定结温和门极开路的情况下，不使器件从断态到通态转换的阳极电压最大上升率，称为断态电压临界上升率。

（5）通态电流临界上升率 du/dt

在规定条件下，晶闸管在门极触发导通时所能承受的不导致损坏的最大通态电流上升率，称为通态电流临界上升率。

2.1.4 SCR 检测

1. 极性检测

根据晶闸管的内部结构可知，晶闸管的 G、K 极之间有一个 PN 结，它具有单向导电性（正向电阻小，反相电阻大），而 A、K 极与 A、G 极之间的正、反向电阻都很大。根据这个原则，可采用下面的方法来判别晶闸管的电极。

将万用表拨至 R×100Ω 或 R×1kΩ 挡，测量任意两个电极之间的阻值，如图 2-6（a）所示。当出现小阻值时，以这一次测量为准，黑表笔接的电极为 G 极，红表笔接的电极为 K 极，剩下的一个电极为 A 极。

2. 好坏检测

正常的晶闸管除了 G、K 之间的正向电阻小、反向电阻大外，其他各极之间的正、反向电阻均接近于无穷大。

在判别晶闸管好坏时，可将万用表拨至 R×1kΩ 挡，测量晶闸管任意两极之间的正、反向电阻。若出现两次或两次以上小阻值，说明晶闸管内部有短路故障；若 G、K 级之间的正、反向电阻均为无穷大，说明晶闸管 G、K 极之间开路；若测量时只出现一次小阻值，并不能确定晶闸管一定正常（如 G、K 极之间正常，A、K 极之间出现开路），在这种情况下，需要进一步测量晶闸管的触发能力。

3. 触发能力检测

检测晶闸管的触发能力实际上就是检测 G 极控制 A、K 极之间导通的能力。晶闸管触发能力检测过程如图 2-6（b）所示。

将万用表拨至 R×1Ω 挡，测量晶闸管 A、K 极之间的正向电阻（黑表笔接 A 极，红表笔接 K 极），A、K 极之间的阻值正常应接近无穷大。然后用一根导线将 A、G 极短路，即为 G 极提供触发电压，如果晶闸管良好，A、K 极之间应导通，A、K 极之间的阻值马上变小；再将导线移开，让 G 极失去了触发电压，此时晶闸管还应处于导通状态，A、K 极之间的阻值仍很小。

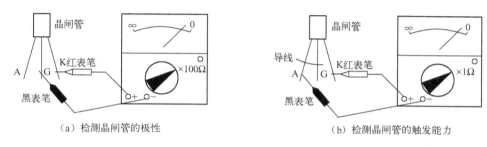

（a）检测晶闸管的极性　　　　　　　　　（b）检测晶闸管的触发能力

图 2-6　晶闸管的检测

在上面的检测中，若导线短路 A、G 极前后，A、K 极之间的阻值变化不大，说明 G 极失去了触发能力，晶闸管损坏；若移开导线后，晶闸管 A、K 极之间的阻值又变大，则说明晶闸管开路（注：即使晶闸管正常，如果用万用表高阻挡测量，由于在高阻挡时万用表提供给晶闸管的维持电流比较小，有可能不足以维持晶闸管继续导通，也会出现移开导线后 A、K 极之间阻值变大的情况，为了避免检测判断错误，应采用 R×1Ω 挡测量）。

2.1.5　SCR 的驱动电路

在电力电子设备中，电力电子器件通常工作在开关状态。为了让这些器件能工作在开关状态，需要给它们提供足够幅度的控制脉冲。如图 2-7 所示，控制电路产生的控制脉冲幅度很小，不足以驱动晶闸管工作，它产生的脉冲信号需要经过驱动电路放大，再输出幅度很大的控制脉冲送到晶闸管的控制极，控制其工作在开关状态。

1. 电气隔离电路

电力电子设备中的控制电路属于微电子电路，其电压低、电流小，而电力电子器件通常与高电压、大电流直接接触，为了避免高电压、大电流损坏控制电路，驱动电路除了要放大控制电路送到的控制信号外，还要对控制电路

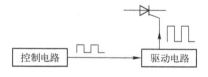

图 2-7　驱动电路

进行电气隔离。电气隔离的方法主要有光电隔离和电磁隔离。光电隔离主要采用光电耦合器，如图 2-8 所示为常见的光电耦合器电气隔离形式；电磁隔离一般采用变压器。这两种方式各有优缺点：光电耦合器隔离时电磁干扰小，但光耦器件需要承受主电路高压，有时还需要在 SCR 侧有一个电源和一个脉冲电流放大器，普通型光耦合器的响应时间为 10μs 左右，高速光耦合器的响应时间可小于 1.5μs，用脉冲变频器隔离驱动就不要另加电源。当脉冲较宽时，常需采用高频调制的触发脉冲，以减小脉冲变压器体积，防止脉冲变压器磁芯饱和。

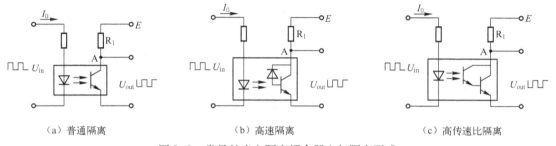

（a）普通隔离　　　　　　　（b）高速隔离　　　　　　　（c）高传速比隔离

图 2-8　常见的光电隔离耦合器电气隔离形式

图 2-8（a）所示为普通型的光电隔离耦合器隔离电路。当控制电路送来的脉冲信号 U_{in} 为高电平时，有电流流过光电耦合器的发光二极管，发光二极管发光，光电耦合器内部的光敏管导通，有电流流过 R_1，R_1 产生压降，A 点电位下降，输出信号 U_{out} 为低电平；当 U_{in} 为低电平时，发光二极管截止，光敏管也截止，A 点电位升高，U_{out} 为高电平。这种电路将信号传输到输出端时，信号同时也被倒相，光电耦合器在内部将电信号转换成光信号进行传送，而光电耦合器不导电，故将输出端与输入端从电气连接上隔离开。

2. 驱动电路

采用脉冲变压器 PTR 和三极管放大器 TRA 的驱动电路如图 2-9 所示。当控制系统发出的驱动信号至开关管放大器 TRA 后，变压器 PTR 的输出电压经 VD₂ 输出 SCR 的触发脉冲电流 i_G。TRA 的输入信号为零后，变压器 PTR 一次侧电流经齐纳二极管 VD_Z 和二极管 VD₁ 续流并迅速衰减至零。电路中的二极管 VD₂ 使变压器二次侧对 SCR 门极只提供正向驱动电流 i_G。

图 2-10 给出了 SCR 的一个简单光电隔离驱动电路。光电耦合器由发光二极管和光控三极管组成。驱动电路的能量直接由主电路获得，当发光二极管触发光控三极管时，光控三极管的串联电阻 R_2 上的电压用来产生开通 SCR 所需的门极触发电流 i_G。显然，这时光控三极管必须承受能驱动 SCR 的高压。

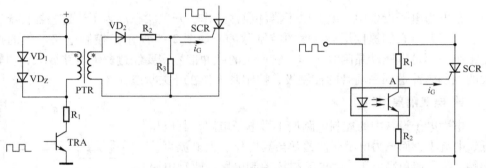

图 2-9　采用脉冲变压器 PTR 和三极管放大器 TRA 的驱动电路　　图 2-10　SCR 的光电隔离驱动电路

2.2　门极可关断晶闸管 GTO

门极可关断（Gate Turn – Off，GTO）晶闸管是晶闸管的一种派生器件，它除了具有普通晶闸管的全部优点外，还具有自关断能力，属于全控器件。GTO 在质量、效率及可靠性方面有着明显的优势，成为被广泛应用的自关断器件之一。

2.2.1　GTO 的外形、结构与图形符号

门极可关断晶闸管在电路中的文字符号通常为"VT"，其结构与普通晶闸管的结构相似，也为 PNPN 4 层半导体结构，同样具有有 3 个电极，分别为阳极（用 A 表示）、阴极（用 K 表示）和门极（用 G 表示）。其实物外形、内部结构、等效电路及图形符号如图 2-11 所示。为了实现 GTO 的自关断能力，GTO 的两个等效三极管的放大倍数比 SCR 小，另外制造工艺上也有所改进。

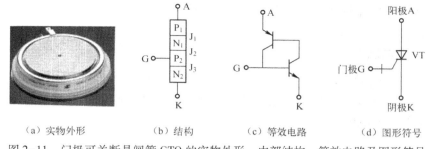

| （a）实物外形 | （b）结构 | （c）等效电路 | （d）图形符号 |

图 2-11　门极可关断晶闸管 GTO 的实物外形、内部结构、等效电路及图形符号

2.2.2　GTO 的工作原理

GTO 的工作原理图如图 2-12 所示。

电源 E_3 通过 R_3 为 GTO 的 A、K 极之间提供正向电压 U_{AK}，电源 E_1、E_2 通过开关 S 为 GTO 的 G 极提供正压或负压。当开关 S 置于"1"时，电源 E_1 为 GTO 的 G 极提供正压 （$U_{GK} > 0$），GTO 导通，有电流从 A 极流入，从 K 极流出；当开关 S 置于"2"时，电源 E_2 为 GTO 的 G 极提供负压 （$U_{GK} < 0$），GTO 马上关断，电流无法从 A 极流入。

虽然 GTO 的外部也引出 3 个电极，但其内部却包含着数百个共阳极的小 GTO 晶闸管元，它们的门极和阴极分别并联在一起。与普通晶闸管不同的是，GTO 是一种多元的电力集成器件，这是为便于实现门极控制关断所采取的特殊设计。

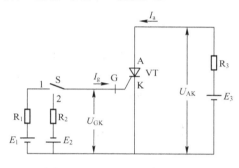

图 2-12　GTO 的工作原理图

普通晶闸管 SCR 和可关断晶闸管 GTO 的共同点是在 $U_{AK} > 0$ 的前提下，给 G 极加正压后两个管子都会触发导通，撤去 G 极电压后仍处于导通状态；不同点在于，SCR 的 G 极加负压仍会导通，而 GTO 的 G 极加负压时会关断，也就是具有自关断能力。

2.2.3　GTO 晶闸管的主要参数

GTO 晶闸管的大多数参数与普通晶闸管相同，本节仅讨论一些意义不同的参数。

1. 最大可关断阳极电流 I_{ATO}

GTO 晶闸管的最大阳极电流受两个方面的限制：一是额定工作结温的限制；二是门极负电流脉冲可以关断的最大阳极电流的限制，这是由 GTO 晶闸管只能工作在临界饱和导通状态所决定的。阳极电流过大，GTO 晶闸管便处于较深的饱和导通状态，门极负电流脉冲不可能将其关断。通常将最大可关断阳极电流 I_{ATO} 作为 GTO 晶闸管的额定电流。应用中，最大可关断阳极电流 I_{ATO} 还与工作频率、门极负电流的波形、工作温度及电路参数等因素有关，它不是一个固定不变的数值。

2. 关断增益 β_{off}

关断增益为最大可关断阳极电流 I_{ATO} 与门极负电流最大值 I_{GM} 之比，其表达式为

$$\beta_{off} = \frac{I_{ATO}}{|I_{GM}|} \qquad (2-3)$$

β_{off}比晶体管的电流放大系数β小得多，一般只有5左右，关断增益β_{off}低是GTO晶闸管的一个主要缺点。

3. 阳极尖峰电压 U_p

阳极尖峰电压U_p是在下降时间末尾出现的极值电压，它几乎随阳极可关断电流线性增加，U_p过高可能导致GTO晶闸管失效。U_p的产生是由缓冲电路中的引线电感、二极管正向恢复电压和电路中的电感造成的。

4. 维持电流

GTO晶闸管的维持电流是指阳极电流减小到开始出现GTO晶闸管元不能再维持导通的数值。

由此可见，当阳极电流略小于维持电流时，仍有部分GTO晶闸管元继续维持导通。这时若阳极电流恢复到较高数值，已截止的GTO晶闸管元不能再导电，就会引起维持导通的GTO晶闸管元的电流密度增加，出现不正常的工作状态。

5. 擎住电流

擎住电流是指GTO晶闸管经门极触发后，阳极电流上升到保持所有GTO晶闸管元导通的最低值。

由此可见，擎住电流最大的GTO晶闸管元对整个GTO晶闸管的擎住电流影响最大。若该GTO晶闸管元刚达到其擎住电流时，遇到门极正脉冲电流极陡的下降沿，则内部载流子增生的正反馈过程受阻而返回到截止状态，因此必须加宽门极脉冲，使所有的GTO晶闸管元都达到可靠导通状态。

2.2.4 GTO 检测

1. 极性检测

由于GTO的结构与普通晶闸管相似，G、K极之间都有一个PN结，因此极性的检测方法与普通晶闸管相同。检测时，选择万用表$R \times 100\Omega$挡，测量GTO各引脚之间的正、反向电阻。当出现小阻值时，以此次测量为准，黑表笔接的是门极G，红表笔接的是阴极K，剩下的一只引脚为阳极A。

2. 好坏检测

GTO的好坏检测可按下面的步骤进行。

第一步，检测各引脚间的阻值。用万用表$R \times 1k\Omega$挡检测GTO各引脚之间的正、反向电阻，正常只会出现一次小阻值。若出现两次或两次以上小阻值，可确定GTO损坏；若出现一次小阻值，还不能确定GTO正常，需要进行触发能力和关断能力的检测。

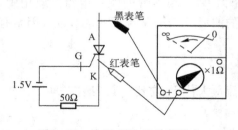

图 2-13　检测 GTO 的关断能力

第二步，检测触发能力和关断能力。将万用表拨至$R \times 1\Omega$挡，黑表笔接GTO的A极，红表笔接K极，此时表针指示的阻值为无穷大；然后用导线瞬间将A、G极短接，让万用表的黑表笔为G极提供正向触发电压，如果表针指示的阻值马上由大变小，表明GTO被触发导通，GTO触发能力正常；然后按图2-13所示的方法将一节1.5V的电池与50Ω

的电阻串联，再反接在 GTO 的 G、K 极之间，给 GTO 的 G 极提供负压，如果表针指示的阻值马上由小变大（无穷大），表明 GTO 被关断，GTO 的关断能力正常。

检测时，如果测量结果与上述不符，则表明 GTO 损坏或性能不良。

2.2.5　GTO 的驱动电路

GTO 的导通和 SCR 类似，即要求在其门极施加正方向的导通脉冲电流，但由于其关断时要求施加很大幅值的门极负脉冲电流，因此 GTO 的驱动要比 SCR 复杂得多。具体要求如下。

1.　正向触发电流 i_G

触发脉冲前沿要陡（类似于晶闸管触发）；触发脉冲幅值为静态触发电流的 15～20 倍，并在 GTO 导通期间维持一个小的恒定电流。

2.　反向触发电流 $-i_G$

反向触发电流上升率 $-\dfrac{di_G}{dt}$ 应与器件阳极电流转移到缓冲电路的速度匹配。反向触发电流峰值由 GTO 的可关断电流峰值和关断增益确定，一般是可关断峰值电流的 $\left(\dfrac{1}{3} \sim \dfrac{1}{2}\right)$，而且持续时间要超过 $30\mu s$，保证可靠关断。

图 2-14 所示的是典型的直接耦合式 GTO 驱动电路。该电路的电源由高频电源经二极管整流后提供，二极管 VD_1 和电容 C_1 提供 +5V 电压，VD_2、VD_3、C_2、C_3 构成倍压整流电路提供 +15V 电压，VD_4 和电容 C_4 提供 −15V 电压。场效应晶体管 VT_1 导通时，输出正强脉冲；VT_2 导通时，输出正脉冲平顶部分；VT_2 关断而 VT_3 导通时，输出负脉冲；VT_3 关断后，电阻 R_3 和 R_4 提供门极负偏压。

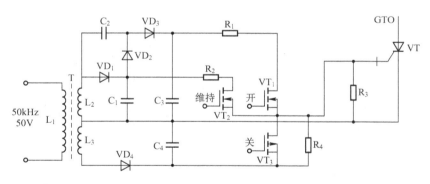

图 2-14　典型的直接耦合式 GTO 驱动电路

2.3　电力场效应晶体管 MOSFET

场效应管可分为结型场效应管和绝缘栅型场效应管，电力场效应管通常是指绝缘栅型场效应管（MOSFET），简称 MOS 管，电力结型场效应管一般称为静电感应晶体管（SIF）。

电力场效应晶体管是对功率小的电力 MOSFET 的工艺结构进行改进，在功率上有所突破的电极性半导体器件，属于电压控制型，具有驱动功率小、控制线路简单、工作频率高的特点。

2.3.1 MOSFET 的外形、结构与图形符号

由电子技术基础可知，功率较小的 MOS 管的栅极 G、源极 S 和漏极 D 位于芯片的同一侧，导电沟道平行于芯片表面，是横向导电器件，这种结构限制了它的电流容量。电力 MOSFET 采取了两次扩散工艺，并将漏极 D 移到芯片另一侧的表面上，使从漏极到源极的电流垂直于芯片表面流过，这样有利于减小芯片面积和提高电流密度。实际外形如图 2-15（a）所示。这种采用垂直导电方式的 MOSFET 称为 VMOSFET，其结构如图 2-15（b）所示。

电力 MOSFET 管的内部都含有一个寄生晶体管，所以电力 MOSFET 无反向阻断能力，当在器件两端加反向电压时器件导通，其等效电路如图 2-15（c）所示。

电力场效应管分为耗尽型和增强型，每种类型又分为 P 沟道和 N 沟道，分别称为 NMOS 管和 PMOS 管，其图形符号如图 2-15（d）所示。

NMOS 管和 PMOS 管的结构与工作原理基本相似，在实际中增强型 NMOS 管更为常用。下面以增强型 NMOS 为例，来说明增强型 MOS 管的工作原理。

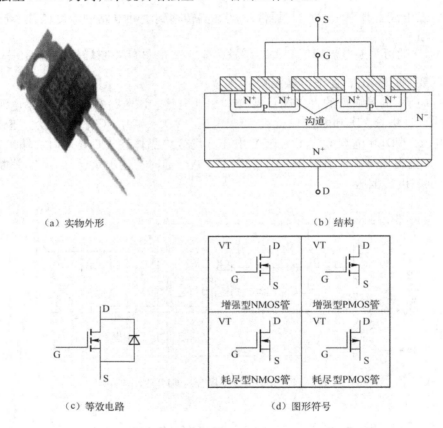

（a）实物外形　　　　　　　　　　　　（b）结构

（c）等效电路　　　　　　　　　　　　（d）图形符号

图 2-15　电力场效应管的实物外形、结构、等效电路和图形符号

2.3.2 MOSFET 的工作原理

增强型 NMOS 管的工作原理图如图 2-16 所示。

当开关 S 断开时，NMOS 管的 G 极无电压，D、S 极所接的两个 N 区之间没有导电沟道，所以两个 N 区不能导通，电流 I_D 为 0。

当开关 S 闭合时，因为栅极是绝缘的，所以并不会有电流流过。但栅极的正电压却会将其下面 P 区中的空穴推开，而将 P 区中的少数载流子电子吸引到栅极下面的 P 区表面。当 U_{GS} 大于某一电压 U_T 时，栅极下 P 区表面的电子浓度将超过空穴浓度，从而使 P 型半导体反型成 N 型半导体而成为反型层，沟通了漏极和源极。此时 D、S 极之间加上了正向电压，于是有电流 I_D 从 D 极流入，再经导电沟道从 S 极流出。电压 U_T 称为开启电压。

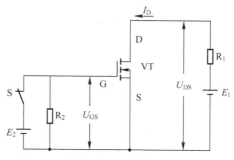

图 2-16　增强型 NMOS 管的工作原理图

如果改变 E_2 电压的大小，即改变 G、S 极之间的电压 U_{GS}，D、S 极之间的内部沟道宽窄就会发生变化，从 D 极流向 S 极的电流 I_D 的大小也就发生变化，并且电流 I_D 变化较电压 U_{GS} 变化大得多，这就是场效应管的放大原理（即电压控制电流变化原理）。为了表示场效应管的放大能力，引入一个参数——跨导 g_m，g_m 用下面的公式计算，即

$$g_m = \frac{\Delta I_D}{\Delta U_{GS}} \tag{2-4}$$

g_m 反映了 G、S 极电压 U_{GS} 对 D 极电流 I_D 的控制能力，是表述场效应管放大能力的一个重要参数（相当于三极管的 β）。g_m 的单位是西门子（S），也可以用 A/V 表示。

增强型 MOS 管具有的特点是：在 D、S 极之间加上正向电压的前提下，当 G、S 极之间未加电压（$U_{GS} = 0$）时，D、S 极之间没有沟道，$I_D = 0$；当 G、S 极之间加上合适的电压（大于开启电压 U_T）时，D、S 极之间有导电沟道形成，电压 U_{GS} 变化时，沟道宽窄会发生变化，电流 I_D 也会变化。

增强型 MOS 管与耗尽型 MOS 管的工作原理基本相似，在此不再赘述，其特点总结见表 2-2。

表 2-2　电力场效应管的图形符号及特点

种　类	图形符号	特　点
增强型 NMOS 管		G、S 极之间加正电压，即 $U_G > U_S$，D、S 极之间才会形成沟道，当 U_{GS} 变化时，电流 I_D 也会变化
增强型 PMOS 管		G、S 极之间加负电压，即 $U_G < U_S$，D、S 极之间才会形成沟道，当 U_{GS} 变化时，电流 I_D 也会变化
耗尽型 NMOS 管		G、S 极之间加负电压，即 $U_G < U_S$，D、S 极之间才会形成沟道，当 U_{GS} 变化时，电流 I_D 也会变化
耗尽型 PMOS 管		G、S 极之间加正电压，即 $U_G > U_S$，D、S 极之间才会形成沟道，当 U_{GS} 变化时，电流 I_D 也会变化

注：以上所总结的特点对于增强型电力场效应管均是在 D、S 极之间加上正向电压的前提下，而对于耗尽型电力场效应管均是在 D、S 极之间加上负向电压的前提下做出的。

2.3.3　MOSFET 的主要参数

除前面已涉及的跨导 g_m、开启电压 U_T、开通时间 t_{on} 及关断时间 t_{off} 之外，电力 MOSFET 还有以下主要参数。

1. 漏源击穿电压 BU$_{DS}$

漏源击穿电压 BU$_{DS}$ 决定了电力 MOSFET 的最高工作电压，使用时应注意结温的影响，结温每升高 100℃，BU$_{DS}$ 就增加 10%。这与双极型器件 SCR 及 GTR 等随结温升高而耐压降低的特性恰好相反。

2. 漏极连续电流 I_D 和漏极峰值电流 I_{DM}

在器件内部温度不超过最高工作温度时，电力 MOSFET 允许通过的最大漏极连续电流和脉冲电流称为漏极连续电流 I_D 和漏极峰值电流 I_{DM}。它们是电力 MOSFET 的电流额定参数。

3. 栅源击穿电压 BU$_{GS}$

造成栅源极之间绝缘层被击穿的电压称为栅—源击穿电压 BU$_{GS}$。栅—源极之间的绝缘层很薄，$U_{GS} > 20V$ 就将发生绝缘层击穿现象。

4. 极间电容

电力 MOSFET 的 3 个电极之间分别存在极间电容 C_{GS}、C_{GD} 和 C_{DS}。一般生产厂家提供的是漏—源极短路时的输入电容 C_{iss}、共源极输出电容 C_{OSS} 和反馈电容 C_{rss}。它们之间有以下关系，即

$$C_{iss} = C_{GS} + C_{GD} \tag{2-5}$$

$$C_{OSS} = C_{DS} + C_{GD} \tag{2-6}$$

$$C_{rss} = C_{GD} \tag{2-7}$$

电力 MOSFET 不存在二次击穿问题，这是它的一个优点。漏—源间的耐压、漏极最大允许电流和最大耗散功率决定了电力 MOSFET 的安全工作区。在实际使用中，应注意留有适当的裕量。

2.3.4　MOSFET 检测

1. 极性检测

正常的增强型 NMOS 管的 G、S 极的正、反向之间均无法导通，它们之间的正、反向电阻均为 ∞。在 G 极无电压时，增强型 NMOS 管 D、S 极之间无沟道形成，故 D、S 极之间也无法导通，但由于 D、S 极之间存在一个反向寄生二极管，如图 2-15（c）所示，因此 D、S 极之间的反向电阻较小。

在检测增强型 NMOS 管的电极时，选择万用表 R×1kΩ 挡，测量 NMOS 管各引脚之间的正、反向电阻，当出现一次阻值小的情况时（测得为寄生二极管正向电阻），红表笔接的引脚为 D 极，黑表笔接的引脚为 S 极，

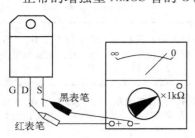

图 2-17　检测增强型 NMOS 管的电极

余下的引脚为 G 极，测量方法如图 2-17 所示。

2. 好坏检测

增强型 NMOS 管的好坏检测可按下面的步骤进行。

第一步，用万用表 R×1kΩ 挡测量 NMOS 管各引脚之间的正、反向电阻，正常时只会出现一次小阻值。若出现两次或两次以上小阻值的情况，则表明 NMOS 管损坏；若只出现一次小阻值，还不能确定 NMOS 管一定正常，需要进行第二步测量。

第二步，先用导线将 NMOS 管的 G、S 极短接，释放 G 极上的电荷，再将万用表拨至 R×10kΩ 挡（该挡内接 9V 电源），红表笔接 NMOS 管的 S 极，黑表笔接 D 极，此时表针指示的阻值为∞或接近∞。然后用导线瞬间将 D、G 极短接，这样万用表内电池的正电压经黑表笔和导线加给 G 极，如果 NMOS 管正常，在 G 极有正电压时内部会形成沟道，表针指示的阻值马上由大变小，如图 2-18（a）所示。再用导线将 G、S 极短路，释放 G 极上的电荷来消除 G 极电压，如果 NMOS 管正常，内部沟道会消失，表针指示的阻值马上由小变为∞，如图 2-18（b）所示。

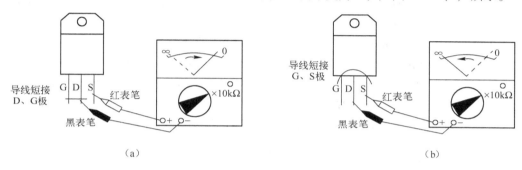

图 2-18　检测增强型 NMOS 管的好坏

2.3.5　MOSFET 的驱动电路

电力 MOSFET 导通的栅—源极间的驱动电压一般取 10～15V，关断时施加的负驱动电压一般取 -5～-15V。在栅极串入一只低值电阻（数十欧姆左右）可以减小寄生振荡，该电阻阻值应随被驱动器件电流额定值的增大而减小。

图 2-19 给出了一种典型的 MOSFET 的驱动电路，它包括电气隔离电路和晶体管放大电路两部分。当无输入信号时高速放大器 A 输出负电平，VT_2 导通，$-V_{CC}$ 电源电压经 VT_2、R_G 为 MOS 管的栅极提供负驱动电压，MOS 管 VT_3 截止；当有输入信号时 A 输出正电平，VT_1 导通，$+V_{CC}$ 电源电压经 VT_1、R_G 为 MOS 管的栅极提供正驱动电压，MOS 管 VT_3 导通。

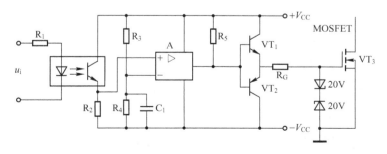

图 2-19　典型的 MOSFET 管驱动电路

2.4 绝缘栅双极型晶体管 IGBT

绝缘栅双极型晶体管（Insulated Gate Bipolar Transistor，IGBT）是一种由场效应管和三极管组合的复合器件。它综合了 GTR 和 MOSFET 的优点，既有 GTR 耐压高、电流大的特点，又兼有单极型电压驱动器件 MOSFET 输入阻抗高、驱动功率小等优点。目前广泛应用于各种中小功率的电力电子设备中。

2.4.1 IGBT 的外形、结构与图形符号

图 2-20 所示为 IGBT 的外形、剖面结构、等效电路及图形符号。由图可知，IGBT 也是一个 4 层 3 端器件，它与电力 MOSFET 的结构非常相似，是在 VDMOSFET 的基础上，增加了一层 P^+ 注入区，因而形成了一个大面积的 P^+N^+ 结 J_1，并由此引出集电极 C，而栅极 G 和发射极 E 则完全与功率 MOSFET 的栅极和源极相似。其简化等效电路如图 2-20（c）所示，可以看出这是双极型晶体管 GTR 与 MOSFET 组成的达林顿结构，相当于一个由 MOSFET 驱动的厚基区 PNP 晶体管。图中的 R_N 为晶体管基区内的调制电阻。

上面介绍的是 PNP 晶体管与增强型 NMOS 管复合而成的 IGBT，称为 N 沟道 IGBT，记为 N–IGBT。对应的还有 P 沟道 IGBT，记为 P–IGBT。N–IGBT 和 P–IGBT 统称 IGBT，其电气图形符号如图 2-20（d）所示。实际中，N–IGBT 应用较多。

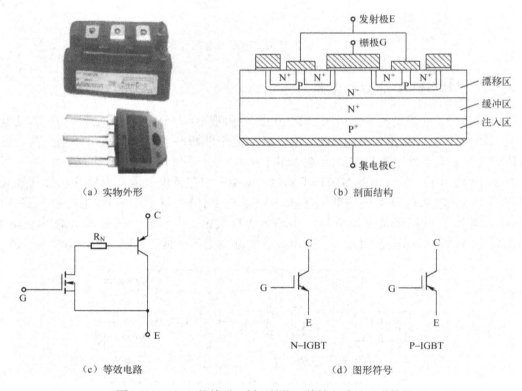

（a）实物外形　　　　　　　　　　　（b）剖面结构

N–IGBT　　　　　　P–IGBT

（c）等效电路　　　　　　　　　　　（d）图形符号

图 2-20　IGBT 的外形、剖面结构、等效电路及图形符号

2.4.2 IGBT 的工作原理

IGBT 的驱动原理与电力 MOSFET 基本相同，它是一种场控器件。其导通和关断是由栅极和发射极间的电压 U_{GE} 决定的，当 U_{GE} 大于开启电压 U_T 时，MOSFET 内形成导电沟道，其漏源电流作为内部 GTR 的基极电流，从而使 IGBT 导通。当栅极与发射极间不加信号或施加反向电压时，电力 MOSFET 内的导电沟道消失，GTR 的基极电流被切断，IGBT 随即关断。

2.4.3 IGBT 的主要参数

IGBT 的主要参数如下。

（1）集—射极额定电压 U_{CES}

U_{CES} 是栅—射极短路时的 IGBT 最大耐压值，是根据器件的雪崩击穿电压规定的。

（2）栅—射极额定电压 U_{GES}

IGBT 是电压控制器件，靠加到栅极的电压信号来控制 IGBT 的导通和关断，而 U_{GES} 是栅极的电压控制信号额定值。通常 IGBT 对栅极的电压控制信号相当敏感，只有栅极在额定电压值很小的范围内，才能使 IGBT 导通而不致损坏。

（3）栅—射极开启电压 $U_{GE(th)}$

$U_{GE(th)}$ 是指使 IGBT 导通所需的最小栅—射极电压。通常，IGBT 的开启电压 $U_{GE(th)}$ 在 $3 \sim 5.5V$ 之间。

（4）集电极额定电流 I_C

I_C 是指在额定的测试温度（壳温为 25℃）条件下，IGBT 所允许的集电极最大直流电流。

（5）集—射极饱和电压 U_{CEO}

IGBT 在饱和导通时，通过额定电流的集—射极电压即为 U_{CEO}，代表了 IGBT 的通态损耗大小。通常 IGBT 的集—射极饱和电压 U_{CEO} 在 $1.5 \sim 3V$ 之间。

2.4.4 IGBT 的检测

1. 极性检测

正常的 IGBT 的 G 极与 C、E 极之间不能导通，正、反向电阻均为 ∞。在 G 极无电压时，IGBT 的 G、E 极之间不能正向导通，但由于 C、E 极之间存在一个反向寄生二极管，所以 C、E 极正向电阻为 ∞，反向电阻较小。

检测 IGBT 引脚极性时，选择万用表 $R \times 1k\Omega$ 挡，测量 IGBT 各脚之间的正、反向电阻，当出现一次小阻值时，红表笔所接的引脚为 C 极，黑表笔所接的引脚为 E 极，余下的引脚为 G 极。

2. 好坏检测

IGBT 的好坏检测可按下面的步骤进行。

第一步，用万用表 $R \times 1k\Omega$ 挡检测 IGBT 各引脚之间的正、反向电阻，正常时只会出现一次小阻值的情况，若出现两次或两次以上小阻值的情况，可确定 IGBT 一定损坏；若只出现一次小阻值的情况，还不能确定 IGBT 一定正常，需要进行第二步测量。

第二步，用导线将 IGBT 的 G、E 极短接，释放 G 极上的电荷，再将万用表拨至

R×10kΩ挡，红表笔接 IGBT 的 E 极，黑表笔接 C 极，此时表针指示的阻值为∞或接近∞；然后用导线瞬间将 C、G 极短接，让万用表内部电池经黑表笔和导线给 G 极充电，让 G 极获得电压，如果 IGBT 正常，内部会形成导电沟道，表针指示的阻值马上由大变小；再用导线将 G、E 极短接，释放 G 极上的电荷来消除 G 极电压，如果 IGBT 正常，内部导电沟道会消失，表针指示的阻值马上由小变为∞。

以上两步检测时，如果有一次测量不正常，则表明 IGBT 已损坏或性能不良。

2.4.5 IGBT 的驱动电路

1. IGBT 驱动电路的要求

（1）正向电压

U_{GE} 的大小直接影响 IGBT 的饱和压降 U_{CES}。U_{GE} 越大，U_{CES} 就越小，但在负载侧发生短路时，IGBT 承受短路电流的能力将越差。所以，U_{GE} 并不是越大越好。通常，选 $U_{GE} = 15V \pm 10\%$。

（2）反向电压

反向电压的作用，一是缩短关断时间，二是万一在 G、E 间出现干扰信号时也能保证 IGBT 处于截止状态。但太大了也会产生副作用，如不利于下一次 IGBT 管的迅速导通等。通常，选 $U_{GE} = -10 \sim -5V$。

（3）对控制极电阻的要求。在驱动模块和 IGBT 的控制极之间，是需要接入控制极电阻 R_{GE} 的，而 R_{GE} 的大小，将直接影响 IGBT 的导通时间和关断时间。通常，选 $R_{GE} = 100 \sim 500\Omega$。

实际中，IGBT 的驱动多采用专业的混合集成驱动器。常用的有三菱公司的 M579 系列（如 M57962L 和 M57959L）和富士公司的 EXB 系列（如 EXB840、EXB841、EXB850 和 EXB851）。同一系列不同型号的引脚和接线基本相同，只是适用被驱动器件的容量和开关频率及输入电流幅值等参数有所不同。图 2-21 给出了 M57962L 的内部组成及其应用电路。工作电压施加于 4 号脚和 6 号脚之间：4 号脚为 +15V，6 号脚为 -10V。控制信号从 14 号脚与 13 号脚间输入，驱动信号从 5 号脚输出。

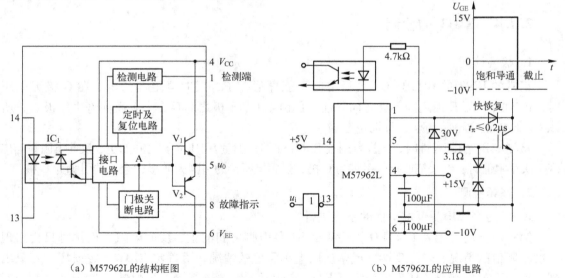

（a）M57962L 的结构框图　　　　　　（b）M57962L 的应用电路

图 2-21　M57962L 的内部组成及其应用电路

当 14 号脚与 13 号脚间有输入信号时，IC_1 的内部三极管导通，输入信号经接口电路后在 A 点处于高电位，V_1 导通，V_2 截止，4 号脚的工作电压经 V_1 到 5 号脚，并输出到 IGBT 的 G 极，使 G 极电位为 +15V，因为 E 极电位为 0V，所以 $U_{GE} = +15V$。

当 14 号脚与 13 号脚间的输入信号为 0 时，A 点变成低电位，V_1 截止，V_2 导通，6 号脚的工作电压经 V_2 到 5 号脚，并输出到 IGBT 的 G 极，对于 IGBT 来说，G 极电位为 −10V，E 极电位为 0V，故 $U_{GE} = -10V$，如图 2-21 （b）所示。

2. 驱动电路的检测

将 +15V 的稳压电源和 −10V 的稳压电源接到 14 号脚和 13 号脚之间。在驱动电路的输入侧通入测试电流 I_H，测试电流的大小应该在 4～10mA 之间，测试电流由转换开关 S 控制。在 5 号脚和电源地之间，接入电压表，以测量其输入到 IGBT 的 G、E 之间的驱动电压 U_{GE}，如图 2-22 所示。

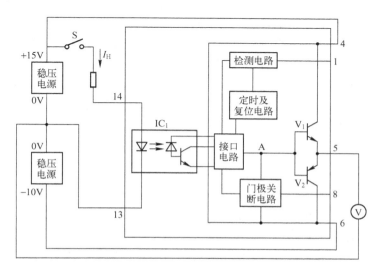

图 2-22　IGBT 驱动电路的测试

当 S 闭合时，测试电流 I_H 流入输入端，A 点应该是 "＋" 电位，V_1 导通，V_2 截止，电压表上应该显示 15V；当断开 S 时，流入输入端的测试电流为 0A，A 点应该是 "−" 电位，V_1 截止，V_2 导通，电压表上应该显示 −10V。

2.5　新型电力电子器件

1. MOS 控制晶闸管 MCT

MCT（MOS Controlled Thyristor）是将 MOSFET 与晶闸管组合而成的复合型器件。MCT 将 MOSFET 的高输入阻抗、低驱动功率、快速的开关过程，以及晶闸管的高电压、大电流、低导通压降的特点结合起来。一个 MCT 器件由数以万计的 MCT 元组成，每个元的组成包括一个 PNPN 晶闸管、一个控制该晶闸管导通的 MOSFET 和一个控制该晶闸管关断的MOSFET。

MCT 具有高电压、大电流、高载流密度、低通态压降的特点，其通态压降只有 GTR 的 1/3 左右，硅片的单位面积连续电流密度在各种器件中是最高的。另外，MCT 可承受极高的 di/dt 和 du/dt，使得其保护电路可以简化。MCT 的开关速度超过 GTR，开关损耗也小。

MCT 曾一度被认为是一种最有发展前途的电力电子器件。因此，20 世纪 80 年代以来一度成为研究的热点。但经过十多年的努力，其关键技术没有大的突破，电压和电流容量都远未达到预期的数值，未能投入实际应用。而其竞争对手 IGBT 却进展飞速，所以目前从事 MCT 研究的人不是很多。

2. 静电感应晶体管 SIT

静电感应晶体管（Static Induction Transistor，SIT）是一种电压型控制器件，具有工作频率高、输入阻抗高、输出功率大、放大线性度好、无二次击穿现象、热稳定性好等优点，广泛应用于超声波功率放大、雷达通信、开关电源和高频感应加热等领域。

3. 集成门极换流晶闸管 IGCT

IGCT 具有快速开关功能，具有导电损耗低的特点，在各种高电压、大电流应用领域中的可靠性更高。IGCT 装置中的所有元器件装在紧凑的单元中，降低了成本。IGCT 采用电压源型逆变器，与其他类型变频器的拓扑结构相比，结构更简单，效率更高。

优化的技术只需要更少的器件，相同电压等级的变频器采用 IGCT 的数量只需低压 IGBT 的 1/5。并且，由于 IGCT 损耗很小，所需的冷却装置较小，因而内在的可靠性更高。更少的器件还意味着更小的体积。因此，使用 IGCT 的变频器比使用 IGBT 的变频器简洁、可靠性高。

尽管 IGCT 变频器不需要限制的缓冲电路，但是 IGCT 本身不能控制 $\mathrm{d}u/\mathrm{d}t$（这是 IGCT 的主要缺点）。所以为了限制短路电流上升率，在实际电路中常串入适当的电抗。

4. 智能功率模块

智能功率模块（Intelligent Power Module，IPM）是一种混合集成电路，是 IGBT 智能化功率模块的简称。它以 IGBT 为基本功率开关器件，将驱动、保护和控制电路的多个芯片通过焊丝（或铜带）连接，封入同一模块中，形成具有部分或完整功能的、相对独立的单元。例如，构成单相或三相逆变器的专用模块，可用于电动机变频调速装置。

本 章 小 结

本章主要介绍了晶闸管 SCR、门极可关断晶闸管 GTO、电力场效应晶体管 MOSFET、绝缘栅双极型晶体管 IGBT、MOS 控制晶闸管 MCT、静电感应晶体管 SIT、集成门极换流晶闸管 IGCT 等 7 种电力电子器件。

1. 按照器件被控程度分为三类

① 半控型器件，控制信号可控制其导通而不能控制其关断的电力电子器件，如晶闸管 SCR。

② 全控型器件，控制信号既可控制其导通，又可控制其关断的器件，如 GTO（门极可关断晶闸管）、GTR（电力晶体管）、MOSFET（电力场效应晶体管）、IGBT（绝缘栅双极型晶体管）。

③ 不可控器件，不能用控制信号控制其通断的器件，如电力二极管。

2. 按照控制信号的性质分为两类

① 电压驱动型器件，通过在控制端施加一定的电压信号就可以控制器件的导通或关断

控制，如 IGBT、MOSFET、SITH（静电感应晶闸管）。

② 电流驱动型器件，通过从控制端注入或抽出电流来实现器件的导通或关断控制，如 SCR、GTO、GTR。

3. 按照载流子参与导电的情况分为三类

① 双极型器件，有两种载流子参与导电的器件，如电力二极管、晶闸管、GTO、GTR。

② 单极型器件，只有一种载流子参与导电的器件，如 MOSFET、SIT。

③ 复合型器件，如 MCT（MOS 控制晶闸管）和 IGBT。

练 习 题

一、填空题

1. 晶闸管是具有（　　　　）个电极（　　　　）层半导体的电力电子器件，电极分别是（　　　）极、（　　　）极和（　　　）极。

2. 晶闸管的导通条件是（　　　　）、（　　　　）；晶闸管的关断条件是（　　　　）、（　　　　）。

3. 电力电子器件按照被控程度分为三类：（　　　　）、（　　　　）和（　　　　）。

4. 电力电子器件按照控制信号的性质可以分为（　　　　）和（　　　　）。

5. 电力电子器件按照载流子参与导电的情况分为两类：（　　　　）和（　　　　）。

6. 下列元器件属于电压驱动型器件的有（　　　　）、（　　　　），属于电流驱动型器件的有（　　　）、（　　　）、（　　　），属于双极型器件的有（　　　）、（　　　）、（　　　），属于单极型器件的有（　　　　），属于复合型器件的有（　　　　）。元器件有 IGBT、GTR、GTO、SCR、MOSFET。

7. 元器件 IGBT、GTR、GTO、SCR、MOSFET 的图形符号分别是（　　　　）、（　　　　）、（　　　）、（　　　）、（　　　）。

8. 驱动电路除了要放大控制电路送到的（　　　　）外，还要对控制电路进行（　　　　）。

9. 电气隔离的方法主要有（　　　　）隔离和（　　　　）隔离。

二、简答题

1. 如何用万用表检测 IGBT、GTR、GTO、SCR、MOSFET 的极性？

2. 如何用万用表检测 IGBT、GTR、GTO、SCR、MOSFET 的好坏？

第 3 章　变频器的基本结构与原理

【知识目标】

1. 掌握变频器主电路的基本结构及各部分的作用。
2. 掌握单相、三相整流电路带不同负载时的分析方法。
3. 掌握几种制动电路的工作原理。
4. 理解正弦脉宽调制的基本原理。
5. 掌握 PWM 逆变电路的分析方法。

【能力目标】

1. 能够检测变频器整流电路开关管的好坏。
2. 能够检测变频器逆变电路开关管的好坏。
3. 能够检测中间电路元器件的好坏。

变频器按照工作时频率变换的方式主要分为两类，即交—直—交变频器和交—交变频器。交—直—交变频器在频率的调节范围及改善频率后电动机的特性等方面都有明显的优势，是目前迅速得到普及应用的主流变频器。本章主要以交—直—交变频器为例，来介绍变频器的基本结构与原理。

3.1　变频器的基本结构

变频器通常由主电路和控制电路两部分组成，如图 3-1 所示。

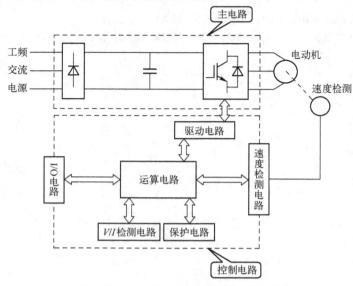

图 3-1　交—直—交变频器的结构框图

1. 主电路

图 3-2 给出了通用变频器的主电路原理图，主要包括整流电路、中间电路、逆变电路三大部分。主电路各部分的作用如下。

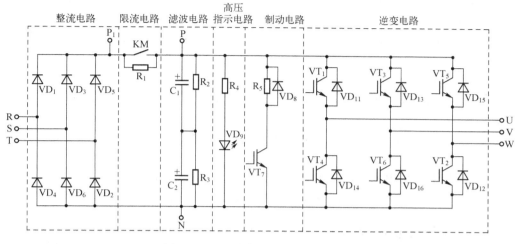

图 3-2　通用变频器的主电路原理图

（1）整流电路

整流电路通常又被称为电网侧变流器，它把三相或单相交流电整流成直流电。常见的低压整流电路是由二极管构成的不可控桥式整流电路，或者由两组晶闸管变流器构成的可逆变流器。中压大容量的整流电路多采用多重化 12 脉冲以上的变流器。

（2）中间电路

中间电路通常又称为直流环节，主要的作用是滤除整流后的电压纹波和缓冲因异步电动机（属于感性负载）而产生的无功能量。中间电路主要包括限流电路、滤波电路、制动电路和高压指示电路。

（3）逆变电路

逆变电路通常又被称为负载侧变流器，它的主要作用是根据控制回路的信号有规律地控制逆变器中主开关器件的导通与关断，从而得到任意频率的三相交流电输出。

2. 控制电路

图 3-3 给出了变频器控制电路方框图，主要由运算电路、检测电路、控制信号的输入/输出电路、驱动电路和保护电路组成。其主要任务是完成对逆变电路的开关控制，对整流电路的电压控制及完成各种保护功能等。控制电路各部分的作用如下。

图 3-3　变频器控制电路方框图

（1）运算电路

运算电路将外部的速度、转矩等指令同检测电路的电流、电压信号进行比较运算，决定逆变器的输出电压和频率。

（2）驱动电路

驱动电路是主电路与控制电路的接口，主要功能是驱动主电路开关器件的导通与关断，并提供主电路与控制电路之间的电气隔离环节。

（3）I/O 电路

为了实现更好的人机交互，变频器具有多种输入信号（如运行、多段速运行等）的输入端子，还有各种内部参数（如电流、频率、保护等）的输出信号。

（4）速度检测电路

速度检测电路用于检测异步电动机的速度，送入运算回路，根据指令和运算可使电动机按指令速度运转。

（5）保护电路

保护电路是用于保护变频器和异步电动机因过载或过电压等异常而引起损坏的电路。

3.2　整　流　电　路

根据所采用的电力电子器件的不同，整流电路主要包括不可控整流电路和可控整流电路两种。由于电力电子器件在导通时管压降较低，因此在分析时均忽略其导通时的管压降。

3.2.1　不可控整流电路

变频器除了按照第 1 章的几种分类方式外，还可以根据输入电流的相数进行分类，分为三进三出型变频器和单进三出型变频器。其中，三进三出是指变频器的输入和输出都是三相交流电；单进三出是指变频器的输入是单相交流电，而输出为三相交流电，一般家用电器中的变频器为该类方式。

不可控整流电路是以不可控型器件——电力二极管作为整流器件的，其整流过程不可控制。

1. 单相桥式整流电路

图 3-4 所示为单相桥式整流电路及其输出电压的波形图。采用分段分析法分析，具体分析过程如下（下述过程均忽略二极管导通时的管压降）。

① 0 ~ π 区间：A 点电位高于 B 点电位，二极管 VD_1、VD_4 承受正向压降导通，二极管 VD_2、VD_3 承受反向压降而截止。电流 i_d 流通路径如图 3-4 中的①处所示，电流从电源 A→VD_1→R→VD_4→B 流回电源，由于 VD_1、VD_4 导通时管压降很小，可忽略不计，因此可以看作电源电压全部施加于负载电阻 R 上，即输出电压 $u_d = u_2$。

② π ~ 2π 区间：B 点电位高于 A 点电位，二极管 VD_2、VD_3 承受正向压降导通，二极管 VD_1、VD_4 承受反向压降而截至。电流 i_d 流通路径如图 3-4 中的②处所示，电流从电源 B→VD_2→R→VD_3→A 流回电源，同理，也可以看作电源电压全部施加于负载电阻 R 上，输出电压 $u_d = u_{BA} = -u_2$。

用于输入电压是周期性变化的，故以后电路会重复上述过程。根据实际经验得出下面的数量关系，在此不做过多的论述。

整流电压平均值为

$$u_d = 0.9u_2 \tag{3-1}$$

向负载输出的直流电流平均值为

$$i_d = 0.9\frac{u_2}{R} \tag{3-2}$$

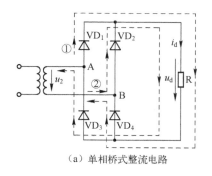 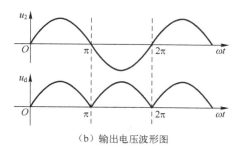

（a）单相桥式整流电路　　　　　　（b）输出电压波形图

图 3-4　单相桥式整流电路及其输出电压的波形图

整流二极管承受的最大反向电压为

$$u_{DM} = \sqrt{2}\,u_2 \qquad\qquad (3-3)$$

流过电力二极管的电流平均值只有输出直流电流平均值的一半，即

$$i_{VD} = \frac{1}{2}i_d = 0.45\frac{u_2}{R} \qquad\qquad (3-4)$$

可见，整流桥将输入的单相正弦交流电压整流为负载电阻上脉动的直流电压，并且脉动幅度较大，故只适用于小功率场合。

2. 三相桥式整流电路

图 3-5 为三相桥式整流电路及其输出电压的波形图。其中，VD$_1$、VD$_3$、VD$_5$ 的阴极连接在一起，故称为共阴极接法；VD$_2$、VD$_4$、VD$_6$ 的阳极连接在一起，故称为共阳极接法。即，VD$_1$、VD$_3$、VD$_5$ 的阴极电位相同，所以共阴极组的 3 个电力二极管阳极电位最高者导通；VD$_2$、VD$_4$、VD$_6$ 的阳极电位相同，所以共阳极组的 3 个电力二极管阴极电位最低者导通。具体分析过程如下。

在 $wt_1 \sim wt_2$ 期间，U 相电压最高，共阴极组的电力二极管 VD$_1$ 导通，此时 U 点电位与 E 点电位相等，故 VD$_5$、VD$_3$ 均截止；V 相电位最低，共阳极组的电力二极管 VD$_6$ 导通，此时 F 点电位与 V 点电位相等，故 VD$_4$、VD$_2$ 均截止。即电流由电源 U 相出发经 VD$_1$→负载电阻 R→VD$_6$ 流回电源 V 相，整流变压器 U、V 两相工作，如图 3-5（c）中的①处所示。加在负载上的整流电压为 $u_d = u_U - u_V = u_{UV}$。

在 $wt_2 \sim wt_3$ 期间，U 相电压最高，共阴极组的电力二极管 VD$_1$ 导通，此时 U 点电位与 E 点电位相等，故 VD$_5$、VD$_3$ 均截止；W 相电位最低，共阳极组的电力二极管 VD$_2$ 导通，此时 F 点电位与 W 点电位相等，故 VD$_4$、VD$_6$ 均截止。即电流由电源 U 相出发经 VD$_1$→负载电阻 R→VD$_2$ 流回电源 W 相，整流变压器 U、W 两相工作，如图 3-5（c）中的②处所示。加在负载上的整流电压为 $u_d = u_U - u_W = u_{UW}$。

在 $wt_3 \sim wt_4$ 期间，V 相电压最高，共阴极组的电力二极管 VD$_3$ 导通，此时 E 点电位与 V 点电位相等，故 VD$_1$、VD$_5$ 均截止；W 相电位最低，共阳极组的电力二极管 VD$_2$ 导通，此时 F 点电位与 W 点电位相等，故 VD$_4$、VD$_6$ 均截止。即电流由电源 V 相出发经 VD$_3$→负载电阻 R→VD$_2$ 流回电源 W 相，整流变压器 V、W 两相工作，如图 3-5（c）中的③处所示。加在负载上的整流电压为 $u_d = u_V - u_W = u_{VW}$。

以下过程与上述基本相同，在 $wt_4 \sim wt_5$ 期间，电流由电源 V 相出发经 VD$_3$→负载电阻 R→VD$_4$ 流回电源 U 相，整流变压器 V、U 两相工作，如图 3-5（c）中的④处所示，加在负

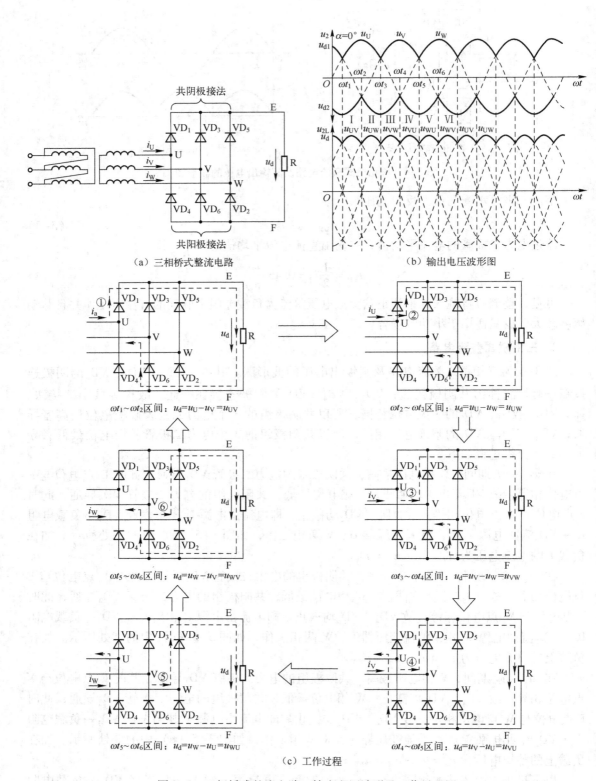

（a）三相桥式整流电路

（b）输出电压波形图

$\omega t_1 \sim \omega t_2$区间：$u_d = u_U - u_V = u_{UV}$

$\omega t_2 \sim \omega t_3$区间：$u_d = u_U - u_W = u_{UW}$

$\omega t_5 \sim \omega t_6$区间：$u_d = u_W - u_V = u_{WV}$

$\omega t_3 \sim \omega t_4$区间：$u_d = u_V - u_W = u_{VW}$

$\omega t_5 \sim \omega t_6$区间：$u_d = u_W - u_U = u_{WU}$

$\omega t_4 \sim \omega t_5$区间：$u_d = u_V - u_U = u_{VU}$

（c）工作过程

图3-5　三相桥式整流电路、输出电压波形及工作过程图

载上的整流电压为 $u_d = u_V - u_U = u_{VU}$；在 $wt_5 \sim wt_6$ 期间，电流由电源 W 相出发经 $VD_5 \rightarrow$ 负载电阻 R $\rightarrow VD_4$ 流回电源 U 相，整流变压器 W、U 两相工作，如图 3-5（c）中的⑤处所示，加在负载上的整流电压为 $u_d = u_W - u_U = u_{WU}$；在 $wt_6 \sim wt_1$ 期间，电流由电源 W 相出发经 VD_5 $\rightarrow$ 负载电阻 R $\rightarrow VD_6$ 流回电源 V 相，整流变压器 W、V 两相工作，如图 3-5（c）中的⑥处所示，加在负载上的整流电压为 $u_d = u_W - u_V = u_{WV}$。

负载两端的电压波形如图 3-5（b）所示，为 6 倍电源频率的脉动直流电压。与单相桥式整流电路相比，虽然三相桥式整流电路的整流输出电压在一个周期内的脉动次数多了，但电压的脉动幅度却减少了很多。

整流电压平均值为

$$u_d = 2.34 u_2 \tag{3-5}$$

向负载输出的直流电流平均值为

$$i_d = 2.34 \frac{u_2}{R} \tag{3-6}$$

整流二极管承受的最大反向电压为

$$u_{DM} = \sqrt{2} \times \sqrt{3} u_2 = 2.45 u_2 \tag{3-7}$$

流过电力二极管的电流平均值为

$$i_{VD} = \frac{1}{3} i_d = 0.78 \frac{u_2}{R} \tag{3-8}$$

3.2.2 可控整流电路

可控整流电路采用可控型电力电子器件（如 SCR、IGBT 等）作为整流器件，其整流输出电压大小可以通过改变开关器件的导通、关断来调节。

1. 单相桥式可控整流电路

（1）纯电阻负载的工作情况

图 3-6 为单相桥式可控整流电路及其输出波形，电路的分析过程如下。

在 $0 \sim wt_1$ 期间，电压 u_2 的极性是上正下负，即 a 点电位为正，b 点电位为负。晶闸管 VT_1 与 VT_4 同时承受正向电压，满足晶闸管的正向导通特性，但是没有触发脉冲，故 VT_1 与 VT_4 均截止。设 VT_1 与 VT_4 的漏电阻相等，则 VT_1 与 VT_4 各承受 u_2 的一半电压，即 $u_{VT1.4} = \frac{1}{2} u_2$。晶闸管 VT_2 与 VT_3 由于同时承受反向电压而截止，输出电压 $u_d = 0$。

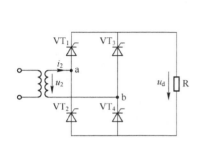

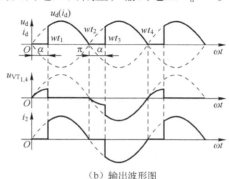

（a）单相桥式可控整流电路　　　　　　（b）输出波形图

图 3-6　单相桥式可控整流电路及其输出波形

在 $wt_1 \sim wt_2$ 期间，电压 u_2 的极性仍是上正下负，wt_1 时刻有触发脉冲送到晶闸管 VT_1 与 VT_4 的门极，此时 VT_1 与 VT_4 两只晶闸管同时导通。晶闸管 VT_2 与 VT_3 仍承受反向电压而处于截止状态，输出电压 $u_d = u_2$。

在 wt_2 时刻，电压 u_2 由正减小到 0，晶闸管 VT_1 与 VT_4 同时由导通转为关断。

在 $wt_2 \sim wt_3$ 期间，电压 u_2 的极性是上负下正，即 a 点电位为负，b 点电位为正。晶闸管 VT_2 与 VT_3 同时承受正向电压，满足晶闸管的正向导通特性，但是没有触发脉冲，故 VT_2 与 VT_3 截止，输出电压 $u_d = 0$。

在 $wt_3 \sim wt_4$ 期间，电压 u_2 的极性仍是上负下正，wt_3 时刻有触发脉冲送到晶闸管 VT_2 与 VT_3 的门极，此时 VT_2 与 VT_3 两只晶闸管同时导通。输出电压 $u_d = u_{ba} = -u_2$。

由于输入电压是周期性变化的，故以后电路会重复上述过程。

从晶闸管开始承受正向阳极电压到施加触发脉冲为止的电角度称为触发延迟角，用 α 表示，也称触发角或控制角。晶闸管在一个周期中处于导通状态的电角度称为导通角，用 θ 表示。从以上分析可知，整流电路的输出电压与电流的大小和控制角 α 有关，各量的数量关系如下。

整流电压平均值为

$$u_d = 0.9 u_2 \frac{1 + \cos\alpha}{2} \tag{3-9}$$

向负载输出的直流电流平均值为

$$i_d = 0.9 \frac{u_2}{R} \frac{1 + \cos\alpha}{2} \tag{3-10}$$

由此可见，改变触发角 α 的相位，就可以调节整流电路的输出电压和电流的大小。当 $\alpha = 0°$ 时，$u_{d0} = 0.9 u_2$；当 $\alpha = 180°$ 时，$u_d = 0$。α 的移相范围为 $0° \sim 180°$。

（2）阻感负载的工作情况

图 3-7 所示为单相桥式整流电路阻感负载时的电路及其输出波形，设负载电感为大电感。

在 u_2 的正半周、触发角 α 处给晶闸管 VT_1 和 VT_4 施加触发脉冲使其导通，输出电压 $u_d = u_2$。由于大电感的作用，电流不能突变，电感对负载电流起平波的作用，i_d 为一条近似水平的直线，其波形如图 3-7（b）所示。

在 u_2 过零变负时，由于电感的作用，晶闸管 VT_1 和 VT_4 中仍有电流 i_d 流过，而并不关断。至 $\omega t = \pi + \alpha$ 时刻，电感放电完毕，同时给 VT_2 和 VT_3 施加触发脉冲，因 VT_2 和 VT_3 本已承受正电压，故两管导通。VT_2 和 VT_3 导通后，u_2 通过 VT_2 和 VT_3 分别向 VT_1 和 VT_4 施加反向电压，故 VT_1 和 VT_4 关断。下一个周期重复此过程。

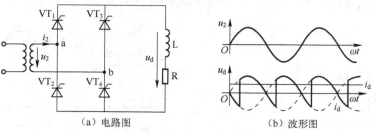

（a）电路图　　　　　　　　（b）波形图

图 3-7　单相桥式整流电路阻感负载时的电路及输出波形

整流电压平均值为

$$u_d = 0.9 u_2 \cos\alpha \tag{3-11}$$

当 $\alpha = 0°$ 时，$u_{d0} = 0.9 u_2$；当 $\alpha = 90°$ 时，$u_d = 0$。α 的移相范围为 $0° \sim 90°$。

2. 三相桥式可控整流电路

由于晶闸管构成的单相可控整流电路结构简单，在小功率场合得到了广泛的应用。但单相可控整流电路存在整流输出电压脉动大的缺点，因而在中、大功率场合往往采用三相桥式可控整流电路。这样不仅可以减小整流电压的脉动程度，还可以使三相制的电网处于平衡状态。

图 3-8 为三相桥式可控整流电路及其电路波形。与三相桥式不控整流电路相似，VT_1、VT_3、VT_5 3 个晶闸管采用共阴极接法，VT_2、VT_4、VT_6 采用共阳极接法。共阴极组的 3 个晶闸管阳极电位最高者导通，共阳极组的 3 个晶闸管阴极电位最低者导通。在任何时刻必须在共阴极组和共阳极组中各有一个晶闸管导通，才能使整流电流流通，负载端有输出电压，即输出电压为线电压。每个周期晶闸管的导通顺序为 VT_1VT_2、VT_2VT_3、VT_3VT_4、VT_4VT_5、VT_5VT_6、VT_6VT_1，即输出电压每隔 60° 换相一次，同一组内的两个晶闸管每隔 120° 换相一次。如果把 6 个晶闸管都换成二极管，则相当于控制角 $\alpha = 0°$ 时的工作状态，其输出电压波形与三相不控桥式整流电路相同，如图 3-5 所示。因此，各线电压正半波的交点就是三相全控桥式整流电路 6 个晶闸管导通的计时零点（$\alpha = 0°$），称为自然换相点。图 3-8（b）、（c）和（d）分别为 $\alpha = 30°$、$\alpha = 60°$ 和 $\alpha = 90°$ 时的输出电压及晶闸管所承受的电压波形。

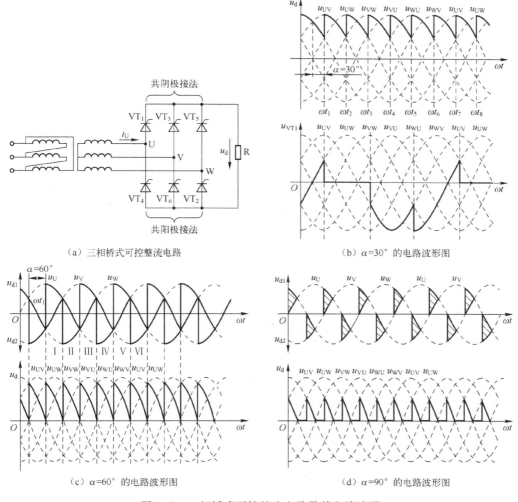

（a）三相桥式可控整流电路 （b）$\alpha = 30°$ 的电路波形图

（c）$\alpha = 60°$ 的电路波形图 （d）$\alpha = 90°$ 的电路波形图

图 3-8　三相桥式可控整流电路及其电路波形

整流电压平均值如下。

$\alpha \leqslant 60°$时，波形连续，

$$u_d = 2.34u_2\cos\alpha \qquad (3-12)$$

$\alpha > 60°$时，波形断续，

$$u_d = 2.34u_2\left[1 + \cos\left(\frac{\pi}{3} + \alpha\right)\right] \qquad (3-13)$$

α的移相范围为$0° \sim 120°$，$u_{d0} = 2.34u_2$。

三相桥式可控整流电路带阻感负载时，由于大电感的作用，其输出波形不会出现断续的情况，只是缩小了α的移相范围，其移相范围为$0° \sim 90°$。整流电压平均值为

$$u_d = 2.34u_2\cos\alpha \qquad (3-14)$$

3.2.3 整流电路的检测

图3-9（a）所示的整流桥电路是由6个电力二极管构成的，其输入端接外部端子R、S、T，上桥臂采用共阴极接法，输出端接端子P_1，下桥臂采用共阳极接法，输出端接端子N。故在检测整流电路时可以不用拆开变频器的外壳。整流电路的检测方法如图3-9（b）所示，将万用表拨至$R \times 1k\Omega$挡，红表笔（万用表内部电池的"$-$"）接P_1端子，黑表笔（万用表内部电池的"$+$"）依次接R、S、T端子，测量上桥臂的3个二极管VD_1、VD_3、VD_5的正向电阻，然后调换表笔测上桥臂的反向电阻。用同样的方法测N与R、S、T端子间下桥臂的3个二极管VD_4、VD_6、VD_2的正/反向电阻。测试结构如表3-1所示。

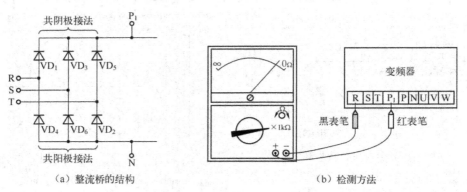

（a）整流桥的结构　　　　　　　　（b）检测方法

图3-9　整流电路的检测

表3-1　整流器的测试方法与测试结果

测量器件	测量端子	万用表极性		测量值	测量器件	测量端子	万用表极性		测量值
		红（＋）	黑（－）				红（＋）	黑（－）	
VD_1	P_1与R	P_1	R	指针接近0	VD_4	N与R	R	N	指针接近0
		R	P_1	指针接近∞			N	R	指针接近∞
VD_3	P_1与S	P_1	S	指针接近0	VD_6	N与S	S	N	指针接近0
		S	P_1	指针接近∞			N	S	指针接近∞
VD_5	P_1与T	P_1	T	指针接近0	VD_2	N与T	T	N	指针接近0
		T	P_1	指针接近∞			N	T	指针接近∞

若测得的结果与表 3-1 中的结果不符，则说明整流桥有故障，如正、反向电阻都为无穷大，则说明被测二极管开路；若测得正、反向电阻都为 0 或阻值很小，则说明被测二极管短路；若测得正向电阻偏大、反向电阻偏小，则说明被测二极管性能不良。

3.3 中 间 电 路

中间电路位于整流电路和逆变电路之间，主要实现滤波和制动两大功能。

3.3.1 滤波电路

滤波电路对整流电路输出的 6 倍电源频率的脉动直流电压进行平滑，为逆变电路提供波动较小的直流电压。滤波电路可以采用大电容或大电感滤波。采用大电容滤波时，可以为逆变电路提供稳定的直流电压，称为电压型变频器；采用大电感滤波时，可以为逆变电路提供稳定的直流电流，称为电流型变频器。

由于受到电解电容的电容量和耐压能力的限制，滤波电路通常由若干个电容器并联成一组，又由两个电容器组串联而成，如图 3-10 中的 C_1 和 C_2 所示。又因为电解电容器的电容量有较大的离散性，故电容器组 C_1 和 C_2 的电容量并不能完全相等，这将导致两个电容器组所承受的电压 U_{C1} 和 U_{C2} 不相等，承受电压较高的电容器组将容易损坏。

为了使 U_{C1} 和 U_{C2} 相等，在 C_1 和 C_2 旁各并联一个阻值相等的均匀电阻 R_{C1} 和 R_{C2}，如图 3-10 所示。均匀原理如下。

设 $C_1 < C_2$，则 $U_{C1} > U_{C2}$。

因为 $I_{R1} = \dfrac{U_{C1}}{R_{C1}}$，$I_{R2} = \dfrac{U_{C2}}{R_{C2}}$，所以 $I_{R1} > I_{R2}$。故 C_2 上的电压 U_{C2} 有所上升，而 C_1 上的电压 U_{C1} 则有所下降，从而缩小了 U_{C1} 和 U_{C2} 的差异，使之趋向于均衡。

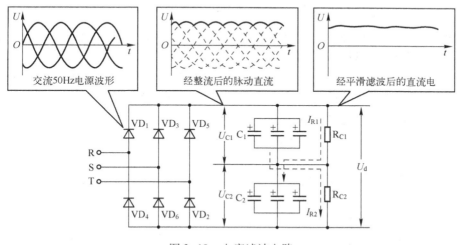

图 3-10　电容滤波电路

工频电源经三相桥式整流电路对滤波电容 C 充电，当 C 上的电压达到 U_d 后，向电容的后级电路放电。这样的充、放电过程会不断重复，充电时电压上升，放电时电压下降，电容上电压的波动与电容量有关，电容量越大，电压波动越小。

3.3.2 限流电路

对于电压型变频器，在合上电源前，电容器上是没有电荷的，电压为0V，而电容器两端的电压又是不能突变的。就是说，在合闸瞬间，整流桥两端（P、N之间）相当于短路。因此，在合上电源时，就出现了如下两个问题。

第一个问题，是会有很大的冲击电流产生，如图3-11（a）中的曲线①所示，这有可能损坏整流管。这种冲击电流也叫做浪涌电流。

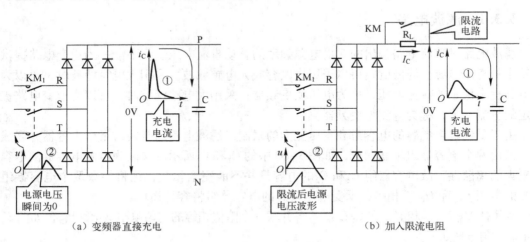

（a）变频器直接充电　　　　　　　　　　　　　（b）加入限流电阻

图3-11　限流电路

第二个问题，是进线处的电压将瞬间下降到0V，如图3-11（a）中的曲线②所示。由于变频器整流电路进线电压是电网电压，所以在合闸瞬间，电网电压要降到0V，这将影响同一网络中其他设备的正常工作，通常称之为干扰。

所以，在整流桥和滤波电容之间，就需要接入一个限流电阻 R_L。如图3-11（b）所示。在接通电源时，继电器KM失电断开，限流电阻接入，减小了通电时的冲击电流。并且，瞬间的电压降，也都降到限流电阻上了，不再影响电源侧的电压波形。但 R_L 如长期接在电路内，将影响直流电压和变频器输出电压的大小。因此，当电容器上的电压上升到一定程度后，继电器KM得电触点闭合，限流电阻被短路，排除限流电阻对直流电压的影响。在有些变频器里继电器一般用晶闸管代替。当刚接通电源时，晶闸管截止（相当于开关断开），待电容器上的电压冲到一定程度后，晶闸管导通（相当于开关闭合），电路开始正常工作。

在实际应用中，不同厂家的变频器内的限流电阻的阻值和容量差别并不大。这是因为容量大的变频器里，整流管的允许电流也较大，滤波电容的容量也要大一些，限流电阻的阻值就应该小一些。又因为电容的充电时间较短（大约是1s），即真正流过限流电阻的时间较短，故限流电阻的容量只要不小于 20Ω 就可以满足。所以，生产厂家为了减少零部件的种类，采取了多种规格的变频器选用同一规格限流电阻的做法。

3.3.3 高压指示电路

图3-12所示为高压指示电路。用于高压指示的小灯 HL 并不是接在面板上进行指示电

源是否接通的，而是接在主控板上的。其主要的作用是用于指示变频器断电后，滤波电容器上的电荷是否已经释放完毕。

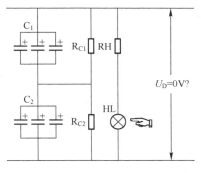

图 3-12   高压指示电路

如图 3-12 所示，由于电容器的容量较大，而切断电源又必须在逆变电路停止工作的状态下进行，所以电容器并没有放电回路，它的放电时间往往长达数分钟。又由于电容器上的电压较高，如不放完，对人身安全将构成威胁。故在维修变频器时，必须等 HL 完全熄灭后才能用手去触摸里面的元器件，对其进行维修。所以，HL 的主要作用就是保护人身安全。

3.3.4   制动电路

在交一直一交电压型变频器驱动异步电动机的系统中，当电动机减速时，电动机及其负载产生的再生能量将对直流侧的滤波电容进行充电，使直流侧的电压升高，从变频器半导体器件和电容的安全考虑，必须对这部分能量进行适当的处理。在变频器中对再生能量的处理主要有两种方式：一是将电容存储的能量回馈至电网，称为回馈制动方式；二是将这部分能量耗散到所设置的制动单元中，称为动力制动方式。另外，还有一种制动方式，给异步电动机的定子通直流电，在电力拖动系统里称为能耗制动方式，在变频器的大多数资料中称为直流制动方式。

1. 动力制动方式

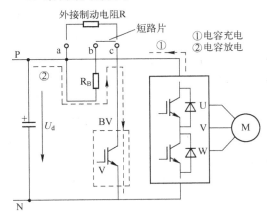

图 3-13   动力制动电路

如图 3-13 所示，动力制动电路由制动电阻 R_B 和制动单元 BV 组成。在电动机降速或制动过程中，电动机所产生的再生能经逆变器对直流侧的电容器进行充电，导致电容器两端的电压升高，当该值超过设定值时，给 IGBT 施加驱动信号 i_b 控制其导通，使从电动机回馈到直流侧的能量耗散到制动电阻 R_B 上，避免电容器上的电压进一步上升。如果回馈能量较大或电动机需要频繁调速时，可去掉 b、c 间的短路片，在 a、c 间接功率更大的制动电阻 R。

如果滤波电容上多余的电荷很快地释放完毕以后，制动电阻仍然接在电路中，则制动电阻必将消耗电源的能量。所以，制动电阻不应该长时间接在电路中，为此，需接入制动单元 BV。制动单元 BV 的作用是：当直流电压接近或超过上限值时，制动单元驱动 IGBT 导通，以便将直流回路中多余的电能通过制动电阻和制动单元释放掉；当直流电压低于下限值时，制动单元驱动 IGBT 截止，使制动电阻不再消耗电能。对于小功率变频器，制动单元一般内置在变频器中；对于大功率变频器，由于制动单元在工作时会发热，所以通常安装在变频器之外，并作为选件供应。

制动电阻的选择包括电阻的阻值和电阻的容量，前者决定制动时流过电阻的电流值，后者决定电阻容许的发热量。由于制动电阻通常工作在断续工作状态，电阻容量的选择应考虑其工作时间。

动力制动的优点是构造简单，对电网无污染（与回馈制动相比而言），成本低廉；动力制动的缺点是运行效率低，特别是在频繁制动时将消耗大量的能量且制动电阻的容量将增大。

2. 回馈制动方式

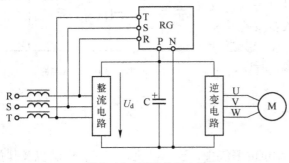

图 3-14　回馈单元电路

回馈制动就是把多余的直流电逆变成交流电，再反馈给电网。在实际应用中，由于普通的变频器并不具有这种功能，而是需要额外的能量回馈单元选件或者专业的四象限变频器。如图 3-14 所示，图中 RG 就是回馈单元，它的输入端与变频器的直流电路相接，输出端与电网相接。当直流电压超过上限值时，RG 就开始工作，把变频器多余的直流电回馈给电网。在这种情况下，直流电压的上限值可以定得低一些。

回馈制动的优点是能四象限运行，电能回馈提高了系统的效率；回馈制动的缺点是只有在不易发生故障的稳定电网电压下（电网电压波动不大于 10%），才可以采用这种回馈制动方式。原因是在发电制动运行时，电网电压故障时间大于 2ms，则可能发生换相失败，损坏器件；在回馈时，对电网有谐波污染；控制复杂，成本较高。

3. 直流制动方式

对于用变频器供电的异步电动机而言，直流制动方式就是指当变频器输出频率接近于零，电动机转速降低到一定数值时，变频器改向异步电动机定子绕组中通入直流，形成静止磁场，此时电动机处于能耗制动状态，转动着转子切割该静止磁场产生感应电动势和电流，感应电流又和静止磁场相互作用而产生电磁转矩，其方向一定是阻止转子继续旋转的制动转矩，它使电动机迅速停止，制动原理如图 3-15（b）所示。在此过程中，变频器的逆变器只有两只开关动作，一只处在上桥臂，另一只处在下桥臂，电动机只有两相绕组通电（Y 形联结），电动机工作在发电状态，电动机及负载的能量全部消耗在转子回路上。为了不使电动机定子绕组中流过太大的电流，施加在定子绕组上的电压波形为一串脉冲，占空比很小，依靠电动机绕组的电感滤波，使流过绕组的电流变成连续的直流电流。这种制动方式的优点是制动时不需增加新的设备；缺点是制动效率低，不适宜频繁制动。

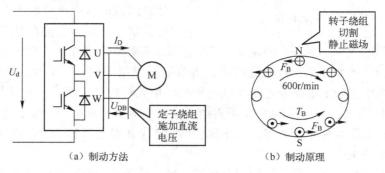

（a）制动方法　　　　　　　　（b）制动原理

图 3-15　直流制动方式的制动方法与原理

直流制动方式可以用于要求准确停车的情况下，或启动前制动电动机由于外界因素引起不规则旋转的情况下。在变频器内与直流制动有关的功能有 3 个。

① 直流制动电压值，实质是在设定制动转矩的大小。显然拖动系统惯性越大，直流制动电压值该相应大些，一般直流电压为 15% ~ 20% 的变频器额定输出电压，为 60 ~ 80 V，有的用制动电流的百分值来约定。

② 直流制动时间，即向定子绕组通入直流电流的时间，它应比实际需要的停机时间略长一些。

③ 直流制动起始频率，当变频器的工作频率下降到多大时开始由能耗制动转为直流制动，这与负载对制动时间的要求有关。若并无严格要求的情况下，直流制动起始频率尽可能设定得小一些。

4. 共用直流母线的多逆变器传动方式

采用通用变频器传动时，除了采用制动单元 BV 和回馈单元 RG 方式处理再生能量以外，还可以采用共用直流母线方式，一般用于多机传动系统。如图 3-16 所示，把多台变频器的直流母线都并联起来，因为这些电动机不大可能同时加速、同时减速，所以处于减速状态的电动机发出来的电，正好供给正常运行或处于加速状态的电动机。一般来说，不再需要制动电阻和制动单元了，即使需要，所需的制动电流也是较小的。

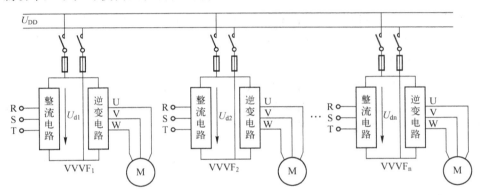

图 3-16　多台变频器共用母线

3.3.5　中间电路的检测

1. 旁路器件的检测

旁路器件可以通过不拆开机壳的方法检测，旁路器件应该在滤波电容器已经充电到一定程度（如电压已经超过 450V）时动作。因此，你可以在确认滤波电容器完好的情况下，通电时观察当直流电压 u_d 上升到足够大时，旁路器件是否动作？

具体方法之一，是在限流电阻两端并联一个电压表 PV_1，同时在滤波电容两端也接一个电压表 PV_2，再将两个串联的灯泡也接到滤波电容的两端，作为负载，如图 3-17 所示。通电后，如果 PV_2 显示 u_d 已经足够大，但 PV_1 的读数并不为 0V，就说明旁路器件并未动作，即器件损坏。

打开机壳，在不带电的情况下，充电接触器触点处于断开状态，如果测得阻值为 0Ω，则说明触点短路；如果测得接触器线圈阻值为无穷大，则说明线圈开路。检测触点时万用表需拨至 R×1Ω 挡，检测线圈时万用表需拨至 R×10Ω 挡。

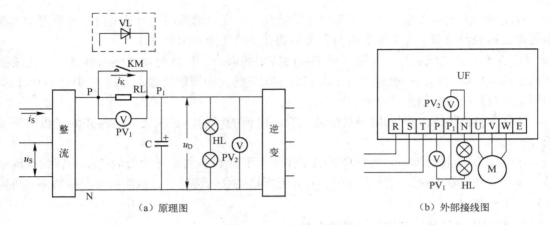

|（a）原理图|（b）外部接线图|

图 3-17　旁路器件的动作检查

2. 限流电阻的检测

检测限流电阻时，万用表需拨至 R×1Ω 挡。正常的充电电阻阻值很小，如果阻值为无穷大，则说明电阻开路，充电电阻开路的故障较为常见。

3. 充电接触器的检测

主要测量接触器的触点和接触器的线圈。如果测得接触器的线圈阻值为无穷大，则说明线圈开路；如果测得接触器的触点阻值为0Ω，则说明触点短路。测量时应将其与主电路断开。

4. 滤波电容的检测

在检测滤波电容时，万用表需拨至 R×10kΩ 挡测量储能电容的阻值，正常时正、反向阻值均为无穷大或接近无穷大。电容容量的检测则用电容表或带容量检测的数字万用表，如果发现电容容量与标称容量有较大差异，应考虑更换。

3.4　逆　变　电　路

与整流相对应，把直流电变成交流电称为逆变。当交流侧接有电源时，称为有源逆变；当交流侧直接和负载连接时，称为无源逆变。显然，交—直—交电压型变频器的逆变电路直接与电动机连接，属于无源逆变。

3.4.1　逆变电路的原理

以图 3-18（a）所示的单相桥式逆变电路为例，说明逆变电路的基本工作原理。图中，$S_1 \sim S_4$ 是桥式电路的 4 个桥臂，它们由电力电子器件及其辅助电路组成。

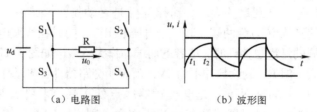

|（a）电路图|（b）波形图|

图 3-18　逆变电路及其波形

当开关 S_1、S_4 闭合，S_2、S_3 断开时，负载电压 $u_0 = u_d$ 为正值；

当开关 S_2、S_3 闭合，S_1、S_4 断开时，负载电压 $u_0 = -u_d$ 为负值。

其输出波形如图 3-18（b）所示。这样，就把直流电变成了交流电，改变两组开关的切换频率，即可改变输出交流电的频率。这就是逆变电路最基本的工作原理。

当负载为电阻时，负载电流和负载电压的波形相同、相位也相同。当负载为阻感时，负载电流滞后于负载电压，两者波形的形状也不同，如图 3-18（b）所示。

3.4.2　电压型逆变电路

目前，通用型变频器大多采用电压型逆变电路，其主要有以下特点。

① 直流侧为电压源，并联大电容，相当于电压源。直流侧电压基本无脉动，直流回路呈现低阻抗。

② 由于直流电压的钳位作用，交流侧的输出电压波形为矩形波，并且与负载阻抗角无关。而交流侧的输出电流波形和相位因负载阻抗情况的不同而不同。

③ 当交流侧为阻感负载时，需要提供无功功率，直流侧电容起缓冲无功能量的作用。为了给交流侧向直流侧反馈的无功能量提供通道，逆变桥各桥臂都并联了反馈二极管。

下面分别对单相和三相电压型逆变电路进行讨论。由于目前全控型器件 IGBT 应用比较广泛，以下均以 IGBT 为例。

1. 单相半桥逆变电路

图 3-19 所示为单相半桥电压型逆变电路，包括有两个桥臂，每个桥臂由一个可控开关器件和一个反并联的二极管构成。直流侧接有两个参数相同的互相串联的大电容，两个电容的连接点便成为直流电源的中点。负载接在直流电源的中点和两个桥臂连接点之间。

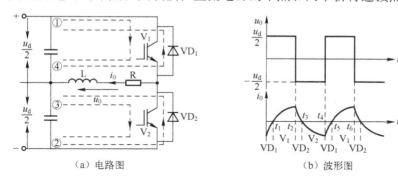

（a）电路图　　　　　　　　　（b）波形图

图 3-19　单相半桥电压型逆变电路

设开关器件 V_1 和 V_2 各导通半个周期，负载为感性负载。具体工作过程如下。

在 $t_1 \sim t_2$ 时刻，V_1 导通，V_2 截止，输出电压 $u_0 = u_d/2$。输出电流 i_0 逐渐增大，电流的流通路径如图 3-19 中的①通道。

在 t_2 时刻，给 V_1 关断信号，V_2 导通信号。但是由于是感性负载电流 i_0 不能立即改变方向，此时二极管 VD_2 提供的电流通路如图 3-19 中的②通道，能量返送电网，负载两端立即承受反向电压。由于 VD_2 的导通，使 V_2 的 C、E 间短路而无法导通，电流开始减小。

在 $t_2 \sim t_3$ 时刻，V_1、V_2 均截止，输出电压 $u_0 = -u_d/2$，二极管 VD_2 导通，电流 i_0 减小，电流的流通路径如图 3-19 中的②通道。

在 t_3 时刻，电流 i_0 降为零。

在 $t_3 \sim t_4$ 时刻，V_2 导通，V_1 截止，输出电压 $u_0 = -u_d/2$，输出电流 i_0 反向逐渐增大，电流的流通路径如图 3-19 中的③通道。

在 $t_4 \sim t_5$ 时刻，给 V_2 关断信号，V_1 导通信号。二极管 VD_1 续流，输出电压 $u_0 = u_d/2$，电流增大，电流的流通路径如图 3-19 中的④通道。

由以上分析可知，输出电压 u_0 的大小取决于直流电压，输出电压的基波频率与相位取决于驱动脉冲的频率与相位，当驱动脉冲的频率或相位改变时，即可改变输出电压基波的频率和相位。输出电流 i_0 的波形与负载的性质有关，纯电阻负载时，电流 i_0 是与电压 u_0 同相的方波；阻感负载时，电流 i_0 的波形如图 3-19（b）所示。

上述过程中，在 $t_2 \sim t_3$ 时刻、$t_4 \sim t_5$ 时刻电流通过反并联二极管流往直流回路，向滤波电容器充电。如果没有反并联的二极管，则因为逆变管只能单方向导通，这段时间内的电流无路可通，电流的波形将发生畸变。即二极管起着使负载电流连续的作用，故此二极管称为续流二极管，在变频器中用于电动机的磁场能和电容之间进行能量交换。

2. 单相全桥逆变电路

图 3-20 所示为单相全桥电压型逆变电路，它有 4 个桥臂，可以看成由两个半桥电路的

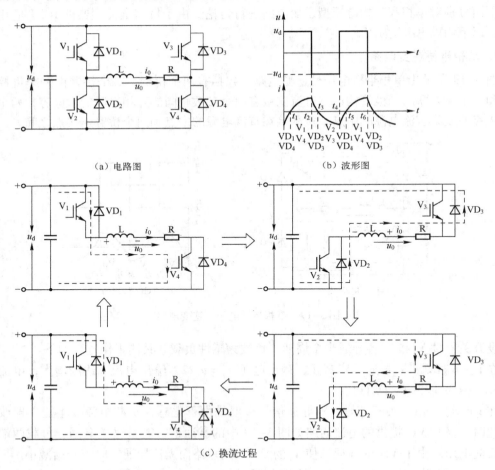

（a）电路图　　　　　　　　　（b）波形图

（c）换流过程

图 3-20　单相全桥电压型逆变电路

组合而成。把桥臂 1 和 4 作为一对，桥臂 2 和 3 作为一对，成对的两个桥臂同时导通，两队交替导通各导通 180°。其输出电压和电流波形与半桥逆变电路相似，只是幅值高出一倍。工作过程也与半桥基本相似，V_1 与 V_4 同时导通→VD_2 与 VD_3 续流→V_2 与 V_3 导通→VD_1 与 VD_4 续流，如图 3-20（c）所示。

全桥逆变电路是单相逆变电路中应用最多的。下面对其电压波形进行简单的定量分析。

输出电压的基波幅值 u_{01m} 为

$$u_{01m} = 1.27u_d \tag{3-15}$$

输出电压的基波有效值 u_{01} 为

$$u_{01} = 0.9u_d \tag{3-16}$$

上述公式对于半桥逆变电路也是适用的，只是式中的 u_d 要换成 $u_d/2$。

3. 三相桥式逆变电路

图 3-21（a）所示为三相桥式逆变电路，它有 6 个桥臂，可以看成由 3 个半桥电路的组合而成。由 6 个 IGBT 作为开关器件构成，每个 IGBT 依次间隔 60° 换流一次，导通顺序为 V_1、V_2、V_3、V_4、V_5、V_6，每个桥臂的导电角度为 180°，即任意瞬间都有 3 个桥臂同时导通，每个周期的导通次序为：$V_1V_2V_3$→$V_2V_3V_4$→$V_3V_4V_5$→$V_4V_5V_6$→$V_5V_6V_1$→$V_6V_1V_2$。可见 6 个开关管 IGBT 均工作在互补状态，如 U 相桥臂的上管 V_1 导通、下管 V_4 必须截止。

下面以 V_1、V_2、V_3 3 只晶闸管同时导通为例，来分析三相电压型逆变电路的工作原理。此时，电动机端线电压 $u_{UV}=0$，$u_{VW}=u_d$，$u_{WU}=-u_d$，电流从 U、V 两端流入电动机，从 W 端流出，相当于电动机绕组 Z_U 和 Z_V 并联后再与 Z_W 串联接到电源 u_d。各阶段的等值电路及各相电压数值如表 3-2 所示。各线电压与相电压波形如图 3-21（b）所示。

输出线电压的基波幅值 u_{1m} 为

$$u_{1m} = 1.1u_d \tag{3-17}$$

输出线电压的基波有效值 u_1 为

$$u_1 = 0.78u_d \tag{3-18}$$

表 3-2 三相电压型逆变电路的等值电路和相应的数据

ωt		0°~60°	60°~120°	120°~180°	180°~240°	240°~300°	300°~360°
导通的 IGBT		$V_1V_2V_3$	$V_2V_3V_4$	$V_3V_4V_5$	$V_4V_5V_6$	$V_5V_6V_1$	$V_6V_1V_2$
负载等值电路							
输出相电压值	U_{UN}	$+\frac{1}{3}u_d$	$-\frac{1}{3}u_d$	$-\frac{2}{3}u_d$	$-\frac{1}{3}u_d$	$+\frac{1}{3}u_d$	$+\frac{2}{3}u_d$
	U_{VN}	$+\frac{1}{3}u_d$	$+\frac{2}{3}u_d$	$+\frac{1}{3}u_d$	$-\frac{1}{3}u_d$	$-\frac{2}{3}u_d$	$-\frac{1}{3}u_d$
	U_{WN}	$-\frac{2}{3}u_d$	$-\frac{1}{3}u_d$	$+\frac{1}{3}u_d$	$+\frac{2}{3}u_d$	$+\frac{1}{3}u_d$	$-\frac{1}{3}u_d$
输出线电压值	U_{UV}	0	$-u_d$	$-u_d$	0	$+u_d$	$+u_d$
	U_{VW}	$+u_d$	$+u_d$	0	$-u_d$	$-u_d$	0
	U_{WU}	$-u_d$	0	$+u_d$	$+u_d$	0	$-u_d$

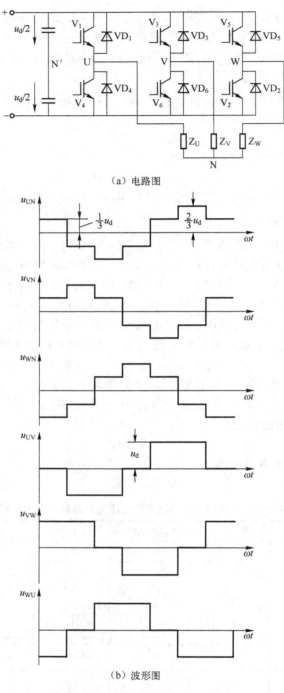

（a）电路图

（b）波形图

图 3-21　三相桥式电压型逆变电路

3.4.3　逆变电路的检测

图 3-22 所示的逆变电路由 6 个桥臂组成，每个桥臂均由一个 IGBT 并联一个二极管组成，其输出端接外部的 U、V、W 端子，3 个上桥臂的输入端与直流电路的 P 端接相接，

3 个下桥臂的输入端与直流电路的 N 端相接，所以检测逆变电路可不用拆开外壳，检测方法与整流电路相同。具体实施方法和检测结果见表 3-3。

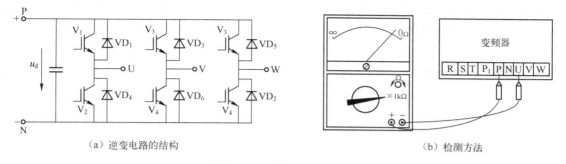

（a）逆变电路的结构　　　　　　　　　　（b）检测方法

图 3-22　逆变电路的检测

表 3-3　逆变器测试方法与测试结果

测量器件	测量端子	万用表极性		测量值	测量器件	测量端子	万用表极性		测量值
		红（+）	黑（-）				红（+）	黑（-）	
V_1	P 与 U	P	U	指针接近 0	V_4	N 与 U	U	N	指针接近 0
		U	P	指针接近 ∞			N	U	指针接近 ∞
V_3	P 与 V	P	V	指针接近 0	V_6	N 与 V	V	N	指针接近 0
		V	P	指针接近 ∞			N	V	指针接近 ∞
V_5	P 与 W	P	W	指针接近 0	V_2	N 与 W	W	N	指针接近 0
		W	P	指针接近 ∞			N	W	指针接近 ∞

若测得的结果与表 3-3 的结果不符，则说明逆变电路有故障，如测得的某桥臂正、反向电阻都为无穷大，则说明被测桥臂二极管开路；若测得的正、反向电阻都为 0 或阻值很小，则说明被测二极管短路或 IGBT 的 C、E 间短路；若测得的正向电阻偏大、反向电阻偏小，则说明被测二极管性能不良或 IGBT 的 C、E 极间漏电。

采用上述方法检测逆变电路时，只能检测二极管是否正常及 IGBT 的 C、E 间是否短路。如果需要进一步确定 IGBT 是否正常，必须打开机器取下驱动电路，测量 IGBT 的 G、E 极间的正、反向电阻，正常情况下均应为无穷大，否则说明 IGBT 损坏。

3.5　PWM 控制技术

脉宽调制技术简称 PWM（Pulse Width Modulation），PWM 控制技术就是控制半导体开关器件的导通和关断时间比，即调节脉冲宽度或周期来控制输出电压的一种控制技术。

3.5.1　SPWM 控制的基本原理

根据控制理论中的一个重要的结论：冲量相等而形状不同的窄脉冲加在具有惯性的环节上时，其效果基本相同。冲量即指窄脉冲的面积。这里所说的效果基本相同，是指惯性环节的输出响应波形基本相同。

把图 3-23（a）的正弦半波分成 N 等份，就可以把正弦半波看成是由 N 个彼此相连的脉冲序列所组成的波形。这些脉冲宽度相等，都等于 π/N，但幅值不相等，且脉冲顶部不是水平直线，而是曲线，各脉冲的幅值按正弦规律变化。根据上述结论把这组脉冲序列利用相同数量的等幅而不等宽的矩形脉冲序列代替，使矩形脉冲的中点和相应正弦波部分的中点重合，且使矩形脉冲和相应的正弦波部分面积相等，就得到如图 3-23（a）所示的脉冲序列，这就是 PWM 波形，并且这组 PWM 波形和正弦半波是等效的。对于正弦波的负半周，也可以用同样的方法得到 PWM 波形。像这种脉冲宽度按正弦规律变化并和正弦波等效的 PWM 波形，称为正弦波脉宽调制波形，简称 SPWM（Sinusoidal Pulse Width Modulation）波形，如图 3-22（b）所示。其输出电压的平均值与占空比 δ 有关，而

$$\delta = \frac{t_{\mathrm{P}}}{t_{\mathrm{C}}} \tag{3-19}$$

式中，δ——脉冲的占空比；

t_{P}——脉冲的宽度，s；

t_{C}——脉冲的周期，s。

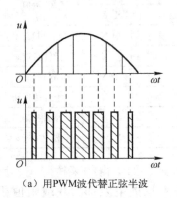

（a）用PWM波代替正弦半波

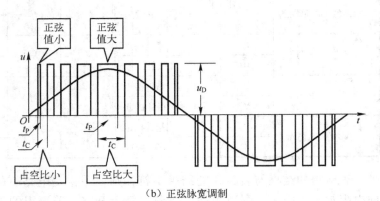

（b）正弦脉宽调制

图 3-23　脉宽调制

3.5.2　SPWM 逆变电路及其控制方法

正弦脉宽调制方法，就是把希望输出的正弦波电压作为调制电压（用 u_{r} 表示），接受调制的等腰三角波称为载波电压（用 u_{c} 表示），通过比较二者之间的电压大小来控制逆变器开关的通断，从而得到一系列等幅不等宽、正比于正弦基波电压的矩形波，如图 3-24 所示。它分为单极性和双极性脉宽调制。下面以单相桥式逆变电路为例进行分析。

1. 单极性脉宽调制方式

所谓单极性脉宽调制方式是指在半个周期内，正弦波和三角波的极性是不变的。调节频率和电压时，三角波的频率和振幅基本不变，只改变正弦波的频率和振幅。如图 3-24（a）所示的是调制波 u_{r} 频率较高时的情形（占空比大），图 3-24（b）所示的是频率调制波 u_{r} 较低时的情形（占空比小）。

单极性调制的工作特点是在输出的半周波内，同一相的两个导电臂仅一个反复通断而另一个始终截止。载波 u_{c} 在 u_{r} 的正半周为正极性的三角波，在 u_{r} 的负半周为负极性的三角波。在 u_{c} 和 u_{r} 的交点处控制 IGBT 的通断。具体分析过程如下。

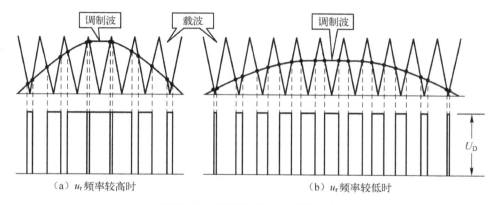

（a）u_r频率较高时　　　　　　　　　　（b）u_r频率较低时

图 3-24　SPWM 脉冲序列的产生

　　在 u_r 的正半周，控制 V_1 一直保持通态，V_2 保持断态。在 u_r 与 u_c 正极性三角波的交点处控制 V_4 的通断。当 $u_r > u_c$ 时，控制 V_4 导通，输出电压 $u_o = u_d$；当 $u_r < u_c$ 时，控制 V_4 截止，V_3 导通，输出电压 $u_O = 0$。

　　在 u_r 的负半周，控制 V_1 保持断态，V_2 保持通态。在 u_r 与 u_c 负极性三角波的交点处控制 V_3 的通断。当 $u_r < u_c$ 时，控制 V_3 导通，输出电压 $u_O = -u_d$，当 $u_r > u_c$ 时，控制 V_3 截止，V_4 导通，输出电压 $u_O = 0$。

　　这样就得到了如图 3-25 所示的逆变器的输出电压波形为等幅不等宽的脉冲列，即 SPWM 波形。其特点是中间的脉冲宽，两边的脉冲窄，在任何半周内始终为一个极性，这样输出电压的低次谐波分量可大大减小。图中的虚线 u_{of} 表示 u_o 中基波分量，不难看出控制调制波 u_r 的幅值和频率，就能控制逆变器输出电压的幅值和频率。现在的变频器基本不用单极性调制方式，实际用的多是双极性调制方式。

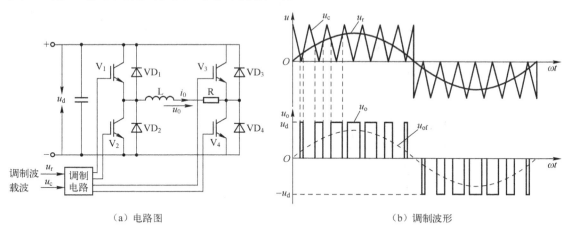

（a）电路图　　　　　　　　　　　　　　（b）调制波形

图 3-25　单极性 PWM 控制方式波形

2. 双极性脉宽调制方式

　　双极性脉宽调制是指正弦波和三角波都是双极性的。

　　双极性调制的工作特点是同一桥臂的上下两个逆变管总是交替导通的。以 V_1、V_2 为例，每相脉冲序列的正半周作为 V_1 管的驱动信号，则其负半周经反相后作为 V_2 管的驱动信号，如图 3-26（a）所示。

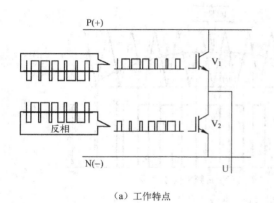

（a）工作特点

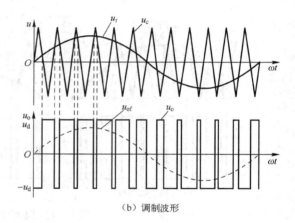

（b）调制波形

图 3-26　双极性 PWM 控制方式

如图 3-26（b）采用双极性脉宽调制方式时，在 u_r 的半个周期内，三角波载波不再是单极性的，而是有正有负，所得的 PWM 波也是有正有负。即正负半周对各开关器件的控制规律相同。同样，在 u_c 和 u_r 的交点处控制 IGBT 的通断。图 3-25（a）所示的单相桥式逆变电路在采用双极性控制方式时的具体分析过程如下。

当 $u_r > u_c$ 时，控制 V_1 和 V_4 导通，V_2 和 V_3 关断，输出电压 $u_o = u_d$；当 $u_r < u_c$ 时，控制 V_1 和 V_4 关断，V_2 和 V_3 导通，输出电压 $u_o = -u_d$。

从图 3-26（b）中可以看出，其基波近似于正弦波电压，同单极性 SPWM 一样，控制调制波 u_r 的幅值和频率，就能控制逆变器输出电压的幅值和频率。

3. 双极性调制的三相 SPWM 变频器

图 3-27 是三相桥式 SPWM 逆变器的输出波形，这种电路都采用双极性控制方式。U、V 和 W 三相的 PWM 控制通常共用一个三角波载波 u_c，三相的调制信号分别为 u_{rU}、u_{rV} 和 u_{rW}，相位互差 120°，幅值相等，如图 3-27（a）所示。双极性调制得到的相电压脉冲序列如图 3-27（b）所示，很难看出它的变化规律来。但是，当把它们合成为线电压时，其脉冲序列就和单极性调制的波形一样了，如图 3-27（c）所示。

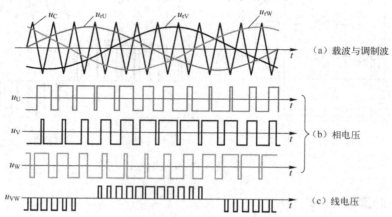

（a）载波与调制波

（b）相电压

（c）线电压

图 3-27　双极性调制的三相 SPWM 变频器的输出波形

4. 占空比对输出电压的影响

图 3-28 为变频器的实际输出电压波形，分别是 50Hz 时的波形，电压有效值是 380V；

25Hz 时的波形，电压有效值是190V；10Hz 时的波形，电压有效值是76V。即输出电压高，脉冲序列的占空比大；输出电压低，脉冲序列的占空比小。

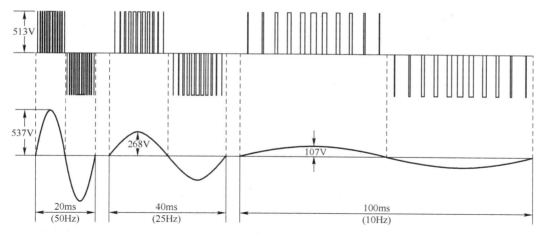

图 3-28　变频器的实际输出电压波形

5. 载波频率对变频器输出侧的影响

（1）对输出电压的影响

如图 3-29 所示，同一桥臂的上下两个逆变管在交替导通过程中，必须保证原来导通的逆变管（如 V_1）充分截止后，才允许另一个逆变管（V_4）导通。而 V_1 从饱和导通到完全截止之间，是需要"关断时间"的。因此，在两管交替导通时，需要有一个等待时间，通常称为"死区"，即图 3-29（b）中之 Δt。死区是不工作的，载波频率较高时，一个周期里死区的个数就多了，则不工作的总时间也多了，变频器的输出电压就要下降了，如图 3-29（c）所示。

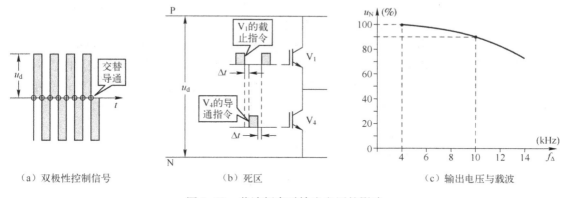

（a）双极性控制信号　　　　（b）死区　　　　（c）输出电压与载波

图 3-29　载波频率对输出电压的影响

（2）对输出电流的影响

一方面，输电线路之间及电动机内部的各相绕组之间，都存在着分布电容 C_0，如图 3-30（a）所示。载波频率越高，分布电容的容抗 X_{C0} 就越小，通过分布电容的漏电流 i_{C0} 越大，增加了逆变管的负担，逆变管提供给电动机的允许电流减小。

另一方面，载波频率高了，会增加开关损失，使逆变管的温升升高，逆变管的允许输出电流将减小，如图 3-30（b）所示。

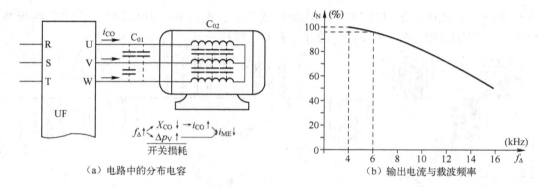

（a）电路中的分布电容　　　　　（b）输出电流与载波频率

图 3-30　载波频率对输出电流的影响

3.6　交—交变频器的基本原理

交—交变频器就是把工频交流电直接变换成频率可调的交流电，这种变频器称为周波变流器。近年来，随着电力电子技术的发展，交—交变频器发展很快，因为没有中间直流环节，能量转换效率较高，广泛应用于轧机、矿山卷扬机、船舶推进等大功率低速变频调速装置中。

实际应用中主要是三相输出交—交变频电路。单相输出交—交变频电路是三相输出交—交变频电路的基础。因此本节首先介绍单相输出交—交变频电路的构成和工作原理。

3.6.1　单相交—交变频器

图 3-31 是单相交—交变频电路的基本原理图和输出电压波形。电路由 P 组和 N 组反并联的晶闸管变流电路构成。变流器 P 和 N 都是相控整流电路，由前面的学习我们知道，接大电感负载时，相控直流电路的输出电压 $u_d = u_{d0}\cos\alpha$，即输出电压随着控制角 α 的变化而变化。如图 3-31 所示，要使输出电压按正弦规律变化，必须对变流器 P 和 N 组的晶闸管的控制角 α 进行调节，而要使负载电压为交流电，必须使 P 组和 N 组轮流对负载供电。即输出电压正半周时，P 组工作且控制角 α 从 90°变化到 0°再从 0°变化到 90°，而输出电压负半周时，N 组工作且控制角 α 也是从 90°变化到 0°再从 0°变化到 90°。改变两组变流器的切换频率，就可以改变输出频率。改变变流电路工作时的控制角 α，就可以改变交流输出电压的幅值。

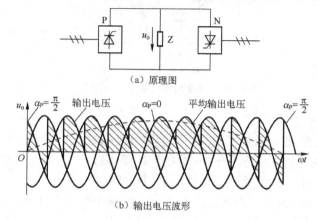

（a）原理图

（b）输出电压波形

图 3-31　单相交—交变频电路的基本原理图与输出电压波形

通过图 3-31 的波形可以看出，变流器 P 和 N 都是三相半波相控整流电路。其输出电压 u_0 并不是平滑的正弦波，而是有若干段电源电压拼接而成的。在输出电压的一个周期内所包含的电源电压段数越多，波形就越接近正弦波。因此，图 3-31 中的变流器通常采用 6 脉波的三相桥式可控整流电路或 12 脉波变流电路。

3.6.2 三相交—交变频器

三相交—交变频电路是由三组输出电压相位各差 120° 的单相交—交变频电路组成，因此以上分析和结论对三相交—交变频电路都是适用的。

三相交—交变频电路主要有两种接线方式，即公共交流母线进线方式和输出星形联结方式。

1. 公共交流母线进线方式

图 3-32 为公共交流母线进线方式的三相交—交变频电路框图，它由三组彼此独立的、输出电压相位互差 120° 的单相交—交变频电路构成，它们的电源进线通过进线电抗器接在公共的交流母线上。因为电源进线端公用，所以 3 组单相交—交变频电路的输出端必须隔离。为此，交流电动机的 3 个绕组必须拆开，共引出 6 根线。这种电路主要用于中等容量的交流调速系统。

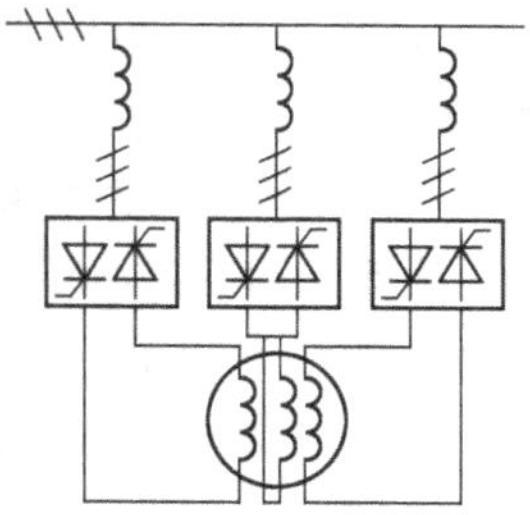

2. 输出星形联结方式

图 3-33 为输出星形联结方式的三相交—交变频电路。三相单相交—交变频电路的输出端是星形联结，电动机的 3 个绕组也是星形联结，电动机中性点不和变频器的中性点接在一起，电动机只引出 3 根线即可。因为 3 组单相交—交变频器电路的输出连接在一起，其电源进线就必须隔离，因此 3 组单相交—交变频器分别用 3 个变压器供电。

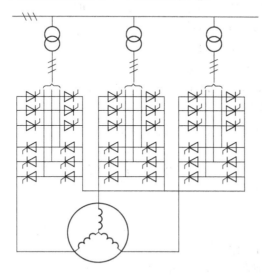

图 3-32 公共交流母线进线方式的三相交—交变频电路框图

图 3-33 输出星形联结方式的三相交—交变频电路

由于变频器输出端中点不和负载中点连接，所以在构成三相变频器电路的 6 组桥式电路中，至少要有不同输出相的两组桥中的 4 个晶闸管同时导通才能构成回路，形成电流。

本 章 小 结

1. 变频器的主电路由整流电路、中间直流环节和逆变电路 3 大部分组成。其要点如下。

① 整流电路的作用是把工频三相（或单相）交流电整流成直流电。在一个周期内脉动 6 次，即其脉动频率为 300Hz。

② 中间直流环节，主要的作用是滤除整流后的电压纹波和缓冲因异步电动机（属于感性负载）而产生的无功能量。主要包括限流电路、滤波电路、制动电路和高压指示电路。

③ 滤波电路由两组容器串联而成，为了使两组电容器的电压分配均衡，必须在电容器旁并联均压电阻。

④ 在整流桥和滤波电容器之间，设置了限流电路，以限制刚合闸瞬间的冲击电流。

⑤ 高压指示电路中的指示灯接在变频器内部的控制板上，用于在停电时显示滤波电容器上的电荷是否释放完毕，目的是保护人身安全。

⑥ 逆变电路的主要作用是根据控制回路有规律的控制逆变器中主开关器件的导通与关断，从而得到任意频率的三相交流电输出。在逆变桥中，每个开关管旁边必须反并联一个续流二极管，以利于直流电源与电动机绕组之间的能量交换。

2. 制动电路有动力制动、回馈制动、公共直流母线制动、直流制动 4 种电路。

① 动力制动：电动机降速或制动过程中产生的再生能通过制动电阻或制动单元释放掉。

② 采用回馈制动单元，可以将多余的直流电逆变成三相交流电，反馈给电网。

③ 将一台机器上的多台变频器的直流母线并联，各台变频器的直流电可以互补，一般情况下，可以不再需要制动电阻和制动单元了。

④ 直流制动就是向电动机内通入直流电流，可以用于要求准确停车的情况或启动前制动电动机由于外界因素引起的不规则旋转。

3. 交—直—交变频器的核心部分是逆变电路，目前多数变频器采用正弦脉宽调制（SPWM）的方法来对其进行变压和变频的控制。

4. 载波频率对变频器的影响如下。

① 载波频率高，变频器的输出电压降下降。

② 载波频率高，变频器允许输出的最大电流将减小。

③ 载波频率低，电磁噪声将增大。

5. 交—交变频器是通过改变正、反组变流器的切换频率，来调节输出频率的。

练 习 题

一、填空题

1. 交—直—交变频器的主电路由（　　）、（　　）和（　　）三大部分组成。

2. 交—直—交变频器整流电路的作用是（　　）。

3. 交—直—交变频器中间直流环节的作用是（　　）和（　　）。

4. 交—直—交变频器逆变器的作用是（　　）。

5. 滤波电路由两组电容器（　　）而成，为了使两组电容器的电压分配均衡，必须在电容器旁并联（　　）。

6. 在整流桥和滤波电容器之间，设置了（　　）电路，以限制刚合闸瞬间的冲击电流。

7. 高压指示电路中的指示灯接在变频器的内部控制板上，用于在停电时显示（　　），目的是保护人身安全。

8. 交—直—交电压型变频器，再生制动时需增设（　　）。

9. PWM 逆变器所采用的电力电子器件为（　　），输出交流电的电压、频率的调节均由（　　）完成。

10. SPWM 型逆变器输出的基波频率和幅值取决于（　　）。

11. SPWM 调制时，调制波为（　　），载波为（　　）。

12. SPWM 控制常有（　　）和（　　）控制方式。

13. 三相桥式不可整流电路，在同一时刻有（　　）个开关器件同时导通，分别位于（　　）组和（　　）组。输出电压每隔（　　）度换相一次，同一组内的两个开关器件每隔（　　）换相一次。在一个周期内输出电压脉动（　　）次，即脉动频率为（　　）Hz。

14. 在变频器内部与直流制动有关的 3 个功能参数是（　　）、（　　）和（　　）。

二、简答题

1. 简述回馈制动的优缺点。

2. 画出三相桥式可控整流电路 $\alpha = 30°$ 时输出电压波形。

3. 画出三相桥式可控整流电路 $\alpha = 60°$ 时输出电压波形。

4. 画出三相不控桥式整流电路的输出电压波形。

5. 载波频率对变频器的影响是什么？

6. 交—直—交变频器有几种制动电路？分别是什么？并加以说明。

三、分析题

1. 仔细读题图 3-1 并回答下列问题。

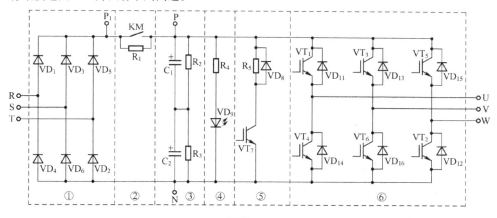

题图 3-1

① 此电路的名称是什么？其中 R、S、T 和 U、V、W 代表的意义是什么？

② 标出电路各部分的名称并说明其作用。

③ 续流二极管的作用是什么？

④ 当电动机电动时①③⑤⑥所处的工作状态是什么？

⑤ 当电动机制动时①③⑤⑥所处的工作状态是什么？

2. 不打开机壳时，如何检测变频器的整流电路，请加以说明。

3. 不打开机壳时，如何检测变频器的逆变电路，请加以说明。

第4章 变频器的控制方式

【知识目标】

1. 掌握 U/f 控制方式的基本思想及 U/f 曲线的绘制方法。
2. 掌握转差频率控制方式的基本思想。
3. 理解矢量控制的基本思想及矢量控制框图。
4. 了解直接转矩控制。
5. 掌握变频器的常用控制功能。

【能力目标】

1. 会使用变频器中的恒压频比控制方式。
2. 会使用变频器中的矢量控制方式。
3. 会绘制频率给定曲线。

4.1 恒压频比 U/f 的控制方式

由第 1 章的学习可知，变频调速的理论依据为

$$n = (1-s)60f/p \tag{4-1}$$

从式（4-1）中可以看出，只要改变频率就可以实现调速的目的。但是在实际的应用中是否如此简单就可以实现调速呢？

4.1.1 变频调速出现的问题

1. 从能量的角度讨论问题

（1）输入功率

三相交流异步电动机的输入功率就是从电源吸收的电功率，用 P_1 表示，计算公式为

$$P_1 = \sqrt{3}\,U_L I_1 \cos\varphi_1 \tag{4-2}$$

式中，P_1——输入功率，kW；

$\quad U_L$——电源线电压，V；

$\quad I_1$——电动机的相电流，A；

$\cos\varphi_1$——定子绕组的功率因数。

（2）电磁功率

从定子输入功率中减去定子绕组的铜损 P_{cu1} 和定子铁芯的铁损 P_{Fe1} 后，其他将全部转换成传输给转子的电磁功率 P_M，计算公式为

$$P_M = 3E_1 I_1 \cos\varphi_1 \tag{4-3}$$

式中，P_M——电磁功率，kW；

E_1——定子每相绕组的反电动势，V。

（3）输出功率

电动机的输出功率就是轴上的机械功率，计算公式为

$$P_2 = \frac{T_M n_M}{9550} \tag{4-4}$$

式中，P_2——电动机的输出功率，kW；

T_M——电动机轴上的电磁转矩，N·m；

n_M——电动机的转速，r/min。

当电动机的工作频率 f_x 下降时，各部分功率的变化情况如下。

① 输入功率。在式（4-2）中，与输入功率 P_1 有关的各因子中，除 $\cos\varphi_1$ 略有变化外，都和 f_x 没有直接关系。因此可以认为 f_x 下降时，P_1 基本不变。

② 输出功率。由于在等速运行时，电动机的电磁转矩 T_M 总是和负载转矩相平衡的。所以，在负载转矩不变的情况下，T_M 也不变。而输出轴上的转速 n 必将随 f_x 下降而下降，由式（4-4）可知，输出功率 P_2 随 f_x 的下降而下降。

③ 电磁功率。由图 4-1 可以看出，当输入功率 P_1 不变而输出功率 P_2 减小时，传递能量的电磁功率 P_M 必将增大。这意味着主磁通 $\varPhi_1$ 也必将增大，并导致磁路饱和。磁通出现饱和后将会造成电动机中流过很大的励磁电流，增加电动机的铜损耗和铁损耗，造成电动机铁芯严重过热，不仅会使电动机的输出效益大大降低，而且由于电动机过热，造成电动机绕组绝缘降低，严重时，有烧毁电动机的危险。

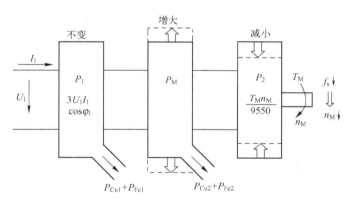

图 4-1　异步电动机的能量传递过程

所以，在进行变频调速时，有一个十分重要的要求，就是主磁通 $\varPhi_1$ 必须保持基本不变，即

$$\varPhi_1 \approx const（常数） \tag{4-5}$$

2. 变频与变压

电动机里，直接反应磁通大小的是定子绕组的反电动势 E_1，它的计算公式为

$$E_1 = 4.44 k_E N_1 f \varPhi_1 = K_E f \varPhi_1 \tag{4-6}$$

式中，E_1——定子绕组每相的反电动势，V；

k_E——绕组系数；

N_1——定子每相绕组的匝数；

f——电流的频率，Hz；

Φ_1——定子每个磁极下的基波磁通，Wb；

K_E——常熟，$K_E = 4.44 k_E N_1$。

可见，反电动势与频率、磁通的乘积成正比，即

$$\Phi_1 = K_E \frac{E_1}{f} \tag{4-7}$$

由式（4-7）可知，保持磁通 Φ_1 不变的方法是保持反电动势 E_1 与频率 f 之比不变。也就是说保持磁通 Φ_1 不变的准确方法为

$$\frac{E_1}{f} = const \tag{4-8}$$

但是反电动势 E_1 是定子绕组切割定子电流自身的磁通而产生的，无法从外部控制其大小，故在实际工作中，式（4-8）所表达的条件将难以实现。

考虑到定子绕组的电动势平衡方程为

$$\dot{U}_1 = -\dot{E}_1 + \dot{I}_1(r_1 + jX_1) = -\dot{E}_1 + \Delta \dot{U}_1 \tag{4-9}$$

式中，U_1——施加于定子每相绕组的电源相电压，V；

I_1——流过定子绕组的电流，A；

r_1——定子一相绕组的电阻，Ω；

X_1——定子一相绕组的漏磁电抗，Ω；

ΔU_1——定子一相绕组的阻抗压降，V。

在式（4-9）中，定子绕组的阻抗压降 ΔU_1 在电压 U_1 中所占比例较小，如果把它忽略不计，那么用比较容易从外部进行控制的外加电压 U_1 来近似地代替反电动势 E_1 是具有现实意义的，即

$$\frac{U_1}{f} \approx \frac{E_1}{f} = const \tag{4-10}$$

所以，在控制电动机的电源频率变化的同时控制变频器的输出电压，并使二者之比 U_1/f 为恒定，从而使电动机的磁通基本保持恒定。但要注意，式（4-10）只是一种近似的替代方法，并不能真正保持磁通不变。

4.1.2 U/f 曲线的绘制

1. 调频比和调压比

调频时，通常都是相对于其额定频率 f_N 来进行调节的，假设当频率下降为 f_x 时，电压下降为 U_x，则

$$k_F = \frac{f_X}{f_N} \tag{4-11}$$

式中，k_F 称为频率调节比，简称调频比。

$$k_U = \frac{U_X}{U_N} \tag{4-12}$$

式中，k_U 称为电压调节比，简称调压比。

当 $k_U = k_F$ 时，电压与频率成正比，可以用 U/f 曲线来表示，如图 4-2 所示，这个表示电

压与频率成正比的 U/f 曲线称为基本 U/f 曲线。它表明：变频器输出的最大电压 U_{max} 为 380V，等于电源电压。而与最大输出电压对应的频率，称为基本频率，用 f_{BA} 表示。绝大多数情况下，基本频率应该等于电动机的额定频率，并且最好不要随意改变。

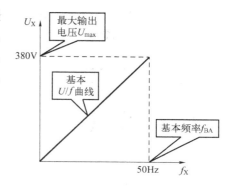

图 4-2　基本 U/f 曲线

2. 低频运行时，电动机带负载能力下降的原因

由式（4-7）和式（4-9）可得如下公式

$$\Phi_1 = K_E \frac{\dot{E}_1}{f} = \frac{|\dot{U}_1 - I_1(r_1 + jX_1)|}{f} = \frac{|\dot{U}_1 - \Delta\dot{U}_1|}{f}$$

$$(4-13)$$

由式（4-13）可知，当电动机以频率 f_X 运行时，磁通的大小和以下因素有关。

① 变频器的输出电压 U_{1X}（电动机的电源电压）。U_{1X} 越大，磁通 Φ 也越大。

② 电动机的负载轻重。负载越重，则电流越大，磁通将越小。

③ 定子绕组阻抗压降在电源中占有的比例。因为当频率下降时，变频器的输出电压要跟着下降，但如果负载转矩不变的话，定子绕组等效电阻的压降是不变的，电阻压降在电源中所占的比例将增大，也会导致磁通减小。

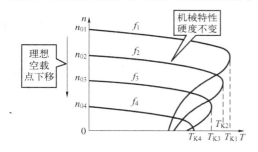

图 4-3　$k_u = k_f$ 时的机械特性曲线

从以上分析可知，当 $k_u = k_f$ 时，并不能真正保持磁通 Φ 不变，在此忽略了定子绕组阻抗压降 ΔU_1 的作用。从而导致了低频运行时，电动机带负载能力的下降。如图 4-3 所示为 $k_u = k_f$ 时的机械特性曲线，其主要特点如下。

① 同步转速 n_0 随着频率的减小而减小。

② 临界转速 n_K 也下降，但临界转差基本不变。

③ 临界转矩 T_K 随频率的减小而略有减小。

④ 机械特性基本平行，即"硬度"基本不变。

也可以看出电动机的带负载能力下降了。如果要求电动机重载启动的话，就难以启动了。

3. 转矩提升

如果在低频运行时，适当地增加变频器的输出电压（即电动机的输入电压），使实际的 U/f 曲线如图 4-4 中的曲线②所示，而且电压的补偿量恰到好处的话，则可使反电动势与频率之比与额定状态时相等，即

$$\frac{E'_{1X}}{f_X} = \frac{E_{1N}}{f_N}$$

$$(4-14)$$

式中，E'_{1X}——与 f_X 对应的经电压补偿后的电动势，V。

结果是，铁芯内的磁通量能够等于额定值，电动机的转矩得到了补偿。

这种在低频时，通过适当补偿电压来增加磁通，从而增强电动机在低频时的带负载能力的方法，称为电压补偿，也叫转矩补偿，在变频器的说

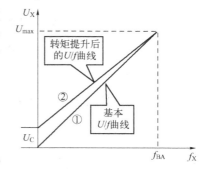

图 4-4　电压补偿原理

明书中叫做转矩提升。通常把0Hz时的起点电压U_C定义为电压的补偿量。

4. 基频以上变频控制方式

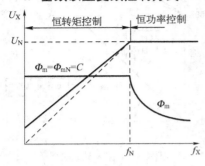

图4-5 异步电动机调速的控制特性

在基频以上调速时，即当电动机转速超过额定转速时，定子供电频率f大于基频。如果仍维持$U/f = C$是不允许的，因为定子电压过高会损坏电动机的绝缘。因此，当f大于基频时，往往把电动机定子电压限制为额定电压，并保持不变。由式（4-10）可知，这将迫使磁通Φ_m与频率f成反比降低，相当于直流电动机弱磁升速的情况。

把基频以下和基频以上调速的两种情况结合起来，可得到如图4-5所示的异步电动机变频调速控制特性。

4.1.3 变频器的U/f控制功能

变频器的U/f控制功能就是通过调整转矩提升量来改善电动机机械特性的相关功能。

1. U/f线的类型

① 恒转矩类，也叫直线型，如图4-6（a）中的曲线①所示，大多数生产机械都选择这种类型。

② 二次方类，如图4-6（a）中的曲线②所示，只有离心式风机、水泵和压缩机等选择这种类型。因为离心式机械属于二次方律负载，低速时负载的阻转矩很小，低频时非但不需要补偿，并且还可以比$k_U = k_f$时的电压更低一些，电动机的磁通可以比额定磁通要小得多，故也称为低励磁U/f线。

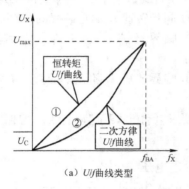
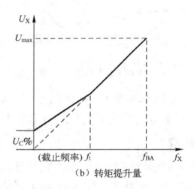

（a）U/f曲线类型   （b）转矩提升量

图4-6 变频器的转矩提升功能

2. 转矩提升量

转矩提升量是指0Hz时电压提升量U_C与额定电压之比的百分数，即

$$U_C\% = \frac{U_C}{U_N} \times 100\% \tag{4-15}$$

式中，$U_C\%$为转矩提升量。

一般来说，频率较高时，电动机临界转矩的变化不大，可以不必补偿，所以变频器还设置了一个截止频率f_t，也就是说，电压只需补偿到f_t为止。因此，经转矩提升后的U/f线如图4-6（b）所示。

3. 基本频率

（1）基本频率的定义

基本频率的大小是和变频器的输出电压相对应的，有如下两种定义方法。

① 和变频器的最大输出电压对应的频率；

② 当变频器的输出电压等于额定电压时的最小输出频率，基本频率用 f_{BA} 表示。

（2）基本频率的调整

在绝大多数情况下，基本频率都和电动机的额定频率相等，一般不需要调整。这是因为电动机在基本频率下运行，实际上也就是运行在额定状态，磁路内的磁通是额定磁通，所产生的电磁转矩也是额定转矩。如果改变了基本频率，电动机的磁通和电磁转矩也都将发生变化，这在大多数情况下是不希望出现的。但是，在某些情况下，适当地调整基本频率，可以解决如电压匹配等特殊问题，以及实现节能等，分述如下。

① 电压匹配。有时，电动机的额定电压和变频器的额定电压不相吻合，可以通过适当调整基本频率来解决，举例说明如下。

实例1：三相220V电动机配380V变频器。核心问题是当变频器的输出频率为50Hz时，其输出电压应该是220V。为此，首先做出对应的 U/f 线（OA），如图4-7（a）所示。再延长OA至与380V对应的B点，计算B点对应的频率，为87Hz，将基本频率预置为87Hz即可。

实例2：三相420V、60Hz的电动机配380V变频器。首先做出满足电动机要求的 U/f 线，如图4-7（b）中的OB，再算出与380V对应的频率，为54Hz，将基本频率预置为54Hz即可。

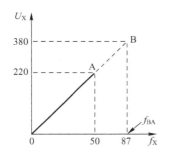
（a）三相220V电动机配380V变频器

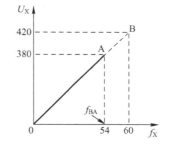
（b）三相420V、60Hz的电动机配380V变频器

图4-7　电压匹配

② "大马拉小车"的节能。负载实际消耗功率只有45kW，但电动机容量却是75 kW，这明显属于"大马拉小车"现象。实质上，电动机处于轻载运行的状态，磁路饱和，如果同时减小电压和电流，电动机消耗的功率必减小，从而实现了节能。

降低电压的具体方法是适当提高基本频率 f_{BA}，如提高为 $f_{BA}=56$Hz，则50Hz时对应的电压便只有340V了，如图4-8所示。

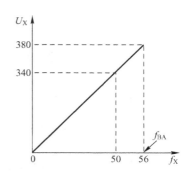

图4-8　"大马拉小车"的节能现象

4.2 转差频率的控制方式（SF）

转差频率控制是在 U/f 控制的基础上，即保持磁通不变的前提下，加上与转矩、电流有直接关系的转差频率控制环节，通过控制转差频率 ω 来任意控制异步电动机转矩，这就是转差频率控制方式。它与 U/f 控制方式相比，有助于改善异步电动机的动、静态性能。

4.2.1 转差频率控制的基本思想

在异步电动机里，电磁转矩表达式可以写为

$$T_e = C_m \Phi_m I_2 \cos\varphi_2 \tag{4-16}$$

式中，I_2——折算到定子侧的转子每相电流的有效值，A；

$\quad \varphi_2$——转子功率因数角，$\varphi_2 = \arctan\dfrac{sX_2}{R_2}$。其中，$X_2$ 为折算到定子侧的转子每相漏电抗。

由式（4-16）可以看出，当气隙磁通 Φ_m 保持不变时，电磁转矩 T_e 将由转子电流 I_2 和转子功率因数角 φ_2 决定。而异步电动机正常运行时，s 很小，$\cos\varphi_2 \approx 1$，也就是说，电磁转矩 T_e 的大小仅由转子电流 I_2 决定。

如图 4-9 异步电动机的等值电路所示，可以求得转子电流 I_2 为

$$I_2 = \frac{E_1}{\sqrt{\left(\dfrac{R_2}{s}\right)^2 + X_2^2}} = \frac{sE_1}{\sqrt{R_2^2 + (\omega L_2)^2}} \tag{4-17}$$

图 4-9 异步电动机的等值电路

正常运行时，ω 较小，则

$$I_2 \approx \frac{sE_1}{R_2} = \frac{\omega E_1}{\omega_1 R_2} = \frac{1}{2\pi R_2}\left(\frac{E_1}{f_1}\right)\omega \propto \Phi_m \omega \tag{4-18}$$

可见，转子电流 I_2 随转差角频率 ω 的增加而正比例的增加。因此，在气隙磁通保持不变（即 $\Phi_m = C$）的前提下，可以通过控制转差角频率，实现控制异步电动机电磁转矩的目的。这就是转差频率控制的基本思想。

4.2.2 转差频率控制的实现原理

异步电动机变频调速是靠改变电动机定子频率 f_1 来调速的，而其转差频率控制方式中控制的是转差频率 f_s，故可将转差频率 f_s 与电动机转子频率 f_2 相加获得定子给定频率，就可以对定子频率进行控制了，即

$$f_1 = f_s + f_2 \qquad\qquad (4-19)$$

因此，异步电动机变频调速的转差频率控制方式需速度检测环节，将转子频率 f_2 与给定频率 f_2^* 综合后，对电磁转矩进行调节，从而产生转差频率，达到速度无静差的效果，实现高精度调速的目的。

转差频率与转矩的关系如图 4-10 所示，在电动机允许的过载转矩下，可以认为产生的转矩与转差频率成比例。另外，电流随转差频率的增加而单调增加。所以，如果给出的转差频率不超过允许过载时的转差频率，就能够具有限制电动机转子的最大电流从而保护电动机的作用。

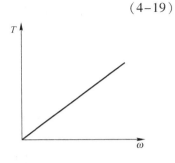

图 4-10　转差频率与转矩的关系

4.3　矢量控制（VC）

4.3.1　矢量控制的基本思想

直流电动机之所以具有良好的动、静态性能，是因为其具有一个能独立控制的、空间位置固定的励磁磁通，和一个经电刷—换向器引入的电枢电流。如何使异步电动机的变频调速也能够具有和直流电动机类似的特点，从而改善其调速性能，这就是矢量控制的基本指导思想。

1. 直流电动机的特点

（1）磁路特点

如图 4-11（a）所示，直流电动机有两个互相垂直的磁场：一个是主磁场，其磁通 Φ_0 由定子的主磁极产生；另一个是电枢磁场，其磁通 Φ_A 由转子绕组中的电枢电流 I_A 产生。

（2）电路特点

如图 4-11（b）所示，直流电动机主磁极的励磁绕组电路和电枢电路是互相独立的，当调节电枢电压时，励磁电流是不变的；当调节励磁电流时，电枢电压是不变的。

（3）调速特点

在这两个互相垂直而独立的磁场中，只需调节其中之一即可进行调速，两者互不干扰，调速后的机械特性如图 4-11（c）所示。

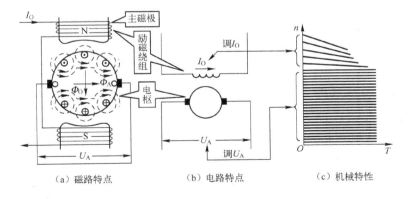

（a）磁路特点　　　　（b）电路特点　　　　（c）机械特性

图 4-11　直流电动机的调速特点

2. 矢量控制中的等效变换

（1）三相/两相变换（3s/2s）

三相静止坐标系 U、V、W 和两相静止坐标系 α、β 之间的变换，称为 3s/2s 变换。变换的原则是保持变换前后的旋转磁动势不变。

设交流电动机三相对称的静止绕组 U、V、W（匝数相等、电阻相同、互差 120° 空间角），通入三相正弦电流 i_U、i_V、i_W，所产生的合成磁动势是旋转磁动势 F，如图 4-12（a）所示。它在空间呈正弦分布，以同步转速（即电流的角频率）顺着 U—V—W 的相序旋转。

两相静止绕组（匝数相等、电阻相同、互差 90° 空间角）α 和 β，通以两相时间上互差 90° 的平衡交流电流，也产生旋转磁动势 F，如图 4-12（b）所示。

如果图 4-12（a）和图 4-12（b）所产生的的旋转磁动势大小和转速都相等，即认为图 4-12（a）所示的三相绕组和图 4-12（b）所示的两相绕组等效。

（2）两相/两相旋转变换（2s/2r）

两相/两相旋转变换又称为矢量旋转变换器，因为 α 和 β 两相绕组在静止的直角坐标系上（2s），而 M 和 T 绕组则在旋转的直角坐标上（2r），变换的运算功能由矢量旋转变换器来完成。

给图 4-10（c）中的两个匝数相等且互相垂直的绕组 M 和 T，分别通以直流电流 i_M 和 i_T，产生合成磁动势 F，其位置相对于绕组来说是固定的。如果让包含两个绕组在内的整个铁芯以同步转速旋转，则磁动势 F 自然也随之旋转起来，成为旋转磁动势。把这个磁动势的大小和转速也控制成与图 4-12（a）、（b）两图中的磁动势一样，那么这套旋转的直流绕组也就和前两套固定的交流绕组都等效了。

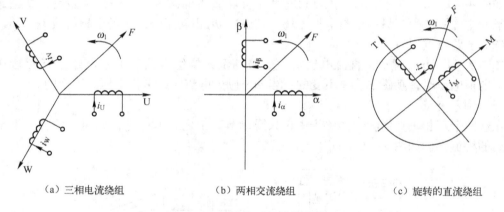

（a）三相电流绕组　　　　　　　（b）两相交流绕组　　　　　　　（c）旋转的直流绕组

图 4-12　异步电动机的等效模型

3. 矢量控制的基本思想

矢量控制框图如图 4-13 所示。仿照直流电动机的特点，变频器得到的给定信号和反馈信号经过类似于直流调速系统所用的控制器，产生两个互相垂直的磁场信号：励磁分量 Φ_M 和转矩分量 Φ_T，与之对应的控制信号分别为励磁电流的给定 i_M^* 和转矩电流的给定 i_T^*。

然后，经过直—交反旋转变换器，把直流磁场的信号等效转换成同样是互相垂直的两相旋转磁场的信号 i_α^* 和 i_β^*。再经过两相/三相变换器，把两相旋转磁场的信号等效转换成三相旋转磁场的信号 i_U^*、i_V^* 和 i_W^*，用来控制逆变桥中各开关器件的工作。实现了用模仿直流电动机的控制方法去控制异步电动机，使异步电动机达到了直流电动机的控制效果。

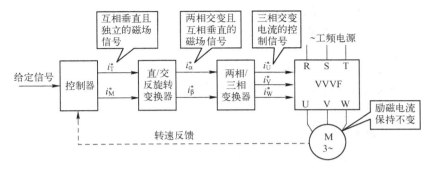

图 4-13　矢量控制框图

在运行过程中，当因负载发生波动导致转速变换时，可通过转速反馈环节反馈到控制电路，以调整控制信号。在额定频率以下调整时，令磁场信号 i_M^* 不变，而只调整转矩信号 i_T^*，以模拟直流电动机在额定转速以下的机械特性；在额定频率以上调整时，令转矩信号 i_T^* 不变，而只调整磁场信号 i_M^*，以模拟直流电动机在额定转速以上的机械特性。

4.3.2　变频器的矢量控制功能

1. 变频器需设定的参数

实施矢量控制的关键，是进行磁场之间的等效变换，而进行等效变换的前提，是必须了解电动机的所有电磁参数。因此，在应用矢量控制方式时，应首先把电动机的有关参数输入变频器。主要有以下两类。

① 电动机的铭牌数据。就是电动机铭牌上标明的额定数据，如图 4-14（a）所示。变频器需要的主要数据有额定容量、额定电压、额定电流、额定转速、额定效率等。对于这些参数，用户只需根据电动机的铭牌输入变频器即可。

② 电动机定子、转子绕组的参数，如图 4-14（b）所示。主要有定子每相绕组的电阻和漏磁电抗，转子每相等效绕组的电阻和漏磁电抗、空载电流等。

（a）电动机的铭牌数据

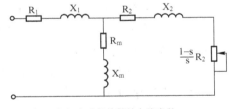

（b）电动机的等效电路参数

图 4-14　矢量控制所需设定的参数

2. 电动机参数的自测定

对于电动机绕组的各项参数，用户一般是得不到的，这给矢量控制技术的应用带来了困难。为此，近代的变频器都配置了"自测定功能"，能够自动地测定电动机绕组的有关参数。具体方法如下。

① 使电动机脱离负载（实在不能脱离时，需参照说明书的有关规定）；

② 输入电动机的额定参数；

③ 使变频器处于"键盘操作"方式；

④ 将自设定功能预置为"自动"方式；

⑤ 按下"RUN"键，电动机将按照预置的升速时间升速至一定转速（约为额定转速的一半），然后又按照预置的降速时间逐渐降速并停止，当显示屏上显示"自测定结束"时，自整定过程即告完成，约 1.5min。

3. 矢量控制方式的要求

变频器进行等效变换计算时，通常以容量相当的 4 极电动机为基本模型。由于受到内部微机容量的限制，变频器灵活处理不同电动机参数的能力也就有限。主要限制如下。

① 矢量控制只能用于一台变频器控制一台电动机。如果一台变频器控制多台电动机，矢量控制将无效。

② 电动机容量和变频器要求的配用电动机容量之间，最多只能相差一个等级。例如，变频器要求的配用电动机容量为 7.5kW，则配用电动机的最小容量为 5.5 kW，对于 3.7 kW 的电动机，就不适用了。

③ 电动机的极数要按说明书的要求，一般以 4 极电动机为最佳。

④ 变频器与电动机的连接线不能过长，一般应在 30m 以内。如果超过 30m，需要在连接好电缆后，进行离线自动调整，以重新测定电动机的相关参数。

⑤ 特殊电动机不能使用矢量控制功能，如力矩电动机、深槽电动机、双鼠笼电动机等。

4. 矢量控制中的反馈

现代变频器的矢量控制，按照是否需要外部的转速反馈环节，分为有反馈矢量控制和无反馈矢量控制两种控制方式。有反馈矢量控制是指有外部转速反馈的矢量控制；而无反馈矢量控制，是指没有外部转速反馈的矢量控制。也就是说，这两种控制方式的内部实际上都具有转速反馈功能。

无速度传感器矢量控制的速度信号不是来自速度传感器，而是通过 CPU 对电动机的各种参数，如 I_1、r_2 等，经过计算得到的一个转速的计算值。由这个转速的计算值和给定值之间的差异来调整 i_M^* 和 i_T^*，改变变频器的输出频率和电压。其主要的优点是使用方便，用户不需要增加任何附加器件；且机械特性较硬，能够满足大多数生产机械的需要。主要缺点是调速范围和动态响应能力都略逊于有反馈矢量的控制方式。

有速度传感器矢量控制的转速反馈信号大多由编码器测得。编码器按其安装方法，可分为有轴型和轴套型两种。轴套型可直接套在电动机轴上，是比较理想的一种方法，但普通电动机因受到轴长度的限制而难以采用。所以，有矢量控制型变频器专用电动机的特点之一便是输出轴能和轴套编码器相配。对于要求有较大调速范围、动态响应能力较高、运行安全性较好的场合大多采用这种控制技术。例如，兼有铣/磨功能的龙门刨床、精密机床、起重机等。

4.3.3　变频器矢量控制系统的优点和应用范围

异步电动机矢量控制变频调速系统的开发，使异步电动机的调速可获得和直流电动机相媲美的高精度和快速响应性能。异步电动机的机械结构又比直流电动机简单、坚固，且转子无电刷、集电环等电气接触点，故应用前景十分广阔。现将其优点和应用范围综述如下。

1. 矢量控制系统的优点

① 动态的高速响应。直流电动机受整流的限制，过高的 di/dt 是不容许的。异步电动机只受逆变器容量的限制，强迫电流的倍数可以取得很高，故响应速度快，一般可达到毫秒级，在快速性方面已超过直流电动机。

② 低频转矩增大。一般通用变频器（VVVF 控制）在低频时的转矩常低于额定转矩，故在 5Hz 以下不能满负载工作。而矢量控制变频器由于能保持磁通恒定，转矩与 i_T 呈线性关系，故在极低频时也能使电动机的转矩高于额定转矩。

③ 控制灵活。直流电动机常根据不同的负载对象，选用他励、串励、复励等形式，它们各有不同的控制特点和机械特性。在异步电动机矢量控制系统中，可使同一台电动机输出不同的特性。在系统内用不同的函数发生器作为磁通调节器，即可获得他励或串励直流电动机的机械特性。

2. 矢量控制系统的应用范围

① 高速响应的工作机械。例如，工业机器人驱动系统在响应速度上至少需要 100rad/s，而矢量控制驱动系统能达到的响应速度最高值可达 1000rad/s，故能保证机器人驱动系统快速、精确地工作。

② 适应恶劣的工作环境。例如，造纸机和印染机均要求在高湿、高温并有腐蚀性气体的环境中工作，异步电动机比直流电动机更适应。

③ 高精度的电力拖动。例如，钢板和线材卷取机属于恒张力控制，对电力拖动的动、静态精确度有很高的要求，需要能做到高速（弱磁）、低速（点动）、停车时强迫制动。异步电动机应用矢量控制后，静差度 $\delta < 0.02\%$，完全有可能代替直流调速系统。

④ 四象限运转。例如，高速电梯的拖动，过去均用直流拖动，现在也逐步用异步电动机矢量控制变频调速系统代替。

4.4 直接转矩控制（DTC）

直接转矩控制方式是继矢量控制方式之后发展起来的另一种高性能的交流变频调速控制方式。直接转矩控制方式与矢量控制方式的不同之处是，它不是通过控制电流、磁链等间接控制转矩，而是把转矩直接作为被控制量来控制。

1. 直接转矩控制的基本思想

图 4-15 所示为直接转矩控制框图，它采用空间矢量的分析方法，直接在定子坐标系下计算与控制交流电动机的转矩，把给定信号分解成一个转矩信号和一个磁通信号。当实际转速高于给定值时，它就关断 IGBT 管，使电动机因失去转矩而减速；而当实际转速低于给定值时，它又使 IGBT 管导通，电动机因得到转矩而加速。显然，这种做法是不可能得到一个稳定状态的，因此，它是以很高的频率处于不断的切换过程中，在自动控制技术中，把它叫砰—砰（band – band）控制。

2. 直接转矩控制的优缺点

优点：①省去了矢量旋转变换中的许多复杂计算，也不需要 SPWM 发生器，结构简单，且动态响应快，只需 1~5ms；②所需电动机参数少，只需要电动机的定子电阻一个参数就

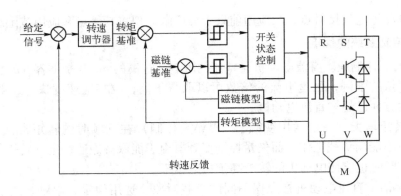

图 4-15   直接转矩控制框图

可以，既易于测量，准确度也高，一般情况下，初次启动电动机时就已经能够进行识别；③容易实现无速度传感器控制。

缺点：①输出电流的谐波分量较大，冲击电流也较大，逆变器输出端常常需要接入输出滤波器或输出电抗器；②逆变电路的开关频率不固定，电动机的电磁噪声较大。

3. 变频器的直接转矩控制功能

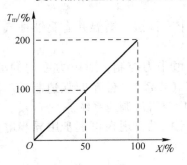

图 4-16   转矩给定线

（1）直接转矩控制的基本含义

当变频器被预置为转矩控制时，给定信号 X 的大小将与电动机的输出转矩 T_m 成正比例，其转矩给定线如图 4-16 所示。通常，给定信号的最大值与电动机额定转矩的 200% 相对应。

当转矩控制功能有效时，将无法控制电动机转速的大小，只能通过预置上限频率限制变频器的最大输出频率。

（2）直接转矩控制应用

① 转矩限制。在转速控制的同时，给定一个转矩的极限值 T_{mh}，当负载转矩超过该极限值时，转速将下降，直至停止。

② 决定转速变化。有的负载要求当负载转矩在所规定的限制范围 T_{mh} 内运行时，拖动系统以转速 n_0 运行，当负载转矩超过 T_{mh} 时，转速下降。

③ 用于启动。当负载因惯性较大而难以启动时，或者负载启动要求十分平稳的场合（如电梯），可以使转矩按 S 形方式逐渐上升，直到超过负载转矩时，转速再缓缓上升。由于转矩控制方式不能控制速度，所以这种控制方式在启动后通常要切换成转速控制方式。

4.5   变频器的常用控制功能

4.5.1   变频器的频率给定功能

变频器输出频率的调节，实际就是对给定信号的调节。根据给定信号分为模拟量和数字量，变频器的频率给定功能分为模拟量频率给定功能和数字量频率给定功能。

1. 模拟量频率给定功能

模拟量给定时的频率精度略低，通常为最高频率的±0.2%以内。

（1）给定信号的种类

模拟量给定信号可以是电压信号或电流信号。

① 电压信号。以电压大小作为给定信号，给定信号分为两种情况：单方向给定信号，包括0~10V、0~+5V、+1~+5V；双向给定信号，包括0~±10V、0~±5V等。

② 电流信号。以电流大小作为给定信号，给定信号范围有0~20mA、4~20mA。

由于电流信号所传输的信号不受线路电压降、接触电阻及其压降、杂散的热电效应及感应噪声等影响，因此其抗干扰能力较强，常用于远距离控制。

③ 零信号与无信号的区别。在许多情况下，变频器和传感器的距离都是较远的。变频器反映为"0"时，有两种情况：一种是实际值为"0"，一种是传感器故障或线路故障时为"0"。为了区分二者，把实际值为"0"的信号称为零信号，而把发生故障的不正常"0"信号称为无信号。所以用非零值表示零的信号，就是为了区别这两种情况下的零信号。

以电流信号4~20mA为例，当电流表测量结果是4mA时，说明信号电路的各个环节都是正常的，实际测量值为"0"；当电流表测量结果是0mA时，说明传感器或信号电路发生故障，如图4-17所示。

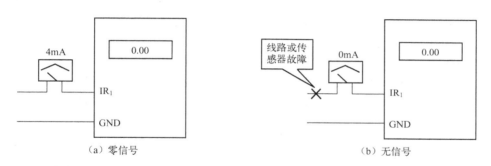

（a）零信号　　　　　　　　　　　　　　（b）无信号

图4-17　零信号与无信号

（2）常见的模拟量给定方法

信号的给定方法具体有电位器给定、直接信号给定和辅助给定。

① 电位器给定。给定信号为电压信号，信号电源通常由变频器内部的直流电源（10V或5V）提供。如图4-18（a）所示，端子"AI1"接受电压信号，频率给定信号由电位器滑动端得到。端子"+10V"为变频器的内部10V电源，端子"COM"为输入信号的公共端。

② 直接电压或电流信号给定。给定途径主要由外部设备直接向变频器的给定端输入电压或电流信号。如图4-18（b）所示，端子"AI2"接受电压信号，端子"AIC"接受电流信号。

③ 辅助给定。在变频器的给定信号输入端中，还常常配置有辅助给定信号输入端。辅助给定信号通常与主给定信号叠加（相加或相减），起调整变频器输出频率的辅助作用。

（3）频率给定线

变频的输出频率和给定信号之间的关系曲线，称为频率给定线。

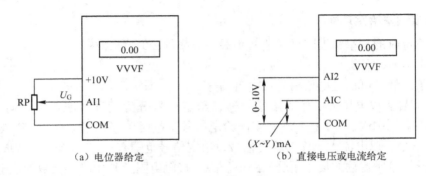

(a) 电位器给定　　　　　　　　　　(b) 直接电压或电流给定

图 4-18　模拟量给定

① 基本概念。

给定信号范围。当用户选择模拟量给定时，需要对变频器提供的模拟量的标注信号范围进行选择，如 0～10V、2～10V、0～20mA、4～20mA 等。

最高频率。变频器允许输出的最大频率，称为最高频率，用 f_{max} 表示。在模拟量给定时，最高频率实际上就是与最大给定信号对应的频率，如图 4-19（a）所示。

② 标准频率给定线。

当给定信号为标准信号时，称为标准频率给定线。在给定信号 X 从 0 增至最大值 X_{max} 的过程中，给定频率 f_x 线性的从 0 增至到最大频率 f_{max}。其起点为（$X=0$，$f_x=0$），终点为（$X=X_{max}$，$f_x=f_{max}$），如图 4-19（a）所示。

例如，给定信号为电压信号 $U_G=0～10V$，要求异步电动机的输出频率为 $f_x=0～50Hz$。则给定信号 U_G 的最小值 0V 与最大值 10V 分别对应于输出频率 f_x 的最小值 0Hz 与最大值 50Hz。当 $U_G=5V$ 时，$f_x=25Hz$。频率曲线如图 4-19（a）所示，对应于变频器的状态如图 4-19（b）所示。

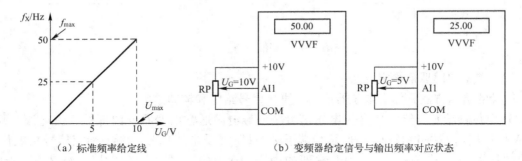

(a) 标准频率给定线　　　　　　　　　（b）变频器给定信号与输出频率对应状态

图 4-19　频率给定

③ 任意频率给定线。

根据控制系统的具体情况，控制设备实际提供的给定信号范围不一定符合变频器的标准给定信号，变频器的输出频率也不一定是 0～50Hz。就是说，根据控制系统的具体情况，频率给定线是可以任意调整的。举例说明如下。

某系统的给定信号为 1～7V，变频器输出的对应频率为 0～50Hz，其频率给定线如图 4-20 所示。

任意频率给定线的预置方法有两种，介绍如下。

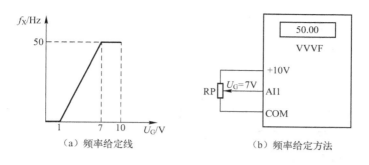

（a）频率给定线　　　　　　　（b）频率给定方法

图 4-20　任意频率给定线

（a）直接坐标法，即直接预置起点坐标和终点坐标。

- 起点坐标。横坐标为给定信号的最小值 $U_{Gmin} = 1V$，纵坐标是与最小给定信号对应的给定频率 $f_{min} = 0Hz$，即坐标为（1，0）。
- 终点坐标。横坐标为给定信号的最大值 $U_{Gmax} = 7V$，纵坐标是与最大给定信号对应的给定频率 $f_{max} = 50Hz$，即坐标为（7，50）。

以施耐德 ATV31 系列变频器为例，其功能参数如表 4-1 所示。

表 4-1　变频器的频率给定的参数设定

功 能 码	功 能 名 称	设 定 值
CRL	AI2 输入下限电压	1V
CRH	AI2 输入上限电压	7V
LSP	输入下限时对应的设定频率	0Hz
HSP	输入上限时对应的设定频率	50Hz

（b）偏置频率和频率增益。

- 偏置频率。当给定信号 $U_G = 0V$ 时，所对应的给定频率称为偏置频率，用 f_{BI} 表示。本例中所对应的偏置频率 $f_{BI} = -7.33\ Hz$，如图 4-21 所示。
- 频率增益。与标准最大给定信号 U_{Gmax} 对应的给定频率，称为最大给定频率，用 f_{XM} 表示。最大给定频率 f_{XM} 与最高频率 f_{max} 之比的百分数称为频率增益，用 $G\%$ 表示。本例中所对应的频率增益 $G\% = 132\%$。

$$G\% = \frac{f_{XM}}{f_{max}} \times 100\% \qquad (4-20)$$

当 $G\% > 100\%$ 时，$f_{XM} > f_{max}$，此时的 f_{XM} 为假象值。其中，$f_{XM} > f_{max}$ 的部分，变频器的实际输出频率等于 f_{max}。

以富士 G1S 系列变频器为例，其功能参数如表 4-2 所示。

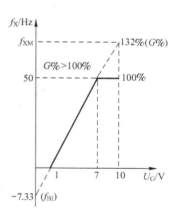

图 4-21　偏置频率和频率增益

表 4-2　变频器的频率给定的参数设定

功 能 码	功 能 名 称	设 定 值
F01	频率设定 1	电压输入：0～10V
F03	最高输出频率	50Hz
F17	频率设定信号增益	132%
F18	频率偏置	-7.33Hz

2. 数字量频率给定功能

数字量频率给定功能即给定信号为数字量，这种给定方式的频率精度很高，可达到给定频率的 0.01% 以内。常用的给定方式有变频器的操作面板给定、外接多段速给定、外接升（降）速给定和外接脉冲给定和通信给定等几种。

（1）操作面板给定方法

操作面板给定方法是利用操作面板上的升键▲和降键▼来控制频率的给定。

（2）外接升、降速给定方法

变频器的输入控制端子中，有两个端子，经过功能设定，可以作为升速和降速之用。即由外部的开关信号通过两个控制端子来进行升速和降速的控制，也就是进行频率给定。

以西门子 MM420 为例，输入端子 DIN1 预置为频率递增，端子 DIN2 预置为频率递减。当继电器 KA₁ 得电吸合时，变频器将控制电动机升速；当继电器 KA₂ 得电吸合时，变频器将控制电动机减速，如图 4-22（a）所示。

（3）多段转速控制

在变频器的外接输入控制端子中，通过功能预置，可以将若干个输入端作为多段转速控制端。根据这若干个输入端子的状态（接通或断开）可以按二进制方式组合成多种挡位。每设一挡可以预置一个对应的工作频率。

以西门子 MM420 为例，输入端子 DIN1、DIN2 和 DIN3 被预置为多挡速输入端，通过继电器 KA₁、KA₂ 和 KA₃ 开关状态的不同组合可实现 8 挡转速控制，如图 4-22（b）所示。输出频率与输入端子之间的关系如表 4-3 所示。

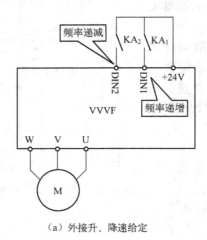

（a）外接升、降速给定

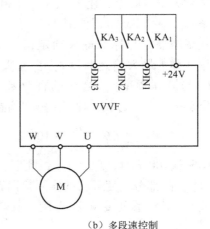

（b）多段速控制

图 4-22　数字量频率给定

表 4-3 输出频率与输入端子之间的关系

各输入端子状态			输出频率
KA_3	KA_2	KA_1	
OFF	OFF	OFF	OFF
ON	OFF	OFF	固定频率 1
OFF	ON	OFF	固定频率 2
ON	ON	OFF	固定频率 3
OFF	OFF	ON	固定频率 4
ON	OFF	ON	固定频率 5
OFF	ON	ON	固定频率 6
ON	ON	ON	固定频率 7

（4）外接脉冲给定

部分变频器通过功能预置，可以从指定的输入端子通过输入脉冲序列来进行频率给定。即变频器的输出频率将和外部输入的脉冲给频率成正比。

（5）通信给定

由上位微机或 PLC 通过接口进行给定的方法称为通信给定。多数变频器都提供 RS-485 接口，如果上位机的通信口为 RS-232C 接口，则变频器与上位机必须加接一个接口转接器。

3. 输出频率限制功能

（1）上限频率和下限频率

上限频率和下限频率是指变频器输出的最高、最低频率，常用 f_H 和 f_L 表示，如图 4-23 所示。这两项主要用于限制拖动系统的最高、最低转速，以保证拖动系统的运行安全。

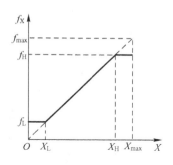

当上限频率小于最高频率（$f_H < f_{max}$）时，变频器的输出由上限频率 f_H 决定；当上限频率大于最高频率（$f_H > f_{max}$）时，变频器的输出由最高频率 f_{max} 决定，上限频率不起作用。

电动机启动时，变频器的输出频率从 0Hz 开始上升；停止时，变频器的输出频率也能下降至 0Hz。在运过程中调节变频器的输出频率时，最低的工作频率为下限频率。

图 4-23　上、下限频率

（2）回避频率

任何机械在运转的过程中，都会发生振动，振动的频率和转速有关。在对机械进行无级调速的过程中，机械的实际振动频率也不断地变化。当机械的实际振荡频率和它的固有频率相等时，机械将会发生谐振。这时，机械的振荡十分剧烈，可能导致机械损坏。

① 消除机械谐振的途径主要有改变机械的固有振荡频率和避开可能导致谐振的速度两种方法。而在变频器调速的情况下，一般通过设置回避频率 f 使拖动系统"回避"可能引起谐振的转速的方法，来消除机械谐振。

② 回避的具体过程如图 4-24（a）所示。

当给定信号从 0 逐渐增大至 X_1 时，变频器的输出频率也从 0 逐渐增大至 f_{JL}；

当给定信号从 X_1 继续增大时，为了回避 f_J，频率将不再增大；

当给定信号增大到 X_2 时，变频器的输出频率从 f_{JL} 跳变至 f_{JH}；

当给定信号从 X_2 继续增大时，频率也继续增加。

因为回避是通过频率跳跃的方式实现的，所以回避频率也称为跳跃频率。

③ 回避频率的预置方法。不同变频器对回避频率的设置略有差异，大致有两种：一种是预置需要回避的中心频率 f_J 和回避宽度 Δf_J；另一种是预置回避频率的上限频率 f_{JH} 与下限频率 f_{JL}。大多数变频器都可以预置 3 个回避频率，如图 4-24 （b）所示。

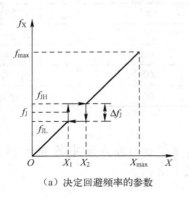
（a）决定回避频率的参数

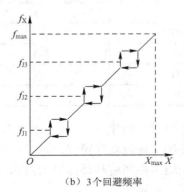
（b）3 个回避频率

图 4-24　回避频率

4.5.2　变频启动与加速功能

1. 工频启动与变频启动

（1）工频启动

在接通电源的瞬间，转子绕组与旋转磁场的相对速度很高，故转子电动势和电流很大，从而定子电流也很大，可达到额定电流的 4～7 倍。在整个启动过程中，动态转矩很大，所以启动时间很短。

工频启动存在的问题如下。

① 启动电流大。当电动机的容量较大时，其启动电流将对电网产生干扰。

② 对生产机械的冲击很大，影响机械的使用寿命。

（2）变频启动

采用变频调速后，可通过降低启动时的频率来减小启动电流。转速的上升过程取决于用户预置的"加速时间"，用户可根据生产工艺的实际需要来决定加速过程。另外，也减小了启动过程中的动态转矩，升速过程将能保持平稳，减小对生产机械的冲击。

2. 变频器的加速过程

（1）加速时间对启动过程的影响

① 加速时间长。意味着频率上升缓慢，电动机启动过程中的转差较小，动态转矩较小，其结果是减小了启动电流。

② 加速时间短。意味着频率上升较快，如拖动系统的惯性较大，则电动机转子的转速将跟不上同步转速的上升，结果是转差和动态转矩增大，导致升速电流超过允许值。

（2）预置加速时间的原则

在生产机械的生产过程中，升速过程（或启动过程）属于从一种状态转换到另一种状态的过渡过程，在这段时间内，通常是不进行生产活动的。因此，从提高生产力的角度出发，升速时间越短越好，但如前述，升速时间越短，频率上升越快，越容易"过流"。所以，预置升速时间的基本原则是在不过流的前提下越短越好。

通常，可先将升速时间预置得长一些，观察拖动系统在启动过程中电流的大小。如果启动电流较小，可逐渐缩短升速时间，直至启动电流接近最大允许值为止。

有些负载对启动和制动时间并无要求，如风机和水泵，其升、降速时间可以预置得长一些。

4.5.3 变频减速与制动功能

1. 变频器的减速时间与直流电压

（1）直流电压

在减速过程中电动机处于发电状态，所产生的再生能通过续流管回馈到直流侧，使直流电压升高，称为泵生电压。如果直流电压过高，将会损坏整流和逆变模块。因此，当直流电压升高到一定值时，变频器将"过电压"跳闸。

（2）减速时间对直流电压的影响

减速时间长，意味着频率下降较慢，则电动机的转速能够跟上同步转速的下降，转速下降过程中的发电量较小，从而直流电压上升的幅度也较小。

减速时间短，意味着频率下降较快，如拖动系统的惯性较大，则电动机转子的转速将跟不上同步转速的下降，电动机的发电量较大，泵升电压也大，导致直流电压偏高，有可能因超过上限值而跳闸。

（3）预置减速时间的原则

与加速过程一样，在生产机械的生产过程中，减速过程（或停机过程）也属于从一种状态转换到另一种状态的非生产过渡过程。因此，从提高生产力的角度出发，减速时间也应越短越好。但如前述，减速时间越短，频率下降越快，容易导致"过电压"跳闸。所以，预置减速时间的基本原则是在不过压的前提下越短越好。

通常，可先将减速时间预置得长一些，观察拖动系统在停机过程中直流电压的大小。如果直流电压较小，可逐渐缩短降速时间，直至直流电压接近上限值为止。

2. 常规的制动方式

（1）斜坡制动

变频器按照预置的降速时间和方式逐渐降低输出频率，使电动机的转速随着下降，直至停止。

（2）自由制动

变频器关闭输出信号，使输出电压为0，实际上就是切断电动机的电源。在这种情况下，电动机将自由停止，停止时间的长短不受控制，因拖动系统的惯性大小而异。

（3）直流制动

有的负载在停机后，常常因为惯性较大而停不住，有"爬行"现象。这对于某些机械来说，是不允许的。例如，龙门刨床的刨台，"爬行"的结果将有可能使刨台滑出台面，造成十分危险的后果。为此，变频器设置了直流制动功能，具体说明可参阅第3章。

本 章 小 结

1. 电动机里的磁通，太小了会影响带负载能力，太大了又会使磁路饱和，导致励磁电流畸变，产生很大的尖峰电流。故电动机在变频运行时，必须注意使磁通保持不变。其准确方法是保持反动势与频率之比不变，实际方法则是在改变频率的同时，也改变电压。

2. 异步电动机在电压和频率成正比下降时，阻抗压降却并不随频率而减小。所以，反电动势所占的比例将减小，从而磁通和临界转矩也都减小，影响了电动机的带载能力。此时，$U/F = C$ 控制方式并不能使磁通保持不变。

3. 为了使电动机在低频运行时，$U/F = C$ 控制方式也能得到恒定的磁通，可以适当地补偿一点电压，以弥补阻抗压降所占比例增大的影响，这种功能称为电压补偿，也叫转矩提升。

4. 在大多数情况下，基本频率等于电动机的额定频率。但当电动机的额定电压和变频器不相符时，可以通过调整基本频率使之匹配。在大马拉小车的情况下，也可以通过适当调整基本频率来实现节能的目的。

5. 矢量控制是仿照直流电动机的调速特点，使异步电动机的变频调速系统具有和直流电动机类似的调速特性。实施矢量控制时，需根据电动机的参数进行一系列的等效变换，故使用前必须进行电动机参数的自动测量。同时，凡是无法准确测定电动机参数的场合，矢量控制均不适用。

在额定频率以下调速时，矢量控制可以使电动机的磁通始终保持为额定值。

6. 频率给定有模拟量给定和数字量给定之分，模拟量给定又有电压给定和电流给定之分，数字量给定则有键盘给定、外接端子给定等。

7. 模拟量给定时，变频器的输出频率与给定信号之间的关系曲线，称为频率给定线。决定频率给定线起点和终点坐标的方法，有直接坐标法和偏置频率—频率增益法两种。

8. 变频器允许输出的最大频率称为最高频率，根据生产机械的工艺要求决定的最大频率称为上限频率，上限频率不得大于最高频率，变频器实际输出的最大频率取决于上限频率。

9. 变频器可以任意的设定电动机的加速过程和减速过程。加速过程中的主要问题是电动机的加速电流，减速过程中的主要问题是直流回路的电压。

10、如果变频器的输出频率为0Hz，但频率给定信号仍为 2V 或 4mA，说明给定系统的工作是正常的，称为零信号；如果变频器的输出频率为0Hz，但频率信号为 0V 或 0mA，说明给定系统已经发生故障，称为无信号。

练 习 题

一、填空题

1. 电动机在变频运行时，必须注意使（   ）保持不变。其准确方法是保持（   ）不变，实际方法则是（   ）不变。

2. 矢量控制是仿照（   ）调速特点，使异步电动机的变频调速系统具有和直流电动机类似的调速特性。

实施矢量控制时，需根据电动机的参数进行一系列的等效变换，故使用前必须进行电动机参数的（　　　）。

3. 在额定频率以下调速时，矢量控制可以使电动机的（　　　）始终保持为额定值。

4. 频率给定有（　　　）给定和（　　　）给定之分。

5. 模拟量给定有（　　　）给定和（　　　）给定之分。

6. 模拟量给定时，变频器的输出频率与给定信号之间的关系曲线，称为（　　　）。

7. 变频器允许输出的最大频率称为（　　　），根据生产机械的工艺要求决定的最大频率称为（　　　）。

8. 上限频率不得大于最高频率，变频器实际输出的最大频率取决于（　　　）。

9. 如果变频器的输出频率为 0Hz，但频率给定信号仍为 2V 或 4mA，说明给定系统的工作是正常的，称为（　　　）；如果变频器的输出频率为 0Hz，但频率信号为 0V 或 0mA，说明给定系统已经发生故障，称为（　　　）。

二、简答题

1. 简述转矩提升功能。

2. 将传感器的输出信号 1～5V 作为变频器的给定信号，要求变频器的输出频率范围为 0～50Hz，所选变频器的给定信号范围为 0～5V。绘制频率给定曲线。

3. 某变频器采用电位器给定方式，要求将外接电位器从 0 位置旋到底时输出频率范围为 0～30Hz。设变频器输出频率范围从 0～50Hz 变化时，对应的标准给定电压范围为 0～5V。绘制频率给定曲线。

第5章 三菱 FR‑700 系列变频器的使用

【知识目标】

1. 掌握三菱 FR‑700 系列变频器外部端子接线图及其端子功能。
2. 熟悉变频器的各项功能参数及预置方法。
3. 熟悉变频器的主要功能及其他常见功能。
4. 熟悉变频器的操作面板。

【能力目标】

1. 能够熟练地使用三菱 FR‑700 系列变频器进行各种参数设置。
2. 能对三菱 FR‑700 系列变频器进行简单的接线。
2. 能够熟练地进行变频器面板操作及外部操作模式。
3. 能够熟练的操控变频器的运行，并用不同的操作模式来解决简单的变频调速项目。

目前，市场上变频器的产品类型众多，主要的生产厂家有台达、三菱、施奈德、西门子和 ABB 等。本章以三菱 FR‑700 为例详细介绍了变频器的相关功能参数、I/O 端子功能和基本控制线路等。

5.1 认识 FR‑700 系列变频器

5.1.1 外形、结构

1. 外形

变频器的外形如图 5‑1 所示。

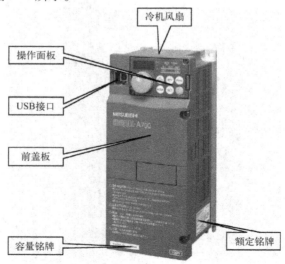

图 5‑1 变频器的外形

2. 结构

变频器的结构如图 5-2 所示。主要包括 PU 接线器、USB 接线器、内置选件连接用连接器、电压/电流输入切换开关、操作面板、冷却风扇、主电路端子排、控制电路端子排、EMC 过滤器连接器。

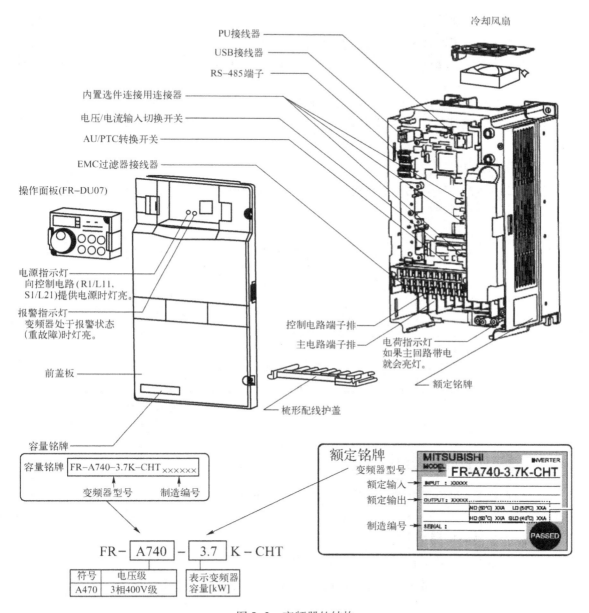

图 5-2 变频器的结构

PU 连接器，进行 RS-485 通信，与外部的计算机、可编程控制器和外部的参数单元 1 对 1 连接。

USB 接线器。个人电脑和变频器间的配线仅通过 1 根 USB 电缆便可实现简单连接。将变频器和个人电脑用 USB 接线器连接后，可以实现 FR-Configurator。使用 FR-Configurator 则可以实现参数设定或监视。

内置选件连接用连接器，用于连接功能扩展用的各种配件。

电压/电流输入切换开关，能够选择通过模拟量输入端子的规格，即输入电压（0～5V，0～10V），输入电流（4～20mA）；速度变化功能；输入信号的极性切换正、反转。

操作面板，装有 4 位 LED 显示、各种功能按钮、M 旋钮，可以实现对变频器的参数设定、启停控制及监视等功能。

冷却风扇，对主回路半导体的发热部件进行冷却。

主电路端子排，连接变频器的电源、电动机、制动电阻与制动单元、直流电抗器用的端子排。

控制电路端子排，连接外部输入/输出的端子排。

EMC 过滤器连接器，变频器内置有 EMC 滤波器，用于降低变频器输入侧的空中传播噪声。

3. 铭牌与型号

图 5-2 所示的变频器的额定铭牌与容量铭牌的相关内容及所处位置说明如下。

A700 系列变频器的型号：

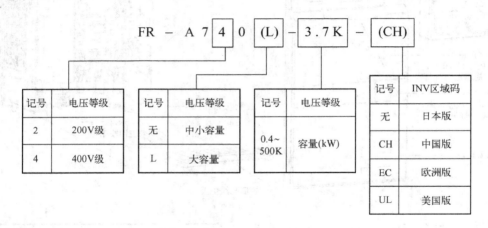

5.1.2 面板的拆卸与安装

变频器在安装和配线时需要对其进行拆卸，下面以 FR－A740－3.7K－CHT 为例，介绍面板的拆卸。

1. 操作面板的拆卸与安装

（1）拆卸操作面板的操作步骤

第一步，松开操作面板的两处固定螺丝（螺钉不能卸下），如图 5-3（a）所示。

第二步，按住操作面板左右两侧的插销，把操作面板往前拉出后卸下，如图 5-3（b）所示。

（2）操作面板的安装操作步骤

第一步，将操作面板垂直插入安装的位置，并安装牢靠，如图 5-4（a）所示。

第二步，拧紧螺钉，如图 5-4（b）所示。

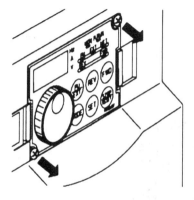

（a）松开固定螺钉

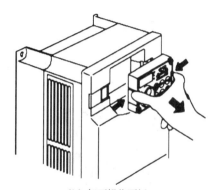

（b）卸下操作面板

图 5-3　拆卸操作面板

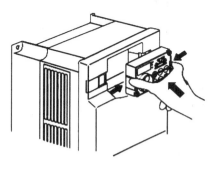

（a）垂直插入

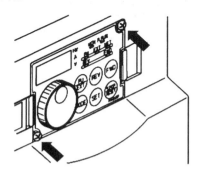

（b）拧紧螺钉

图 5-4　安装操作板

2. 前盖板的拆卸与安装

（1）拆卸前盖板的操作步骤

第一步，旋松安装前盖板用的螺钉，如图 5-5（a）所示。

第二步，一边按着表面护盖上的安装卡爪，一边以左边的固定卡爪为支点向前拉，取下，如图 5-5（b）所示。

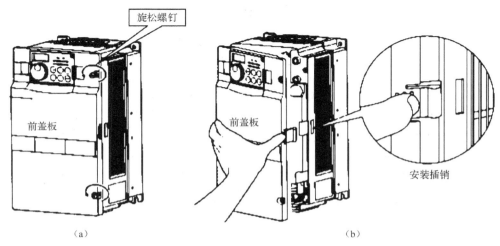

图 5-5　前盖板的拆卸

（2）安装前盖板的操作步骤

第一步，将前盖板左侧的两处固定卡爪插入机体的接口，如图 5-6（a）所示。

第二步，以前盖板左侧的固定卡爪为支点，将前盖板压进机体，如图 5-6（b）所示。也可以带操作面板安装，但要完全对接好操作面板接口。

第三步，拧紧安装螺钉，如图 5-6（c）所示。

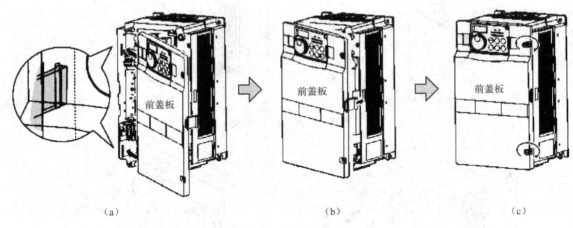

（a）　　　　　　　　　　（b）　　　　　　　　　　（c）

图 5-6　安装前盖板

注意事项：

- 认真检查正面盖板是否已安装牢固，务必拧紧表面护盖的安装螺钉。
- 在正面盖板贴有容量铭牌，在机身也贴有额定铭牌，如图 5-2 所示，分别印有相同的制造编号，检查制造编号以确保将拆卸下的盖板安装在原来的变频器上。

5.2　FR-700 系列变频器主回路

三菱变频器主回路结构框图如图 5-7 所示，主要包括整流电路、中间直流环节、逆变电路。下面简要说明主回路各端子的功能。

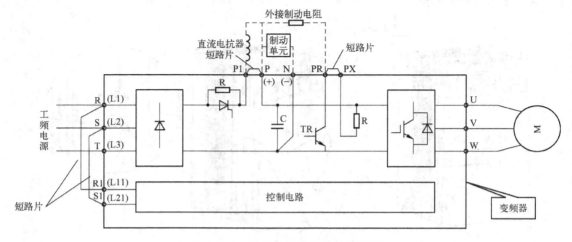

图 5-7　三菱变频器主回路结构框图

R、S、T端子作为变频器的输入端子。

U、V、W端子作为变频器的输出端子，外接电动机。

P、P1端子外接短路片将整流电路与逆变电路连接起来，或卸下短路片外接提高功率因数用直流电抗器。

PR、PX端子外接短路片将内部制动电阻和制动器连接起来。当内部制动电阻功率过小时，可将其短路片卸下，同时在P、PR端子外接制动电阻。

P、N端子分别为内部直流电压的正、负端，也可作为制动单元的接入端。

R1、S1端子为控制电路的输入电源端，外部通过短路片与R、S端子连接作为控制电路的电源。

5.3　FR-700系列变频器外部端子

5.3.1　FR-700系列变频器外部端子图及其功能说明

1. 外部端子接线图

三菱FR-740型变频器的端子接线图如图5-8所示。

2. 外部端子功能说明

变频器的外部端子包括主回路端子和控制回路端子。

主回路端子功能说明如表5-1所示。

控制回路端子功能说明如表5-2、表5-3、表5-4所示。

表5-1　主回路端子功能说明

端子记号	端子名称	端子功能说明
R/L1 S/L2 T/L3	交流电源输入	连接工频电源 当使用高功率因素交流器（FR-HC，MT-HC）及共直流母线变流器（FR-CV）时不要连接任何东西
U、V、W	变频器输出	接三相笼型电动机
R1/L11 S1/L21	控制回路用电源	与交流电源端子R/L1、S/L2相连。在保持异常显示或异常输出时，以及使用高功率因素交流器（FR-HC，MT-HC），电源再生共通变流器（FR-CV）等时，拆下端子R/L1-R1/L11、S/L2-S1/L21间的短路片，从外部对该端子输入电源。在主回路电源（R/L1、S/L2、T/L3）设为ON的状态下请勿将控制回路用电源（R1/L11、S1/L21）设为OFF可能造成变频器损坏。控制回路用电源（R1/L11、S1/L21）为OFF的情况下，请在回路设计上保证主回路电源（R/L1、S/L2、T/L3）同时为OFF
P/+、PR	制动电阻器连接	拆下端子PR-PX间的短路片（7.5kW以下），连接在端子P/+、PR间作为任选件的制动电阻（FR-ABR）
P/+、N/-	连接制动单元	连接制动单元（FR-BU、BU、MT-BU5），共直流母线变流器（FR-CV）电源再生转换器（MT-RC）及高功率因素变流器（FR-HC，MT-HC）
P/+、P1	连接改善功率因素直流电抗器	对于55kW以下的产品请拆下端子P/+、P1间的短路片，连接上DC电抗器；75kW以上的产品已标准配备有DC电抗器，必须连接；FR-740-55K通过LD或SLD设定并使用时，必须设置直流电抗器
PR、PX	内置制动器回路连接	端子PX-PR间连接有短路片（初始状态）的状态下，内置的制动器回路为有效
⏚	接地	变频器外壳接地用，必须接大地

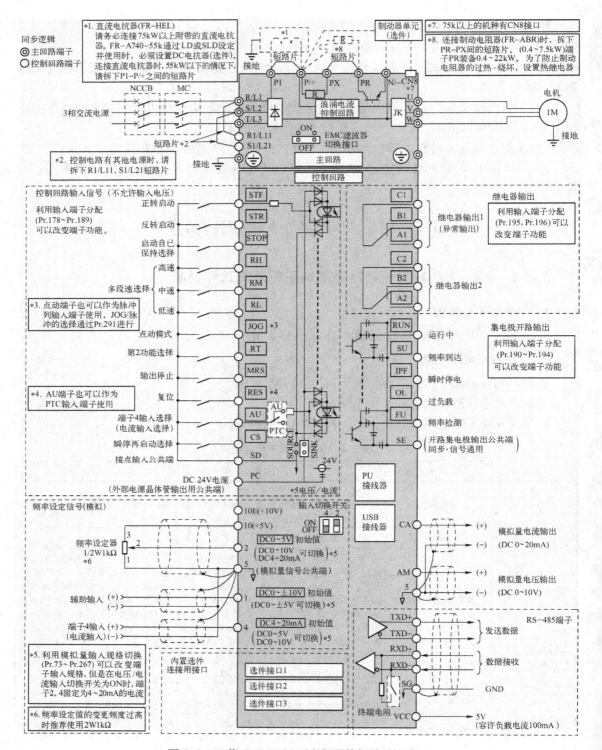

图 5-8 三菱 FR-A740 型变频器外部端子接线图

5.3.2 FR-700 系列变频器的主电路端子

1. 主电路端子的排列及功能

图5-9为主电路端子的端子排列与电源、电动机的接线。电源线必须连接至 R/L1、S/L2、T/L3，绝对不能接 U、V、W，否则会损坏变频器（没有必要考虑相序）。端子功能说明如表5-1所示。

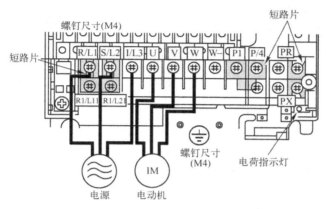

图5-9　主回路端子的端子排列与电源、电机的接线

三菱 FR-A740 型变频器主电路端子接线图如图5-10所示。P、P1 端子，PR、PX 端子，R/L1、R1/L11 端子，S/L2、S1/L21 端子用短路片连接，接地端子用螺钉与接地线连接固定。

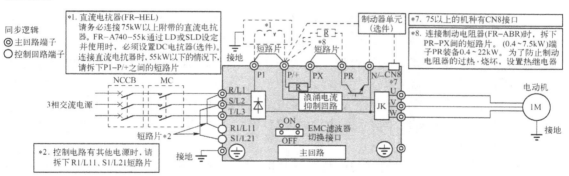

图5-10　三菱 FR-A740 型变频器主电路端子接线图

2. 安装变频器控制回路独立电源

保护回路已经动作时，若断开变频器电源侧的电磁接触器（MC），则变频器控制回路电源也断开，故障输出信号不能保持。为了在需要时保持故障信号，以便维修人员迅速处理故障，恢复正常运行，所以要保持控制回路正常供电，可使用端子 R1/L11，S1/L21。在这种情况下，可将控制回路的电源端子 R1/L11 和 S1/L21 接 MC 的一次侧，如图5-11所示。

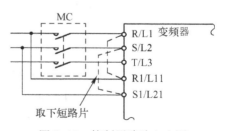

图5-11　控制回路独立电源

操作步骤如图 5-12 所示，具体如下。

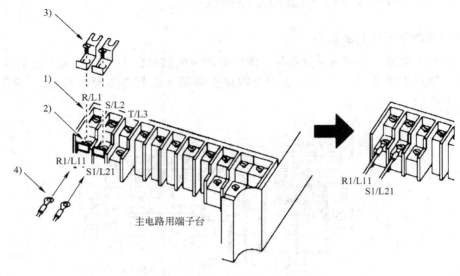

图 5-12 安装控制电路电源线

第一步，拧松连接短路片的上段螺钉。

第二步，拧松连接短路片的下段螺钉。

第三步，拆下短路片。

第四步，将另外的用于控制电路的电源线连接到下段端子 R1/L11、S1/L21。

注意事项：

◇ 主回路电源（R/L1、S/L2、T/L3）处于 ON 时，不要使控制电源（端子 R1/L11、S1/L21）处于 OFF，否则会损坏变频器。

◇ 如果供给别的电源，必须将端子 R/L1 – R1/L11 和 S/L2 – S1/L21 间的短路片拆下，否则会损坏变频器。

◇ 用 MC 一次侧以外的电源作为控制回路电源，应使其电压与主回路的电压相等。

◇ 从 R1/L11 和 S1/L21 供给别的电源时，15kW 以下为 60VA 以上，18.5kW 以上会成为 80VA 以上。

◇ 控制回路的电源与主回路的电源分开接时，必须将控制回路用电源端子 R1/L11 和 S1/L21 置为 OFF，同时也将主回路电源端子 R/L1、S/L2、T/L3 设置为 OFF。

◇ 主回路电源在 OFF（0.1s 以上）→ON 的过程中，变频器复位启动，无法保持异常输出。

3. 连接制动电阻

变频器的制动电阻是用于消耗电动机降速或制动过程中返回到直流侧的再生能。端子 P/ + 和 PR 上虽然连接有内置制动电阻，但如果高频率运行时，内置的制动电阻的热能力将不足，需要在外部安装专业制动电阻器（FR – ABR）。此时拆下端子 PR – PX 的短路片（7.5kW 以下），将专用制动电阻器（FR – ABR）连接至端子 P/ + 和 PR。图 5-13 所示为制动电阻的连接。

通过拆下端子 PR – PX 间的短路片，将不再使用（通电）内置制动电阻器。但是，没有必要将内置制动电阻器从变频器上拆下，也没有必要将内置制动电阻器的引线从端子排上拆下。

具体操作步骤如下。

第一步，拆下端子PR和端子PX的螺钉，取下短路片，如图5-13（a）所示。

第二步，在端子P/＋和PR上连接制动电阻，如图5-13（b）所示（已拆下短路片）。

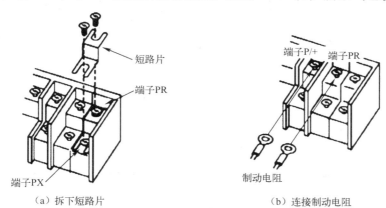

（a）拆下短路片 （b）连接制动电阻

图5-13　制动电阻的连接

注意事项：

◇ 不要连接专用制动电阻以外的其他制动电阻器。

◇ 在端子PR－PX间（7.5kW以下）短路的状态下，不能连接专用制动电阻器。否则可能会导致变频器损坏。

4. 直流电抗器（FR－HEL）的连接

直流电抗器是用于改善功率因素，提高电能的利用率。使用直流电抗器时，在端子P/＋和P1间连接电抗器。55kW以下的情况下，P/＋和P1间短路时必须拆下短路片，如不拆下则不能发挥电抗器的性能。

具体操作步骤如下。

第一步，拆下端子P1和端子P/＋的螺钉，拆下短路片，如图5-14所示。

第二步，在端子P1和P/＋上连接直流电抗器，如图5-14所示。

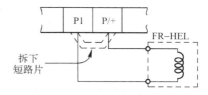

图5-14　直流电抗器的连接

注意事项：

◇ 布线距离应控制在5m以下。

◇ 电缆尺寸应与电源线（R/L1、S/L2、T/L3）一样或更粗些。

5.3.3　FR－700系列变频器的控制回路端子

控制回路端子的排列如图5-15所示，主要包括模拟量的输入/输出信号和开关量的输入/输出信号。其中，SE、SD、5为控制电路的公共端子，使用时应注意以下五个方面。

① 端子SD、SE、5都是输入输出端子的公共端子（0V），各个公共端子相互绝缘。但是不要接大地。

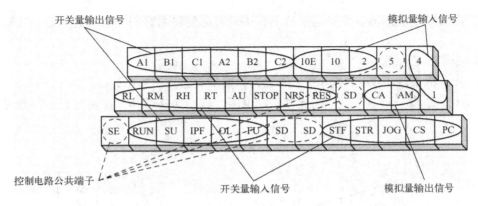

图 5-15　控制回路端子的排列

② 不要与端子 SD、SE、5 接线。

③ 端子 SD 为接点输入端子（STF、STR、STOP、RH、RM、RL、JOG、RT、MRS、RES、AU、CS）的公共端子，开放式集电极和内部控制电路为光耦隔离。

④ 端子 5 是频率设定信号（端子 2、1 或 4）、模拟量输出端子 CA 和 AM 的公共端子，应采用屏蔽线或双绞线以避免受到外来噪声的影响。

⑤ 端子 SE 为集电极开路输出端子（RUN、SU、OL、IPF、FU）的公共端子，接点输入电路和内部控制电路为光耦隔离。

控制回路端子接线时需注意以下事项。

① 控制回路端子的接线应使用屏蔽线或双绞线，而且必须与主回路、强电回路（含 22V 继电器控制回路）分开布线。

② 控制回路的输入信号是微弱信号时，防止接触不良，微弱信号接点使用两个或两个以上并联接点或双手接点。

③ 控制回路的接触强电输入端子（如 STF）不要接触强电。

④ 异常输出端子（A、B、C）必须串上继电器线圈或指示灯等。

⑤ 连接控制电路端子的电线建议使用 0.75mm^2 横截面积的电线。如果使用 1.25mm^2 以上横截面的电线，在配线数量多时或者由于配线方法不当时，会发生表面护盖松动，操作面板接触不良的情况。

⑥ 接线长度不要超过 30m。

1. 变频器的输入控制端子

变频器的输入控制端可以分为两大类：一类是模拟量输入端，用于进行频率的给定；另一类是开关量输入端，用于输入控制指令。对于控制指令，又分为两小类：一类是用户不能更改的基本指令，如正转、反转和停止，以及复位等。另一类是可编程控制端，各端子的功能不定，可以由用户任意设定。

开关量输入端用于控制输出变频器运行状态的信号。在某些变频器机型中，除有正转、反转和点动等命令为固定端子外，其余均为多功能开关量输入端子。开关量输入端与外部接口方式非常灵活，主要有以下几种。

① 干接点方式。它可以使用变频器的内部电源，也可以使用外部电源 DC9～30V。这种方式常见于按钮、继电器等信号源。

② 源极方式。当外部控制为 NPN 型的共发射极输出的连接方式时，为源极方式。这种

方式常见于接近开关或旋转脉冲编码器输入信号，用于测速、计数或限位动作等。

③ 漏极方式。当外部控制器为 PNP 型的共发射极输出的连接方式，为漏极方式。这种方式的信号源与源极方式相同。

常见的模拟量输入信号为电流信号和电压信号。一般对于模拟量输入端子的规格是这样定义的：输入电压范围为 0～10V 时，输入阻抗为 100kΩ；输入电流范围为 0（4）～20mA 时，输入阻抗为 500Ω；分辨率为 1/2000。

模拟量输入接线时需注意以下 3 个方面。

① 模拟量输入信号容易受外部干扰，配线时必须使用屏蔽线，并良好接地。配线长度应尽可能短。

② 使用模拟量输入时，可在输入端子和模拟地之间安装滤波电容或共模电感。

③ 有些模拟量输入端子，既可以接收电流信号，也可以接收电压信号，因此必须用硬件跳线或拨码开关进行设置，同时也在相关的参数中进行电压或电流信号型号选择。

1）开关量输入端子

三菱 FR - A740 型变频器开关量输入控制端子接线图如图 5-16 所示。开关量输入端功能说明如表 5-2 所示。

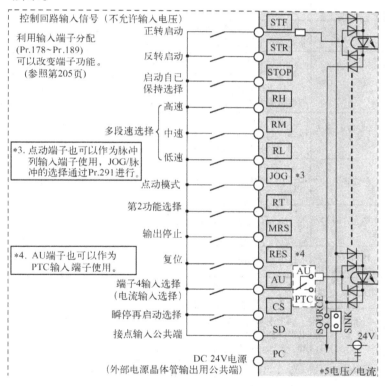

图 5-16　三菱 FR - A740 型变频器开关量输入控制端子接线图

（1）改变控制逻辑

① 控制逻辑的设置。

三菱 FR - A740 型变频器有漏型和源型两种控制逻辑，出厂时设置为漏型逻辑。若要转换控制逻辑，需要转换控制电路端子台背面的跳线接线器。具体操作可按图 5-17 所示进行，具体操作过程如下。

表 5-2 控制回路端子功能说明之（1）——开关量输入端功能说明

种类	端子记号	端子名称	端子功能说明		额定规格
接点输入	STF	正转启动	STF 信号处于 ON 便正转，处于 OFF 便停止	STF、STR 信号同时为 ON 时变成停止指令	输入电阻 4.7kΩ 开路时电压为 DC21～27V 短路时为 DC4～6mA
	STR	反转启动	STR 信号 ON 为逆转，OFF 为停止		
	STOP	启动自保持选择	使 STOP 信号处于 ON，可以选择启动信号自保持		
	RH RM RL	多段速选择	用 RH、RM 和 RL 信号的组合，可以选择多段速		
	JOG	点动模式选择	JOG 信号为 ON 时选择点动运行（初始设定），用启动信号 STF 或 STR 可以点动运行		
		脉冲列输入	JOG 端子也可作为脉冲列输入端子使用 作为脉冲列输入端子使用时，有必要对 Pr.291 进行变更 （最大输入脉冲数：100k 脉冲/s）		输入电阻 2kΩ 短路时 DC8～13mA
	RT	第 2 功能选择	RT 信号为 ON 时，第 2 功能被选择 设定了［第 2 转矩提升］［第 2V/F（基准频率）］时也可以用 RT 信号 处于 ON 时选择这些功能		输入电阻 4.7kΩ 开路时电压为 DC21～27V 短路时 DC4～6mA
	MRS	输出停止	MRS 信号为 ON（20ms 以上）时，变频器输出停止；用电磁制动停止电机时用于断开变频器的输出		
	RES	复位	在保护电路动作时的报警输出复位时使用 使端子 RES 信号处于 ON 状态，保持 0.1s 以上，然后断开 工厂出厂时，通常设置为复位，根据 Pr.75 的设定，仅在变频器报警发生时可能复位，复位解除后约 1s 恢复		
	AU	端子 4 输入选择	只有把 AU 信号置为 ON 时端子 4 才能用（频率设定信号在 DC4～20mA 之间可以操作） AU 信号置为 ON 时端子 2（电压输入）的功能将无效		
		PTC 输入	AU 端子也可以作为 PTC 输入端子使用（电动机的热继电器保护），用作 PTC 输入端子时要把 AU/PTC 切换开关切换到 PTC 侧		
	CS	瞬停再启动选择	CS 信号预先处于 ON，瞬时停电再恢复时变频器便可自动启动，但用这种运行必须设定有关参数，因为出厂设定为不能启动		
	SD	接点输入公共端子（漏型）	接点输入端子（漏型逻辑）和端子 FM 的公共端子		
		DC24V 电源	DC24V，0.1A 电源（PC 端子）的公共输出端子，与端子 5 及端子 SE 绝缘		—
		外部晶体管公共端（源型）	源型逻辑时连接可编程控制器（PLC）等的晶体管输出（即电极开路输出）时，将晶体管输出用的外部电源公共端接到该端子上，可以防止因漏电引起的误动作		
	PC	接点输入公共端（源型）	当选择源型逻辑时，该端子作为接点输入端子的公共端		
		DC24V 电源	可作为直流 24V，0.1A 电源使用		电源电压范围 DC19.2～28.8V 消耗电流 100mA
		外部晶体管公共端（漏型）	漏型逻辑时连接可编程控制器（PLC）等的晶体管输出（即电极开路输出）时，将晶体管输出用的外部电源公共端接到该端子上，可以防止因漏电引起的误动作		

第一步，松开控制回路端子板底部的两个安装螺钉（螺钉不能被卸下），用双手把端子板从控制回路端子背面拉下，如图 5-17（a）所示。

第二步，将控制回路端子排里面的漏型逻辑（SINK）跳线接口切换为源型逻辑（SOURCE）来切换到源型逻辑模式，如图5-17（b）所示。

第三步，将控制回路端子板重新安装上并用螺丝把它固定好。注意，不要把控制电路上的跳线插针弄弯，如图5-17（c）所示。

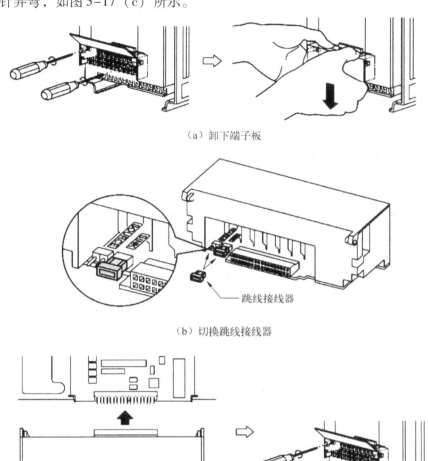

（a）卸下端子板

（b）切换跳线接线器

（c）安装并固定

图5-17　变频器控制逻辑的改变方法

② 漏型控制逻辑。

在漏型逻辑中，信号端子接通时，电流是从相应的输入端子流出；端子SD是触点输入信号的公共端子。端子SE是集电极开路输出信号的公共端子，电流从SE端子输出。

漏型逻辑模式如图5-18所示，正转、反转按钮的公共端子为SD，当按下正转（或反转）按钮时，变频器内部电源产生的电流从STF（或STR）端子流出，经正转（或反转）按钮从SD端子回到内部电源的负极，输出电流的流通途径如图5-18（a）所示。

当变频器内部三极管集电极开路时，SE将作为变频器与外接电路的公共端子。如图5-18（b）所示，外接电路的电流从RUN端子流入，经内部三极管从SE端子流出。

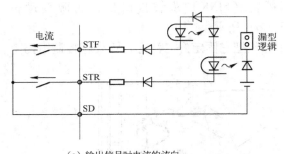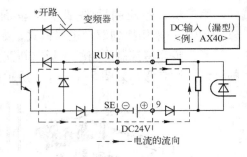

（a）输出信号时电流的流向　　　　　　　　　　　　（b）输入信号时电流的流向

图 5-18　漏型逻辑模式

③ 源型控制逻辑。

源型逻辑模式指信号输入端子中有电流流入时信号为 ON 的逻辑模式；端子 PC 是触点输入信号的公共端子，端子 SE 是集电极开路输出信号的公共端子，电流从 SE 端子输入。

源型逻辑模式如图 5-19 所示，正转、反转按钮的公共端子为 PC，当按下正转（或反转）按钮时，变频器内部电源产生电路从 PC 端子流出，经正转（或反转）按钮从 STF（或 STR）端子回到内部电源的负极，输出电流的流通途径如图 5-19（a）所示。

当变频器内部三极管集电极开路时，SE 将作为变频器与外接电路的公共端子。如图 5-19（b）所示，外接电路的电流从 SE 端子流入，经内部三极管从 RUN 端子流出。

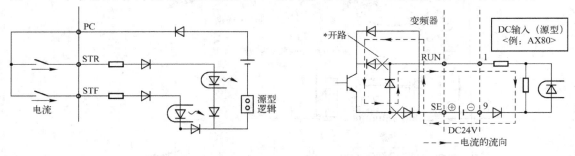

（a）输出信号时电流的流向　　　　　　　　　　　　（b）输入信号时电流的流向

图 5-19　源型逻辑模式

（2）通过无接点开关输入信号

变频器的接点输入端子（如表 5-2 所示）可以代替有接点开关连接并控制如图 5-20 所示的晶体管。

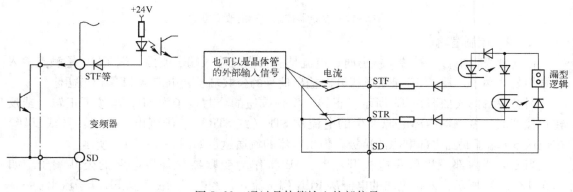

图 5-20　通过晶体管输入外部信号

（3）控制回路端子的使用

① STF、STR 和 STOP 端子的使用。

两线式（端子 STF，STR）控制。通过初始设定，正反转信号（STF/STR）为启动兼停止信号，不管是哪个信号只要有一个变为 ON 都可以启动。运行中将两个信号都切换为 OFF（或者两个信号都切换为 ON）时，变频器减速停止；频率设定信号有两种方法，即在速度设定输入端子 2－5 间输入 DC0～10V 的方法，和在 Pr.4～Pr.6 三段速度（高速、中速、低速）设定中进行设定的方法，如图 5-21（a）所示。

三线式（端子 STF，STR，STOP）控制，即自锁功能。启动自动保持功能在 STOP 信号变为 ON 时有效。此时，正反信号仅作为启动信号工作；即使将启动信号（STF 或者 STR）从 ON 置于 OFF，启动信号仍保持启动，改变转向时先将 STR（STF）切换为 ON 后在切换到 OFF；通过将 STOP 信号切换到 OFF 使变频器减速停止，如图 5-21（b）所示。

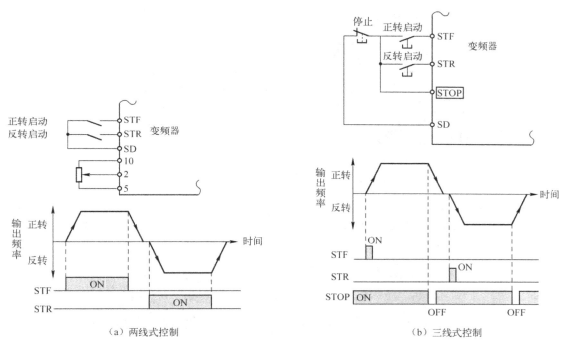

图 5-21　STF、STR 和 STOP 端子的使用

② RM、RH、RL 端子的使用。

3 段速度设定。RH 信号为 ON 时按 Pr.4 中设定的频率进行；RM 信号为 ON 时按 Pr.5 中设定的频率进行；RL 信号为 ON 时按 Pr.6 中设定的频率进行。初始设定情况下，同时选择 2 段速度以上时，则按照低速信号侧的设定频率进行。

4 段速以上的多段速度设定。通过 RH、RM、RL 和 REX 信号的组合可以进行速度 4～15 段速度的设定，设定运行频率在参数 Pr.24～Pr.27，Pr.232～Pr.239 中；REX 信号输入所使用的端子可通过在 Pr.178～Pr.189（输入端子功能选择）设定为"8"，来进行端子功能的分配。如图 5-22 所示为段速度运行时的功能图与接线图。

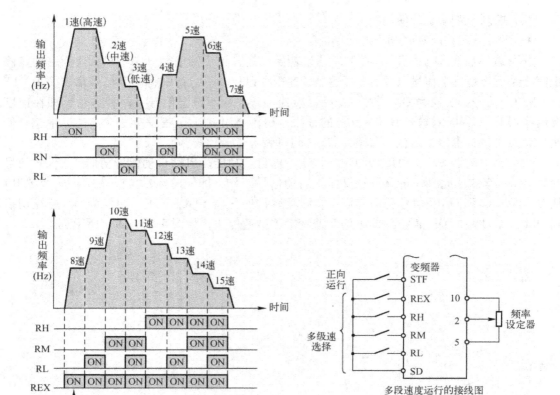

图 5-22　多段速运行时的功能图与接线图

2）模拟量输入端子

三菱 FR－A740 型变频器模拟量输入控制端子接线图如图 5-23 所示，模拟量输入端功能说明如表 5-3 所示。

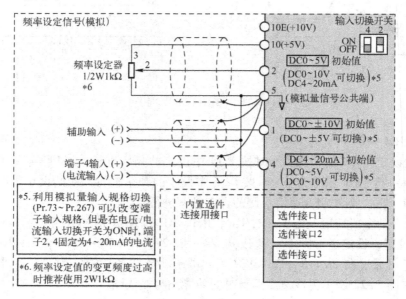

图 5-23　三菱 FR－A740 型变频器模拟量输入控制端子接线图

表 5-3　控制回路端子功能说明之（2）——模拟量输入端功能说明

种类	端子记号	端子名称	端子功能说明	额定规格
频率设定	10E	频率设定用电源	按出厂状态连接频率设定电位器时，与端子 10 连接。当连接到端子 10E 时，请改变端子 2 的输入规格（参照 pr.73 模拟输入选择）	DC（10±0.4）V 容许负载电流 10mA
	10			DC（5.2±0.2）V 容许负载电流 10mA
	2	频率设定（电压）	输入 DC 0~5V（或者 0~10V、4~20mA）时，最大输出频率 5V（10V、20mA），输出与输入成正比。输入 DC 0~5V（初始设定）和 DC 0~10V、4~20mA 的切换在电压/电流输入切换开关设为 OFF（初始设定为 OFF）时通过 Pr.73 进行；当电压/电流输入切换开关设为 ON 时，电流输入固定不变（Pr.73 必须设定电流输入）	电压输入的情况下，输入电阻（10±1）kΩ，最大许可电压 DC20V
	4	频率设定（电流）	如果输入 DC 4~20mA（或 0~5V、0~10V），当达到 20mA 时成最大输出效率，输出频率与输入成正比；只有 AU 信号置为 ON 时，此输入信号才会有效（端子 2 的输入将无效）；4~20mA（出厂值）、DC 0~5V、DC 0~10V 的输入切换在电压/电流输入切换开关设为 OFF（初始设定为 ON）时通过 Pr.267 进行；当电压/电流输入切换开关设为 ON 时，电流输入固定不变（Pr.267 必须设定电流输入）；端子功能的切换通过 Pr.858 进行设定	电流输入的情况下，输入电阻（245±5）Ω，最大许可电流 30mA *3
频率设定	1	辅助频率设定	输入 DC 0~±5V 或 DC 0~±10V 时，端子 2 或 4 的频率设定信号与这个信号相加，用参数单元 Pr.73 进行输入 DC 0~±5V 和 DC 0~±10V 初始设定的切换；端子功能的切换通过 Pr.868 进行设定	输入电阻（10±1）kΩ，最大许可电压 DC ±20V
	5	频率设定公共端	频率设定信号（端子 2、1 或 4）和模拟输出端子 CA、AM 的公共端子，请不要接大地	

（1）模拟输入规格的选择

模拟输入使用的端子 1、2、4 能够选择输入电压（0~5V，0~10V）、输入电流（4~20mA）。端子 2、4 电压/电流输入切换开关 ON 时，输入电流固定为 4~20mA。

图 5-24 为电压/电流输入切换开关。开关 1 控制端子 4 的输入状态，当开关 1 置为 ON 时，电流输入（初始状态），当开关 1 置为 OFF 时，电压/电流切换（初始设定为电流输入）；开关 2 控制端子 2 的输入状态，当开关 2 置为 ON 时，电流输入（初始状态），当开关 2 置为 OFF 时，电压/电流切换（初始设定为电压输入）。

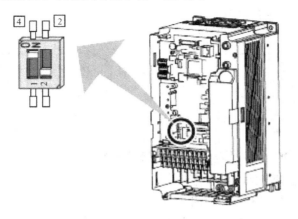

图 5-24　电压/电流输入切换开关

（2）以模拟输入电压运行

频率设定信号在端子 2 - 5 间输入 DC 0 ～ 5V（或者 0 ～ 10V），5V（10V）输入时对应变频器的最大输出频率；电源的 5V（10V）能够使用内部电源，也能够使用外部电源输入，内部电源在端子 10 - 5 间输出 DC 5V，在端子 10E - 5 间输出 DC 10V。如图 5-25 所示为模拟输入电压运行接线图。

（3）以模拟输入电流运行

风扇、泵等压力和温度需控制情况下，将调节装置输出信号 DC 4 ～ 20mA 输入到端子 4-5 之间进行自动运行。将 AU 信号置于 ON 时，端子 4 输入有效。如图 5-26 所示为模拟输入电流运行。

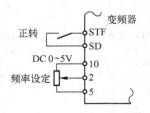

图 5-25　模拟输入电压运行

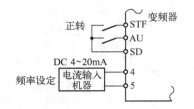

图 5-26　模拟输入电流运行接线图

2. 变频器的输出控制端子

变频器的输出控制端也可以分为两大类：一类是模拟量输出端；另一类是开关量输出端。图 5-27 为三菱 FR - A740 型变频器输出控制端子接线图，输出端功能说明如表 5-4 所示。

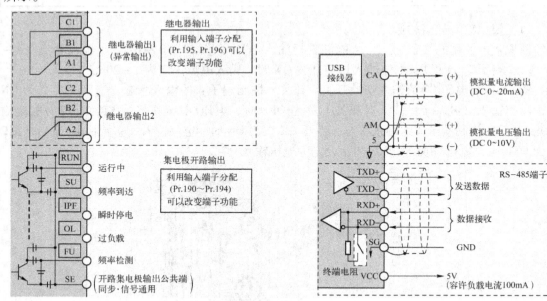

图 5-27　三菱 FR - A740 型变频器输出控制端子接线图

变频器的输出控制端子的功能如下。

① 测量信号输出端。主要用于向外接仪表提供与运行参数成正比的测量信号，如图 5-27 中的 CA、AM。测量的内容可由用户自行选定，如频率、电流、电压、转速等。测量信号输出端输出的模拟量信号也可以用作转速或电流等的反馈信号。

表 5-4　控制回路端子功能说明之（3）——输出端功能说明

种类	端子记号	端子名称	端子功能说明		额定规格
接点	A1 B1 C1	继电器输出1（异常输出）	指示变频器因保护功能动作时输出停止的1C转换接点。故障时，B-C间不导通（A-C间导通）；正常时，B-C间导通（A-C间不导通）		接点容量 AC230V 0.3A（功率=0.4）DC30V，0.3A
	A2 B2 C2	继电器输出2	1个继电器输出（常开/常闭）		
集电极开路	RUN	变频器正在运行	变频器输出频率为启动频率（初始值0.5Hz）以上时为低电平，正在停止或正在直流制动时为高电平		容许负载为 DC24V，0.1A（打开的时候最大电压下降2.8V）
	SU	频率到达	输出频率达到设定频率的±10%（初始值）时为低电平，正在加/减或停止时为高电平	报警代码（4位）输出	
	OL	过负载报警	当失速保护功能动作时为低电平，失速保护解除时为高电平		
	IPF	瞬时停电	瞬时停电、电压不足保护动作时为低电平		
	FU	频率检测	输出频率为任意设定的检测频率以上为低电平，未到达时为高电平		
	SE	集电极开路输出公共端	端子 RUN、SU、OL、IPF、FU 的公共端子		—
脉冲	CA	模拟电流输出	可以从输出频率等多种监视项目中选一种作为输出 输出信号与监视项目的大小成比例	输出项目：输出频率（初始值设定）	容许负载阻抗 200~450Ω 输出信号 DC 0~20mA
模拟	AM	模拟电压输出			输出信号 DC 0~10V 许可负载电流 1mA（负载阻抗 10kΩ 以上）分辨率8位

② 报警输出端。当变频器因故障而跳闸时，报警输出将动作，发出报警信号。报警输出端通常都采取继电器输出，可以直接接到 AC 220V 的电路中，如图 5-27 中的 A1、B1、C1。

③ 状态信号输出端。输出变频器各种状态的信号，输出内容如"运行"信号、"频率到达"信号、"频率检测"信号等。各输出端的具体内容可通过功能预置来设定，故常称为多功能输出端。

变频器的开关量输出信号电路主要有以下几种类型。

① 直流晶体管输出型。内部接法如图 5-28（a）所示，输出信号为集电极开路输出。由于受到晶体管耐压的限制，故只能用于低压直流电路中。

② 交流晶体管输出型。内部接法如图 5-28（b）所示，输出信号为集电极开路输出。由于受到晶体管耐压的限制，故可用于低压直流或交流电路中。

③ 继电器输出型。内部接法如图 5-28（c）所示，输出信号由继电器的触点构成。由于继电器的触点耐压较高，故可直接用于交流 220V 的电路中。

3. 开关量输出端子的应用

（1）继电器输出 1

当变频器因发生故障而跳闸时，报警输出继电器 1 立刻动作：动断触点"B1-C1"断开，动合触点"A1-C1"闭合。在实际中主要被用于声光报警和切断变频器电源。

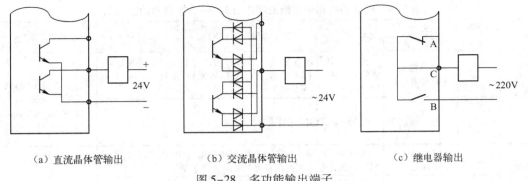

（a）直流晶体管输出　　　　（b）交流晶体管输出　　　　（c）继电器输出

图 5-28　多功能输出端子

① 切断变频器电源。如图 5-29 所示，继电器输出 1 的动断触点"B1 - C1"串联在接触器 KM 的线圈回路，KM 的主触点用于接通变频器的电源。当变频器的故障继电器动作时，动断触点"B1 - C1"断开，KM 线圈失电，主触点断开，变频器切断电源。

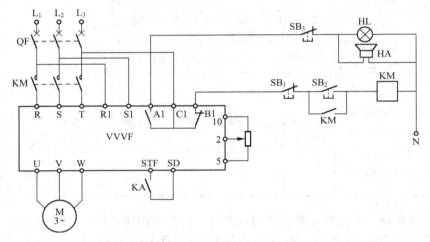

图 5-29　继电器输出 1 应用示例

② 声光报警。当变频器的故障继电器动作时，动合触点"A1 - C1"闭合，指示灯 HL 和报警器 HA 发出声光报警。

（2）频率到达 SU

频率到达是指变频器的输出频率已经到达了运行频率，如图 5-30 所示。只要变频器的输出频率与运行频率相吻合时，输出端子 SU 就有输出。根据需要，同时还可以通过 Pr. 41 预置一个检测的幅值，如果设定频率为 100%，Pr. 41 能够在 1% ～ ±100% 的范围内调整。可用于相关机器的工作开始信号等。

（3）频率检测 FU

频率检测可以检测用户所指定的任意一个需要检测的频率值，如图 5-31 所示。当变频器的输出频率上升到需要检测的频率（由 Pr. 42 设定）时，输出端子 FU 开始有输出。通过 Pr. 190 进行端子功能的选择，即正负逻辑。反向运行时检测频率由 Pr. 43 设定。

4. 模拟量输出端子

变频器的模拟量输出端主要用于外接测量仪表，实际输出的是与被测量成正比的直流电压或电流信号。

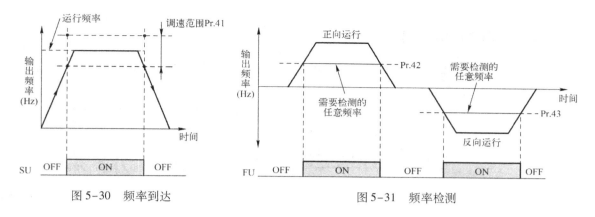

图 5-30　频率到达　　　　　　　　　　　图 5-31　频率检测

三菱 FR－A740 模拟量输出端子 CA 与 AM，三菱 FR－A740 模拟量输出端子为 CA 与 AM，如图 5-32 所示，参数 Pr.55 为频率监视器的基准，参数 Pr.56 为电流监视器的基准，参数 Pr.57 为转矩监视器的基准。用于设定端子 CA 及端子 AM 的测量值，当选择了频率监视器（输出频率/设定频率）时对应的标准频率；当选择了电流监视器（变频器输出电流等）时对应的标准电流；当选择了转矩监视器（变频器输出转矩等）时对应的标准转矩。

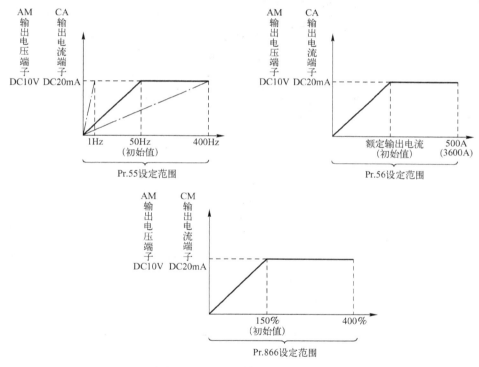

图 5-32　模拟量输出端子的功能

5.4　FR－700 系列变频器操作面板的组成和功能

变频器各种功能的实现大部分都是通过操作面板直接或间接完成的，比如参数的设置、操作模式的切换、监视运行参数等。

5.4.1 操作面板介绍

三菱 FR – A740 型变频器采用 FR – DU07 操作面板，其外形、各部分名称及功能如图 5–33 所示。

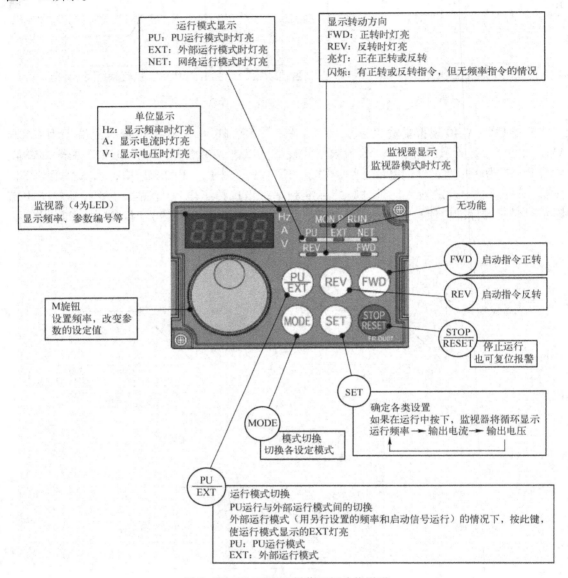

图 5–33 FR – DU07 操作面板功能说明

5.4.2 操作面板 FR – DU07 的基本操作

1. 模式切换的操作

对于变频器来说，要实现某项操作时，首先要把操作面板切换到相应的模式，然后再进行相应的操作。

变频器接通电源后，变频器自动进入外部运行模式（输出频率监视器），按"PU/EXT"键，进入 PU 运行模式（输出频率监视器），再按"MODE"键进入参数设定模式，反复按"MODE"键进入报警历史，最后回到外部运行模式。具体操作过程如图 5-34 所示。当切换到某一模式后，操作"SET"或"M 旋钮"对该模式进行具体的操作。

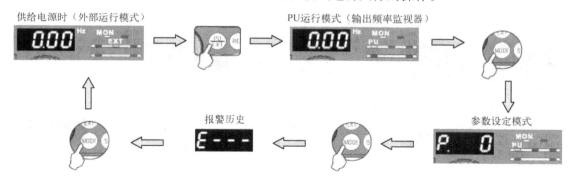

图 5-34　模式切换的操作

2. 运行模式切换的操作

变频器接通电源后，变频器自动进入外部运行模式（输出频率监视器），反复按"PU/EXT"键就可以实现外部运行模式、PU 运行模式、PU 点动模式 3 种模式间的切换。具体操作过程如图 5-35 所示。

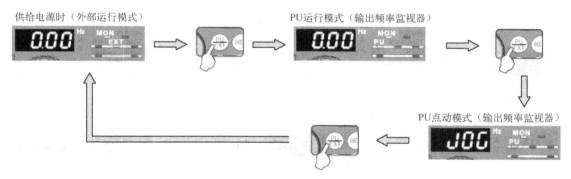

图 5-35　运行模式切换的操作

3. 频率设定模式的操作

频率设定模式用来设置变频器的工作频率，也就是设置变频器逆变电路输出电源的频率。

频率设定模式的设置方法是：先按"MODE"键切换到输出频率监视器，旋转 M 旋钮变更频率数值，按"SET"键确定设置，"F"与频率交替闪烁，频率设定写入完毕。具体操作过程如图 5-36 所示。

图 5-36　频率设定模式的操作

4. 监视模式的操作

监视模式用于显示变频器的工作频率、电流的大小、电压大小和报警信息，便于用户了解变频器的工作情况。

监视模式的操作的设置方法是：先按"MODE"键切换到输出频率监视器，反复按"SET"键，就可以循环显示输出电流、输出电压和输出频率。具体操作过程如图 5-37 所示。

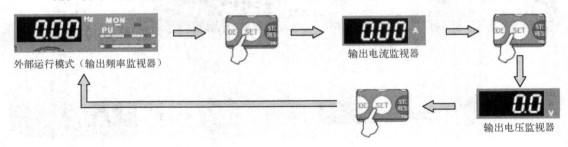

图 5-37　监视模式的操作

5. 参数设定模式的操作

参数设定模式用来设置变频器的各种工作参数。三菱 FR – A740 型变频器有近千种参数，每种参数可以设置不同的值，下面以参数 Pr. 79 = 2 为例进行参数设定的操作。

首先，按"MODE"键切换到参数设定模式，旋转 M 旋钮找到 Pr. 79 这个参数，然后按"SET"键确认进入，显示现在设定值为 0，再旋转"M 旋钮"变更数值为 2，按"SET"键确认，参数 Pr. 79 与设定值 2 闪烁，参数写入完毕。具体操作过程如图 5-38 所示。

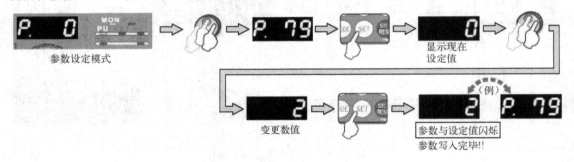

图 5-38　参数设定模式的操作

6. 参数清除、错误清除和参数复制的操作

操作"MODE"键切换到参数设定模式，反复按旋转 M 旋钮，会依次显示参数清除、参数全部清除、错误清除及参数复制的参数代码。操作过程及相应的参数代码如图 5-39 所示。

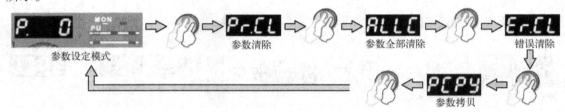

图 5-39　参数清除、错误清除和参数复制的操作

如果要执行某项功能，可按参数设定模式的操作来实现。首先，按下"SET"键读取当前设定值；其次，选择"M 旋钮"变更参数值；最后，再次按下"SET"键确认。参数值闪烁表示设置成功。

7. 报警历史的操作

若变频器的操作面板和参数单元操作或设定错误，运行中出现故障发生异常，会出现报警指示，错误信息以故障代码的形式在操作面板监视器上显示。具体操作方法如图5-40所示。

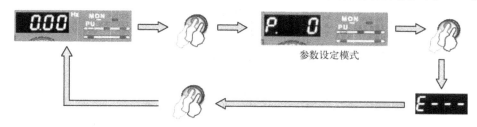

图 5-40　报警历史的操作

通过 M 旋钮可以旋出过去 8 次的报警信息，最新的报警历史会附加显示"·"符号。无历史报警的情况下显示 E 0 。

5.5　三菱 FR‑740 变频器的操作运行模式

变频器的操作运行模式主要有 PU 操作模式、外部操作模式、组合操作模式和网络操作模式等。本节首先介绍运行模式的功能，然后将对 PU 操作模式、外部操作模式、组合操作模式和网络操作模式逐一进行介绍。

5.5.1　运行模式功能

对于三菱 FR‑A740 来说，运行模式的切换是通过参数 Pr.79 来实现的。一般来讲，参数 Pr.79 可以实现以下 3 种功能。

1. 外部/PU 切换模式

表 5‑5 为 Pr.79 = 0、1、2 时的功能，其默认参数为 0。

表 5‑5　外部/PU 切换模式

参数编号	名　　称	初始值	设定范围	内　　容	LED 显示　　：灭灯　　：亮灯
79	操作模式选择	0	0	外部/PU 切换模式中用 PU/EXT 键可以切换 PU 与外部运行模式，电源投入时为外部运行模式	外部运行模式 EXT / PU 运行模式 PU
			1	PU 运行模式固定	PU
			2	外部运行模式固定，可以切换外部和网络运行模式	外部运行模式 EXT / 网络运行模式 NET

2. 组合运行模式

表 5-6 为 Pr. 79 =3、4 时的功能。

表5-6　组合运行模式

参数编号	名　称	初始值	设定范围	内　容		LED 显示 ▭：灭灯　▬：亮灯
79	操作模式选择	0	3	外部/PU 组合运行模式 1		 PU　EXT
				运行频率	启动信号	
				用 PU（FR - DU07/FR - PU04 - CH）设定或外部信号输入（多段速度设定，）端子 4 - 5 间（AU 信号 ON 时有效）	外部信号输入（端子 STF、STR）	
			4	外部/PU 组合运行模式 2		
				运行频率	启动信号	
				外部信号输入（端子 2,4，1，JOG，多段速度选择等）	用 PU（FR - DU07/FR - PU04 - CH）输入 FWD, REV	

3. 其他模式

表 5-7 为 Pr. 79 =6、7 时的功能。

表5-7　其他运行模式

参数编号	名　称	初始值	设定范围	内　容	LED 显示 ▭：灭灯　▬：亮灯
79	操作模式选择	0	6	切换模式 进行时可进行 PU 操作，外部操作和网络操作的切换	PU运行模式 PU 外部运行模式  EXT 网络运行模式 NET
			7	外部运行模式（PU 操作互锁） X12 信号 ON 可切换到 PU 运行模式 　（正在外部运行时输出停止） X12 信号 OFF 禁止切换到 PU 运行模式	PU运行模式  PU 外部运行模式  EXT

5.5.2　PU 操作模式

PU 操作模式就是在 PU 运行模式下，变频器仅通过操作面板（FR - DU07）和参数单元（FR - PU04 - CH）的键操作进行运行，如图 5-41（a）所示。启动指令由正转"FWD"和"REV"键输入，停止指令由"STOP/RESET"键输入，使用"M 旋钮"可以在运行中改变变频器输出频率。另外，使用 PU 接口进行通信时也选择 PU 运行模式。

PU 操作模式接线如图 5-41（b）所示，下面分别以点动运行和连续运行为例进行说明。

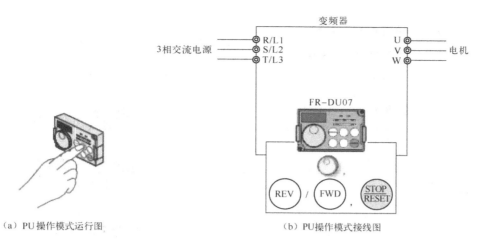

（a）PU 操作模式运行图 　　　　　　　　　　　（b）PU操作模式接线图

图 5-41　PU 操作模式

1. PU 操作模式下的点动运行

点动控制可对机械设备的位置进行调整和设备试运行调试等。假设点动频率为 10Hz，具体操作过程如图 5-42 所示。

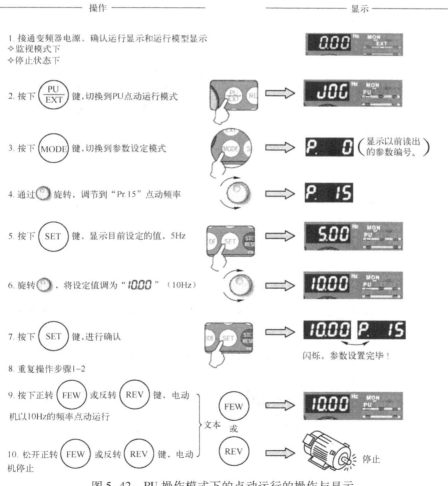

图 5-42　PU 操作模式下的点动运行的操作与显示

2. PU 操作模式下的连续运行

电动机连续运行时的频率设定为 40Hz，具体操作过程如图 5-43 所示。

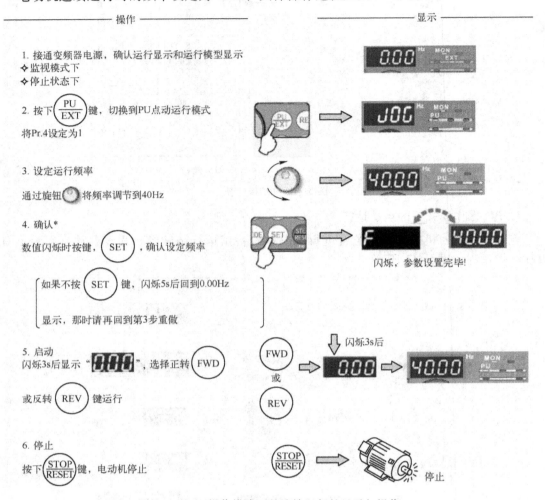

图 5-43　PU 操作模式下的连续运行的显示与操作

5.5.3　外部操作模式

在外部运行模式下，变频器的启动指令和频率设定，需要通过连接在变频器上的启动开关和电位器等外围设备来实现，如图 5-44 为变频器外部输入设备。在这种操作模式下无法直接对操作面板进行操作，变频器一般安装在控制柜内，在实际应用中比较多。

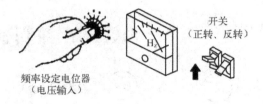

图 5-44　变频器外部输入设备

在外部运行模式下，基本上无法变更参数。没有必要变更参数时，通过设定 Pr.79 = 2 固定为外部运行模式，如表5-5所示。必须频繁变更参数时，设定 Pr.79 = 0（初始值），能够通过操作面板的"PU/EXT"键方便地切换 PU 运行模式。切换 PU 模式时，必须返回外部运行模式。STF、STR 信号作为启动指令，频率指令作为端子2、4、多段速设定及点动信号等使用。

1. 外部操作模式下的点动运行

图5-45为变频器点动运行外部接线，按图正确接线。启动命令由"STR 或 STF"发出，频率命令由电位器设定，点动频率设定为5Hz。具体操作过程如图5-46所示。

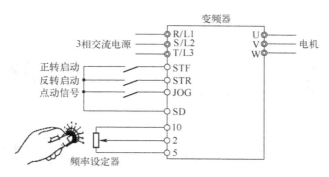

图5-45　变频器点动运行外部接线

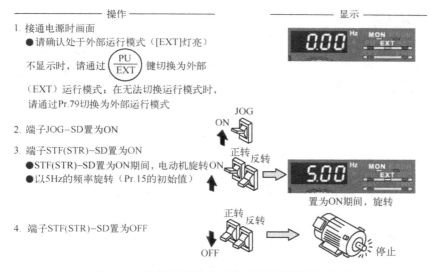

图5-46　外部运行模式下点动运行的操作和显示

2. 外部操作模式下的连续运行

图5-47为变频器连续运行外部接线，按图正确接线。启动命令由"STR 或 STF"发出，频率命令由电位器设定，运行频率设定为50Hz。具体操作过程如图5-48所示。

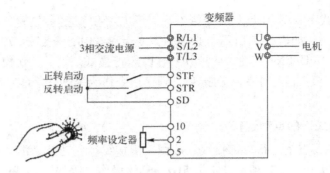

图 5-47　变频器连续运行外部接线

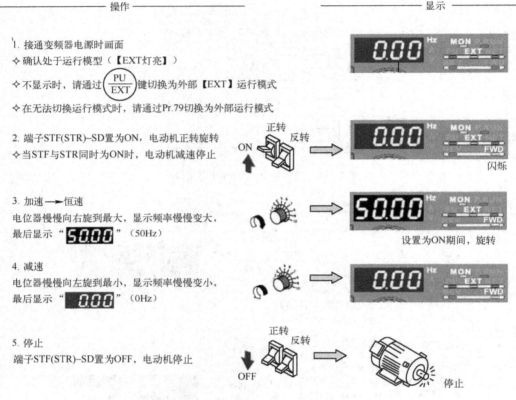

| 操作 | 显示 |

1. 接通变频器电源时画面
◇ 确认处于运行模型（【EXT灯亮】）
◇ 不显示时，请通过 $\frac{PU}{EXT}$ 键切换为外部【EXT】运行模式
◇ 在无法切换运行模式时，请通过Pr.79切换为外部运行模式

2. 端子STF(STR)-SD置为ON，电动机正转旋转
◇ 当STF与STR同时为ON时，电动机减速停止

3. 加速——恒速
电位器慢慢向右旋到最大，显示频率慢慢变大，最后显示"**50.00**"（50Hz）

4. 减速
电位器慢慢向左旋到最小，显示频率慢慢变小，最后显示"**0.00**"（0Hz）

5. 停止
端子STF(STR)-SD置为OFF，电动机停止

图 5-48　外部运行模式下连续运行的操作和显示

5.5.4　组合操作模式

由表 5-6 所示，组合操作模式分为组合运行模式 1 和组合运行模式 2 两种，参数 Pr.79 分别设置为 3 和 4。组合运行模式 1 是用操作面板（FR - DU07）和参数单元（FR - PU04 - CH）来设定频率，外部的启动开关控制电动机的启/停。组合运行模式 2 是用操作面板（FR - DU07）和参数单元（FR - PU04 - CH）来控制启/停，外部设备控制电动机的频率。

1. 通过操作面板来设定频率和用外部设备启动变频器

按照图 5-49 所示接线，启/停动作指令通过输入端子 STF(STR) - SD 置为 ON/OFF 来进行，频率给定通过操作面板来设定。其具体操作过程如图 5-51 所示。

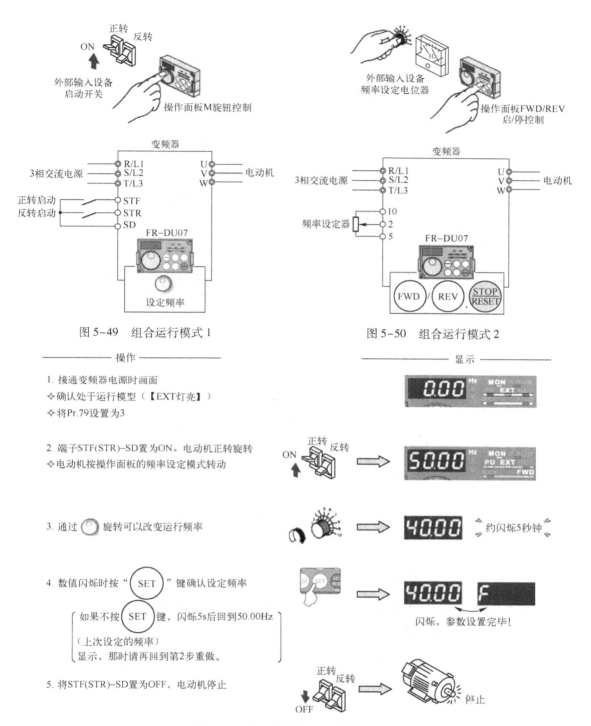

图 5-49　组合运行模式 1

图 5-50　组合运行模式 2

—— 操作 ——

1. 接通变频器电源时画面
◇确认处于运行模型（【EXT灯亮】）
◇将Pr.79设置为3

2. 端子STF(STR)-SD置为ON。电动机正转旋转
◇电动机按操作面板的频率设定模式转动

3. 通过 旋转可以改变运行频率

4. 数值闪烁时按"SET"键确认设定频率

　如果不按 SET 键，闪烁5s后回到50.00Hz
（上次设定的频率）
显示，那时请再回到第2步重做。

5. 将STF(STR)-SD置为OFF，电动机停止

—— 显示 ——

约闪烁5秒钟

闪烁，参数设置完毕！

停止

图 5-51　组合运行模式 1 的操作和显示

2. 通过模拟电压信号进行频率设定

按照图 5-50 所示接线，启/停动作指令通过变频器操作面板来设定，频率由电位器来给定。其具体操作过程如图 5-52 所示。

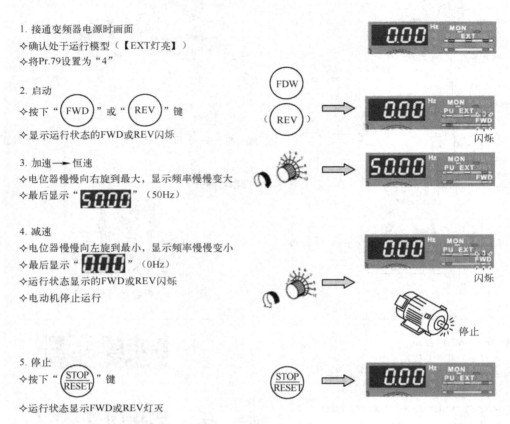

图 5-52　组合运行模式 2 的操作和显示

5.6　三菱 FR – A740 变频器的常用功能

5.6.1　设定 V/F 曲线

所谓 V/F 的控制功能就是通过调整转矩提升量来改善电动机机械特性的相关功能，设定 V/F 曲线所需的功能参数如表 5-8 所示。

表 5-8　设定 V/F 曲线所需的功能参数

目　　的	需要设定的参数	
设定电动机的额定值	基准频率、基准频率电压	Pr. 3、Pr. 19、Pr. 47、Pr. 113
选择符合用途的 V/F 曲线	适用负荷选择	Pr. 14
手动设定启动转矩	手动转矩提升	Pr. 0、Pr. 46、Pr. 112

1. 基准频率、基准频率电压（Pr. 3 、Pr. 19、Pr. 47、Pr. 113）

图 5-53 为基准频率与基准频率电压的关系曲线，其目的是使变频器的输出（电压、频率）符合电动机的额定值。基准频率、基准频率电压的有关参数如表 5-9 所示。

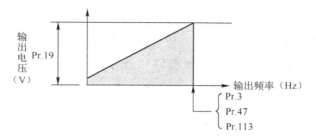

图 5-53　基准频率与基准频率电压的关系

表 5-9　基准频率、基准频率电压的有关参数功能及设定范围

参数号	名　称	初始值	设定范围	内　容
3	基准频率	50Hz	0～400Hz	设定电动机额定转矩时的频率（50Hz/60Hz）
19	基准频率电压	9999	0～1000V	设定基准电压
			8888	电源电压的95%
			9999	与电源电压相同
47	第2V/F（基准频率）	9999	0～400Hz	设定RT信号ON时的基准频率
			9999	第2V/F无效
113	第3V/F（基准频率）	9999	0～400Hz	设定X9信号ON时的基底频率
			9999	第3V/F无效

（1）设定基准频率（Pr. 3）

当使用标准电动机运行时，一般将 Pr. 3 基准频率设定为电动机的额定频率。当需要电动机在工频电源和变频器切换运行时，需要将 Pr. 3 基准频率设定为与电源频率相同。

电动机额定铭牌上记载的频率为"60Hz"时，必须设定为"60Hz"。

使用三菱恒转矩电动机时，应将 Pr. 3 基准频率设定为"60Hz"。

（2）设定多个基准频率（Pr. 47、Pr. 113）

当使用一台变频器切换驱动多台电动机运行时，需要对基准频率进行更改，此时可以使用 Pr. 47 第 2V/F（基准频率）。Pr. 47 第 2V/F（基准频率）的 RT 信号为 ON 时有效，Pr. 113 第 3V/F（基准频率）的 X9 信号为 ON 时有效。X9 信号输入所使用的端子通过 Pr. 178～Pr. 189（输入端子功能选择）进行端子功能的分配。

（3）设定基准频率电压（Pr. 19）

Pr. 19 基准频率电压是对基准电压（电动机的额定电压等）进行设定。所设定的值如果低于电源电压，则变频器的最大输出电压是 Pr. 19 中设定的电压。Pr. 19 在以下情况下加以利用。

① 再生频度较高时（如连续再生等），有可能会发生再生时输出电压大于基准值，电动机电流增加从而引起过电流跳闸的情况。

② 电源电压变动较大时，电源电压一旦超过电动机的额定电压时，由于转矩过大或是电动机电流的增加可能会引起转速变动或电动机过热。

③ 想要扩大恒定输出特性范围时，想要在基准频率以下扩大恒定输出范围时，可以通过在 Pr. 19 中设定比电源电压大的值来实现。

2. 适用负荷选择（Pr. 14）

通过适用负荷类型选择参数 Pr. 14，可以选择符合不同用途和负荷特性的最佳输出特性（V/F 特性）。有关的参数功能及设置值如表 5-10 所示。

表 5-10　适用负荷选择的参数功能及设置值

参数编号	名　称	初　始　值	设定范围	内　　容
14	适用 负荷选择	0	0	恒转矩负荷用
			1	变转矩负荷用
			2	恒转矩升降用（反转时提升 0%）
			3	恒转矩升降用（正转时提升 0%）
			4	RT 信号 ON…恒转矩负荷用 RT 信号 OFF…恒转矩升降用反转时提升 0%
			5	RT 信号 ON…恒转矩负荷用 RT 信号 OFF…恒转矩升降用正转时提升 0%

（1）恒转矩负荷用途（设定值"0"、初始值）

在基准频率以下，输出电压相对于输出频率成直线变化，如图 5-54（a）所示；对于像运输机械、行车、辊驱动等即使转速变化但负载转矩恒定的设备进行驱动时设定。

（2）变转矩负荷用途（设定值"1"）

在基准频率以下，输出电压相对于输出频率按 2 次方曲线变化，如图 5-54（b）所示；对于象风机、泵等负载转矩与转速的 2 次方成比例变化的设备进行驱动时设定。

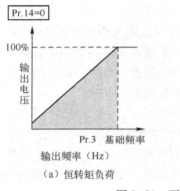 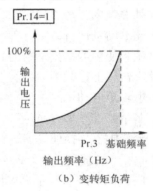

图 5-54　不同负荷下的 V/F 曲线

（3）升降负荷用途（设定值"2、3"）

属于固定为正转时运行负荷、反转时再生负荷的升降负荷时，设定为"2"；正转时 Pr. 0 转矩提升有效，反转时转矩提升自动成为"0%"；对于重方式的负荷，根据荷重不同为反转时运行、正转时再生负荷时，设定为"3"。V/F 特性曲线如图 5-55 所示。

升降负荷类连续再生的情况下，为了抑制因再生时的电流导致跳闸，如将 Pr. 19 基底频率电压设定为额定电压，会比较有效。

3. Pr. 19 手动转矩提升（Pr. 0、Pr. 46、Pr. 112）

通过手动转矩提升功能可以实现对低频区的电压降低进行补偿，以改善电动机在低速范围内的转矩降低现象。根据负载调整低频区的电动机转矩，以增大启动时的电动机转矩。通过端子的切换，可以切换 3 种启动转矩提升。相关参数功能及设定值见表 5-11。

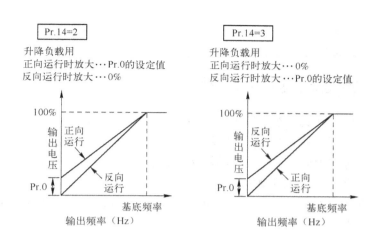

图 5-55 升降负荷时的 V/F 曲线

表 5-11 转矩提升功能参数及设定值

参 数 号	名 称	初 始 值		设 定 范 围	内 容
0	转矩提升	0.4K、0.75K	6%	0~30%	0Hz 时的输出电压按% 设定
		1.5~3.7K	4%		
		5.5K、7.5K	3%		
		11~55K	2%		
		75K 以上	1%		
46	第 2 转矩提升	9999		0~30%	RT 信号为 ON 时设定转矩提升值
				9999	无第 2 转矩提升
112	第 2 转矩提升	9999		0~30%	X9 信号为 ON 时设定转矩提升值
				9999	无第 3 转矩提升

（1）启动转矩的调整

按 Pr. 19 基准频率电压为 100%，用百分数在 Pr. 0（Pr. 46、Pr. 112）中设定 0Hz 时的输出电压，逐步进行参数的调整（约 0.5%）并随时确认电动机的状态。设定值过大会导致电动机过热，最大应控制在 10% 以内。转矩提升后的 V/F 曲线如图 5-56 所示。

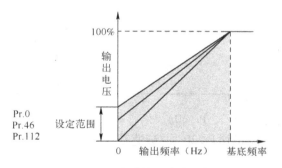

图 5-56 启动转矩参数功能

（2）设定多个转矩提升（RT 信号，X9 信号，Pr. 46，Pr. 112）

根据用途更改转矩提升时，或是用一台变频器通过切换驱动多台电动机时，使用第 2（3）转矩提升功能。当 RT 信号置于"ON"时 Pr. 46 第 2 转矩提升有效；当 X9 信号置于"ON"时 Pr. 112 第 3 转矩提升有效。X9 信号输入所使用的端子，可以通过在 Pr. 178 ~ Pr. 189（输入端子功能选择）中设定"9"来进行 X9 信号功能的分配。

5.6.2　电动机启动、加/减速和制动

变频器通电后，电动机即按预置的加速时间从"启动频率"开始启动。所谓的加速时间是指变频器的输出频率从 0Hz 上升到基本频率所需要的时间。加速时间越长，意味着频率上升较慢，启动过程中能够保持较小的转差，启动平缓，从而启动电流也较小；加速时间越短，意味着频率上升较快，启动过程中转差较大，结果是加速电流增大。所谓的减速时间是指频率从基本频率下降到 0Hz 所需要的时间。电动机启动、加速、减速及停止所需的参数功能与设定值如表 5-12 所示。

表 5-12　电动机启动、加/减速和制动的功能参数

目　　　的		必须设定参数号
电动机加减时间的设定	加减速时间	Pr. 7、Pr. 8、Pr. 20、Pr. 21
启动频率	启动频率和启动时维持时间	Pr. 13、Pr. 571
电动机制动转矩的调整	直流制动和零速控制	Pr. 10 ~ Pr. 12
使电动机惯性停止	电动机停止方法的选择	Pr. 250

1. 加速时间、减速时间的设定（Pr. 7、Pr. 8、Pr. 20、Pr. 21）

加速时间、减速时间用于设定电动机的加/减速时间，慢慢加速时设定为较大值，快速加速时设定为较小值。参数功能及设定值如表 5-13 所示。

表 5-13　电动机加/减速时间的设定参数

参数号	名　　称	初　始　值		设定范围	内　　容	
7	加速时间	7.5K 以下	5s	0 ~ 3600/360s	设定电动机加速时间	
		11K 以上	15s			
8	减速时间	7.5K 以下	5s	0 ~ 3600/360s	设定电动机减速时间	
		11K 以上	15s			
20	加减速基准频率	50Hz		1 ~ 400Hz	设定作为加减速时间基准的频率。加减速时间设定为停止到 Pr. 20 间的频率变化时间	
21	加减速时间单位	0		0	单位：0.1s 范围：0 ~ 3600s	可以变更加减速时间设定的单位和设定范围。
				1	单位：0.01s 范围：0 ~ 360s	

（1）加速时间的设定（Pr. 7、Pr. 20）

Pr. 7 加速时间设定从停止到 Pr. 20 加/减速基准频率的时间，如图 5-57 所示。通过下列公式设定加速时间。

$$加速时间设定值 = \frac{Pr. 20}{最大使用频率 - Pr. 13} \times \frac{从停止到最大使用}{频率的加速时间} \tag{5-1}$$

（2）减速时间的设定（Pr. 8、Pr. 20）

Pr. 8 减速时间设定从 Pr. 20 加/减速基准频率到停止减速的时间，如图 5-57 所示。通过

以下公式设定减速时间。

$$减速时间设定值 = \frac{Pr.20}{最大使用频率 - Pr.10} \times \begin{matrix} 从最大使用频率到 \\ 停止的减速时间 \end{matrix} \qquad (5-2)$$

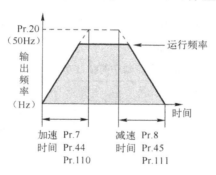

图 5-57　加/减速基准频率的功能参数

2. 启动频率和启动时输出保持功能（Pr.13、Pr.571）

设定启动时的频率，能够将设定的启动频率保持一定时间。具体功能参数及设定值如表5-14 所示。

表 5-14　启动频率和启动时输出保持参数功能及设定值

参数号	名　称	初　始　值	设定范围	内　容
13	启动频率	0.5Hz	0~60Hz	启动时的频率能够在 0~60Hz 的范围内进行设定 设定启动信号变为 ON 时的启动频率
571	启动时维持时间	9999	0.0~10.0s	设定 Pr.13 启动频率保持时间
			9999	启动时维持功能无效

（1）启动频率的设定（Pr.13）

启动时的频率能够在 0~60Hz 的范围内进行设定。设定启动信号变为 ON 时的启动频率，当频率设定信号不到 Pr.13 时，变频器不启动，如图 5-58 所示。

（2）启动时输出保持功能（Pr.571）

维持 Pr.571 设定的时间，Pr.13 启动频率设定的输出频率。为启动时的电动机驱动顺利进行初始励磁。启动时维持中，启动信号变为 OFF 时，从此时开始减速，正/反转切换时，启动频率有效，启动时保持功能变为无效。当 Pr.13 为 "0Hz" 时，维持在 0.01Hz。如图 5-59 所示。

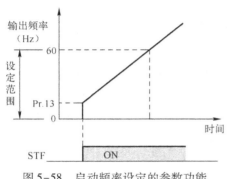

图 5-58　启动频率设定的参数功能

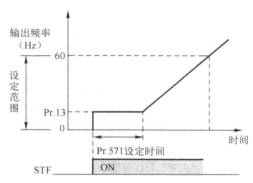

图 5-59　启动输出保持功能参数功能

3. 直流制动（LX 信号，X13 信号，Pr. 10 ~ Pr. 12）

在电动机停止时进行直流制动，可以调整让电动机停止的时间和制动转矩。直流制动是在电动机停止时通过对电动机施加直流电压，使得电动机轴不会旋转。如果在此过程中施加了外力，使电动机轴旋转后，将无法返回原先位置。其所需设置的参数功能及设定值如表 5-15 所示。

表 5-15 直流制动的参数功能及设定值

参数号	名　　称	初　始　值		设定范围	内　　容
10	直流制动动作频率	3Hz		0 ~ 120Hz	设定直流制动的动作频率
				9999	在 Pr. 13 以下动作
11	直流制动动作时间	0.5s		0	无直流制动
				0.1 ~ 10s	设定直流制动的动作时间
				8888	使 X13 信号为 ON，进行动作
12	直流制动动作电压	7.5K 以下	4%	0 ~ 30%	设定直流制动电压（转矩），设定为"0"后，变为无直流制动
		11K ~ 55K	2%		
		75K 以上	1%		

（1）动作频率的设定（Pr. 10）

在 Pr. 10 中设定直流制动的动作频率后，减速时当达到该频率后便产生直流制动动作。设定 Pr. 10 为"9999"后，在减速至 Pr. 13 启动频率中设定的频率时，便产生直流制动动作。如图 5-60 为直流制动时参数间的关系。

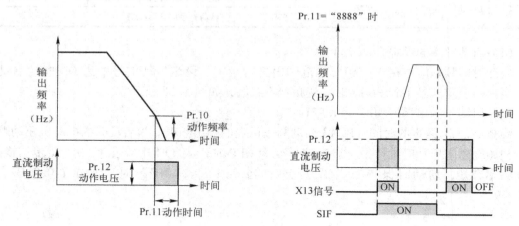

图 5-60 直流制动参数功能

（2）动作时间的设定（X13、Pr. 11）

在 Pr. 11 中设定实施直流制动的时间。若设定 Pr. 11 为"0s"时，则无直流制动动作；若设定 Pr. 11 为"8888"时，在 X13 信号为 ON 期间，产生直流制动动作；若在运行过程中，使 X13 为 ON，则变为直流制动。X13 信号输入所使用的端子通过在 Pr. 178 ~ Pr. 189 中设定"13"来进行端子功能的分配。如果负载惯量大，电动机不停止时，如果增大设定值将会有效，如图 5-60 所示。

（3）动作电压（转矩）的设定（Pr. 12）

Pr.12 对电源电压的百分数进行设定。如果 Pr.12 为"0%"，直流制动不工作（停止时，电动机将自动运行）。

4. 停止选择（Pr.250）

变频器的停止选择功能是指当启动信号处于 OFF 时，选择停机的方法（减速停止或自动运行）。主要用于启动信号处于 OFF 的同时，通过机械制动使电动机停止的情况。另外，也可以选择启动信号（STF/STR）工作。参数功能及设定值如表 5-16 所示。

表 5-16　停止选择参数功能及设定值

参数号	名　称	初始值	设定范围	内　容	
				启动信号（STF/STR）	停止动作
250	停止选择	9999	0~100s	STF 信号：正转启动 STR 信号：反转启动	当启动信号变为 OFF，在设定时间后电动机自动运行停止
			1000~1100s	STF 信号：启动信号 STR 信号：正/反信号	当启动信号变为 OFF，（Pr.250−1000）秒后电动机自动运行停止
			9999	STF 信号：正转启动 STR 信号：反转启动	启动信号处于 OFF 后减速停止
			8888	STF 信号：启动信号 STR 信号：正/反信号	

（1）使电动机减速停止

当设定停止选择 Pr.250 参数为"9999"（初始值）或者"8888"时，启动信号（STF/STR）处于 OFF 后，电动机减速停止，如图 5-61（a）所示。

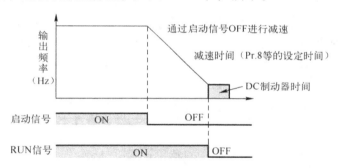

（a）电动机减速停止参数

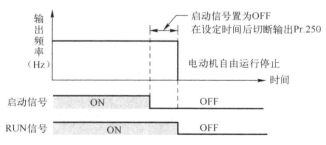

（b）电动机自动运行停止

图 5-61　停止选择参数功能

（2）使电动机自动运行停止

通过停止选择 Pr.250 设定从启动信号 OFF 开始到关闭输出的时间。Pr.250 设为

"1000~1100s"的设定时间是在（Pr. 250 – 1000）秒后关闭输出。启动信号 OFF 后，经过 Pr. 250 的设定时间后关闭输出，电动机自动运行停止，此时 RUN 信号在输出停止时变为 OFF，如图 5-61（b）所示。

5.6.3　其他功能参数的使用

1. 上、下限频率（Pr. 1、Pr. 2、Pr. 18）

通过设定输出频率的上限和下限频率，可以限制电动机的速度。上限频率是指不允许超过的最高输出频率，而下限频率则是指不允许低于的最低输出频率。上、下限频率的参数功能及设定值如表 5-17 所示。

表 5-17　上、下限频率的参数功能及设定值

参 数 号	名　称	初 始 值		设 定 范 围	内　容
1	上限频率	55K 以下	120Hz	0~120Hz	设定输出频率的上限
		75K 以上	60Hz		
2	下限频率	0Hz		0~120Hz	设定输出频率的下限
18	高速上限频率	55K 以下	120Hz	120~400Hz	120Hz 以上运行时设定
		75K 以上	60Hz		

（1）设上限频率

在 Pr. 1 上限频率中设定输出频率的上限，即使输入了大于设定频率的频率指令，输出频率也会被钳位于上限频率处。想要超过 120Hz 进行运行时，在 Pr. 18 高速上限频率中设定输出频率的上限（对 Pr. 18 进行设定后，Pr. 1 自动切换为 Pr. 18 中设定的频率；另外，对 Pr. 1 进行设定后，Pr. 18 也将自动切换为 Pr. 1 中所设定的频率），如图 5-62 所示。

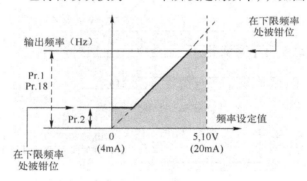

图 5-62　上、下限频率的参数功能

（2）设定下限频率

在 Pr. 2 下限频率中设定输出频率的下限。即使设定频率小于 Pr. 2 中的频率值，输出频率也会被钳位于 Pr. 2 处（不会低于 Pr. 2）。

2. 电动机的过热保护（电子过电流）（Pr. 9）

Pr. 9 用于设定电子过电流，进行电动机的过热保护。能够得到低速运行时，包含电动机冷却能力降低在内的最合适的保护特性。参数功能及设定值如表 5-18 所示。

表 5–18　电动机过热保护的参数功能及设定值

参 数 号	名 称	初 始 值	设 定 范 围		内 容
9	电子过电流	变频器额定输出电流 * 1	55K 以下	0 ~ 500A	设定电动机额定电流
			75K 以上	0 ~ 3600A	

* Pr. 9 设定为变频器额定输出电流 50% 的值（电流值）。

检测电动机的过负载（过热），中止变频器输出晶体管的工作，停止输出。电动机的额定电流值（A）在 Pr. 9 中设定。电源规格为 400V/440A 50Hz 时，将电动机额定电流设定为 1.1 倍。电动机使用外部热继电器时，为了不使电子过电流工作，Pr. 9 设定为"0"（但是变频器的输出晶体管的保护功能（E. THT）工作）。

使用电动机的过热保护（电子过电流）（Pr. 9）功能的注意事项。

① 使用电子过电流的保护功能是通过变频器的电源复位，以及输入复位信号复位为初始值，避免不必要的复位及电源切断。

② 当变频器连接多台电动机时，电子过电流保护功能不起作用，需在每台电动机上安装外部热继电器。

③ 当变频器和电动机容量相差过大和设定值过小时，电子过电流保护特性将恶化，在此情况下，需要安装外部热继电器。

④ 特殊电动机不能用电子过电流保护，需安装外部热继电器。

⑤ 晶体管保护过电流如果增大 Pr. 72 PWM 频率选择设定值，工作时间将会缩短。

⑥ 使用矢量控制专用电动机（SF – V5RU）时，因为内置了过电流保护器，所以是 Pr. 9 = "0"。

5.7　变频器故障显示信息

1. 变频器的异常显示类型

如果变频器出现异常（重故障），保护功能启动，报警停止后 PU 的显示部分自动切换成下列错误（异常）显示。

① 异常输出信号的保持。保护功能动作时，断开设置在变频器输入内侧的电磁接触器（MC），将失去变频器的控制电源，不能保持异常输出。

② 异常显示。保护功能启动后，操作面板的显示部分自动切换成异常显示。

③ 重启方法。保护功能启动后，变频器将持续输出停止状态，所以只有重启才能启动。

④ 保护功能动作后，处理故障后，变频器再复位，然后开始运转。

变频器的故障显示可以分为以下几大类。

① 错误信息：对于操作面板（FR – DU07）或（FR – FU04 – CH）的操作错误设定错误，显示相关信息。变频器不会切断输出。

② 报警：即使在操作面板显示报警，变频器也不会切断输出。但如果不采取措施的话，可能会引发重故障。

③ 轻故障：变频器不会切断输出。通过参数设定可以输出轻故障信号。

④ 重故障：保护功能动作后切断变频器的输出，并进行异常输出。

2. 变频器的异常显示

变频器保护功能启动后，操作面板的显示部分会自动切换成异常显示，并通过信息代码的形式来提示故障的名称。异常显示如表 5–19 所示。

表 5-19 异常显示一览表

分类	操作面板显示		名　称	分类	操作面板显示		名　称
错误信息	E---	E---	报警历史	重故障	E.LF	E.LF	输出缺相
	HOLd	HOLD	操作面板锁定		E.OHF	E.OHF	外部热继电器动作
	Er1~Er4	Er1~4	参数写入错误		E.PTC	E.PTC	PTC 热敏电阻动作
	rE1~rE4	Re1~4	复制操作错误		E.OPT	E.OPT	选件异常
	Err.	Err.	错误		E.OP3	E.OP3	通信选件异常
报警	OL	OL	失速防止（过电流）		E.1~E.3	E.1~E.3	选件异常
	oL	oL	失速防止（过电压）		E.PE	E.PE	变频器参数储存器元件异常
	rb	RB	再生制动预报警		E.PUE	E.PUE	PU 脱离
	TH	TH	电子过电流保护预报警		E.RET	E.RET	再试次数溢出
	PS	PS	PU 停止		E.PE2	E.PE2 *	变频器参数储存器元件异常
	MT	MT	维护信号输出		E.6/E.7/E.CPU	E.6/E.7/E.CPU	CPU 错误
	CP	CP	参数复制		E.CTE	E.CTE	操作面板用电源短路，RS-485 端子用电源短路
	SL	SL	速度限位显示（速度限制中输出）		E.P24	E.P24	DC24V 电源输出短路
轻故障	Fn	FN	风扇故障		E.CDO	E.CDO *	输出电流超过检测值
重故障	E.OC1	E.OC1	加速时过电流跳闸		E.IOH	E.IOH *	侵入电流抑制回路异常
	E.OC2	E.OC2	恒速时过电流跳闸		E.SER	E.SER *	通信异常（主机）
	E.OC3	E.OC3	减速，停止时过电流跳闸		E.ALE	E.ALE *	模拟量输入异常
	E.OV1	E.OV1	加速时再生过电压跳闸		E.OS	E.OS	发生过速度
	E.OV2	E.OV2	恒速时再生过电压跳闸		E.OSD	E.OSD	速度偏差过大检测
	E.OV3	E.OV3	减速，停止时再生过电压跳闸		E.ECT	E.ECT	断线检测
	E.THT	E.THT	变频器过负载跳闸（电子过流保护）		E.Od	E.OD	位置误差大
	E.EHW	E.EHW	电动机过负载跳闸（电子过流保护）		E.MB1~E.MB7	E.MB1~E.MB7	制动序列错误
	E.FIn	E.FIN	风扇过热		E.EP	E.EP	编码器相位错误
	E.IPF	E.IPF	瞬时停电		E.bE	E.BE	制动晶体管异常检测
	E.UVT	E.UVT	不足电压		E.USb	E.USB *	USB 通信异常
	E.ILF	E.ILF *	输入缺相		E.11	E.11	反转减速错误
	E.OLT	E.OLT	失速防止		E.13	E.13	内部回路异常
	E.GF	E.GF	输出侧接地故障过电流保护				

3. 保护功能的复位方法

变频器在保护功能启动后将持续输出停止状态，只有处理好故障后，再对其进行复位，变频器才能重新开始运转。变频器的复位方法有以下 3 种。

① 使用操作面板，通过"STOP/RESET"按键进行复位。仅变频器保护功能（重故障）动作时能够复位，如图 5-63（a）所示。

② 重新断电一次，再合闸，如图 5-63（b）所示。

③ 接通复位信号"RES"0.1s 以上。维持"RES"信号 ON 时，显示"Err"（闪烁），通知正处于复位状态，如图 5-63（c）所示。

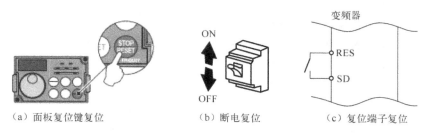

（a）面板复位键复位 （b）断电复位 （c）复位端子复位

图 5-63　变频器的复位方法

本 章 小 结

本章主要介绍了三菱 FR－700 系列变频器的结构与外形；主回路端子与控制端子功能；操作面板的组成和功能；不同运行模式下的操作、运行及相关参数设置；变频器的常用功能；变频器的故障信息等。

第6章 西门子 MM440 变频器的使用

【知识目标】

1. 掌握西门子 MM440 变频器的外部端子接线图及其端子功能。
2. 掌握西门子 MM440 变频器的快速调试方法。
3. 熟悉变频器的各项功能参数及预置方法。
4. 熟悉变频器的主要功能及其他常见功能。
5. 熟悉变频器的操作面板。

【能力目标】

1. 能够熟练地使用西门子 MM440 变频器进行各种参数设置。
2. 能对西门子 MM440 变频器进行简单接线。
3. 能够熟练地进行变频器面板操作。
4. 能够熟练地操控变频器运行，并用不同的操作来模拟解决简单的变频调速项目。

本章以西门子 MM440 系列变频器为例，详细地介绍变频器的相关功能参数、I/O 端子功能和参数设置等。图 6-1 为西门子 MM440 系列变频器的外形图。

图 6-1　西门子 MM440 系列变频器的外形图

6.1　西门子 MM440 系列变频器的外部接线

6.1.1　主回路接线

西门子 MM440 变频器的主回路端子接线图如图 6-2 所示，功能说明端子说明如表 6-1 所示。根据单相变频器或三相变频器的不同，进线方式有所区别；根据尺寸的不同，制动单元的配置也有所不同，分为内置制动单元和外置制动单元两种。

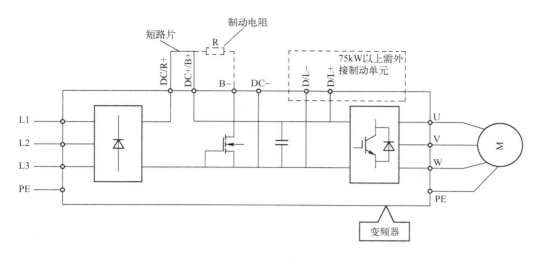

图 6-2　主回路接线图

表 6-1　主回路端子说明

端子记号	端子名称	端子功能说明
L1、L2、L3	交流电源输入端	连接工频电源 交流电源与变频器之间一般通过空气断路器和交流接触器相连接
U、V、W	变频器输出端	接三相笼型交流电动机
B+、B−	制动电阻器连接	内部制动回路有效
D/L+、D/L−	连接制动单元	75kW 以上需外接制动单元
PE	接地	变频器外壳接地用，必须接大地

6.1.2　控制回路接线

西门子 MM440 变频器的控制回路端子排列如图 6-3 所示，端子接线如图 6-4 所示，功能说明如表 6-2 所示。它包括两个模拟量输入、6 个数字量输入、1 个 PTC 电阻输入、两个模拟量输出、3 个数字量输出、1 个 RS-485 端口。

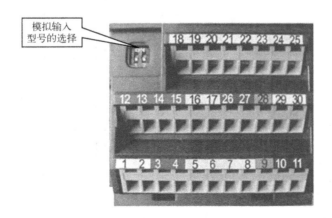

图 6-3　MM440 控制回路端子排列图

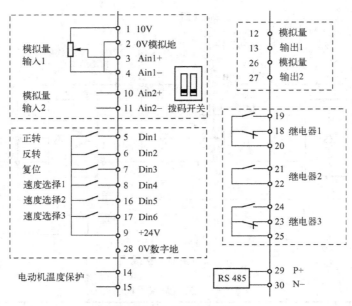

图 6-4　控制回路接线图

表 6-2　控制回路端子功能说明

类　　型		引　脚	引 脚 名 称
开关量端子	多功能端子	5	DIN1
		6	DIN2
		7	DIN3
		8	DIN4
		16	DIN5
		17	DIN6
		9	隔离输出 +24V，最大电流 100mA
		28	0V 数字地
模拟量端子	频率设定	1	频率设定用 10V 电源
		2	0V 模拟地
		3	频率设定端（电压）
		4	频率设定公共端
		10	模拟电流输入端
		11	
输出信号	模拟量输出端子	12、13	模拟量输出 1
		26、27	模拟量输出 2
	继电器接点	18、19、20	18 与 20 常闭接点 19 与 20 常开接点
		21、22	常开接点
		23、24、25	23 与 25 常闭接点 24 与 25 常开接点
电动机温度保护端子		14 与 15	
RS - 485 通信		29 与 30	P +、N -

　　模拟输入 1（AIN1）可以用于 0~10V、0~20mA 和 -10~+10V；模拟输入 2（AIN2）可以用于 0~10V、0~20mA。这些输入类型可以通过如图 6-6 所示的 DIP 开关进行拨码设定。

模拟输入回路可以另行配置，用于提供两个附加的数字输入（DIN7 和 DIN8），如图 6-5
所示。

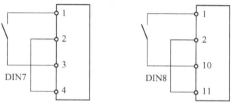

图 6-5　模拟输入作为数字输入时外部线路的接线

当模拟输入作为数字输入时，电压门限值为：

1. 75 V DC = OFF

3. 70 V DC = ON

端子 9（24V）作为数字输入端口使用时，也可用于驱动模拟输入。端子 2 和 28（0V）
必须连接在一起。

6.2　西门子 MM440 系列变频器的基本面板操作

西门子 MM440 变频器在标准供货方式时装有状态显示板（SDP），如图 6-6（a）所示。
对于很多用户来说，利用 SDP 和制造厂的默认设置值，就可以使变频器成功地投入运行。
如果工厂的缺省设置值不适合设备状况，也可以利用如图 6-6（b）所示的基本操作板
（BOP）或如图 6-6（c）所示的高级操作板（AOP）修改参数，使之匹配起来。

（a）状态显示板SDP

（b）基本操作板BOP

（c）高级操作板AOP

图 6-6　操作面板

6.2.1　基本操作面板 BOP 的显示、按键及其含义

图 6-7 为基本操作面板的外形图。按键的功能说明如表 6-3 所示。

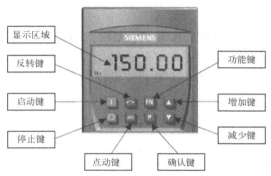

图 6-7　基本操作面板 BOP 的外形图

表 6-3　基本操作面板按键的功能说明

显示/按钮	功　　能	功能说明
r 0000	状态显示	LCD 显示变频器当前的设定值
ⓘ	启动变频器	按此键启动变频器，默认值运行时此键是被封锁的，为了使此键的操作有效，应设定 P0700 = 1
ⓞ	停止变频器	OFF1：按此键，变频器将按选定的斜坡下降速率减速停车；默认值运行时此键被封锁；为了允许此键操作，应设定 P0700 = 1
		OFF2：按此键两次（或一次，但时间较长），电动机将在惯性作用下自由停车，此功能总是"使能"的
◉	改变电动机的转动方向	按此键可以改变电动机的转动方向，电动机的反向用负号（－）表示或用闪烁的小数点表示，默认值运行时此键是被封锁的，为了使此键的操作有效，应设定 P0700 = 1
ⓙⓞⓖ	电动机点动	在变频器无输出的情况下按此键，将使电动机启动，并按预设定的点动频率运行，释放此键时，变频器停车，如果电动机正在运行，按此键将不起作用
ⓕⓝ	功能	此键用于浏览辅助信息 变频器运行过程中，在显示任何一个参数时按下此键并保持不动 2 秒钟，将显示以下参数值（在变频器运行中，从任何一个参数开始）： ① 直流回路电压（用 d 表示 -，单位：V）， ② 输出电流（A）， ③ 输出频率（Hz）， ④ 输出电压（用 o 表示 -，单位：V）， ⑤ 由 P0005 选定的数值（如果 P0005 选择显示上述参数中的任何一个（3，4 或 5），这里将不再显示） 连续多次按下此键，将轮流显示以上参数 跳转功能： 在显示任何一个参数（rXXXX 或 PXXXX）时短时间按下此键，将立即跳转到 r0000，如果需要的话，可以接着修改其他的参数，跳转到 r0000 后，按此键将返回原来的显示点。 故障确认： 在出现故障或报警的情况下，按下此键可以对故障或报警进行确认
ⓟ	访问参数	按此键即可访问参数
ⓐ	增加数值	按此键即可增加面板上显示的参数数值
ⓥ	减少数值	按此键即可减少面板上显示的参数数值

6.2.2　基本操作面板的使用

MM440 系列变频器只能用操作面板 BOP、AOP 进行操作，或者通过串行通信接口进行修改。在出厂默认设置时，用 BOP 控制电动机的功能是被禁止的。如果要用 BOP 控制参数，应将参数 P0700 设置为 1；参数 P1000 也应设置为 1。

1. 参数类型

MM440 系列变频器用两种参数类型：一种是在参数的前面冠以一个小写字母"r"开头的参数，表示该参数是只读参数，它显示的是特定的参数数值，而且不能用与该参数不同的值来更改它的数值；一种是在参数号的前面冠以一个大写字母"P"开头的参数，为用户可改动的参数。

2. 用基本操作面板 BOP 修改参数

表6-4为更改参数 P0004 数值的步骤。下面以 P0719 为例，说明如何修改下标参数的数值，如表6-5所示。按照这一过程中说明的类似方法，可以用"BOP"更改任何一个参数。

表6-4　更改参数 P0004 数值的步骤

	操　作　步　骤	显示的结果
1	按 **P** 访问参数	r0000
2	按 **▲** 直到显示出 P0004	P0004
3	按 **P** 进入参数数值访问级	0
4	按 **▲** 或 **▼** 达到所需要的数值	3
5	按 **P** 确认并存储参数的数值	P0004
6	按 **▲** 直到显示出 r0000	r0000
7	按 **P** 返回标准的变频器显示（有用户定义）	

表6-5　修改下标参数 P0719——选择命令/设定值源

	操　作　步　骤	显示的结果
1	按 **P** 访问参数	r0000
2	按 **▲** 直到显示出 P0719	P0719
3	按 **P** 进入参数数值访问级	in000
4	按 **P** 显示当前的设定值	0
5	按 **▲** 或 **▼** 选择运行所需要的最大频率	3
6	按 **P** 确认并存储 P0719 的设定值	P0719
7	按 **▲** 直到显示出 r0000	r0000
8	按 **P** 返回标准的变频器显示（有用户定义）	

说明：忙碌信息。修改参数的数值时，BOP 有时会显示 P---- 表明变频器正忙于处理优先级更高的任务。

为了快速修改参数的数值，可以一个个地单独修改显示出的每个数字，操作步骤如表6-6所示。确信已处于某一参数数值的访问级。

表6-6　改变参数数值的一个数字

	操　作　步　骤	显示的状态
1	按 **fn** （功能键）	最右边的一个数字闪烁
2	按 **▲** 或 **▼**	修改这位数字的数值
3	按 **fn**	相邻的下一个数字闪烁
4	执行 2～4 步，直到显示出所要求的数值	
5	按 **P**	退出参数数值的访问级

3. 故障复位操作

当变频器运行中发生故障或者报警，变频器会出现提示，并会按照设定的方式进行默认的处理（一般是停车）。此时，需要用户查找并排除故障发生的原因后，在面板上确认故障的操作。这里通过一个 F0003（电压过低）的故障复位过程来演示具体的操作流程。当变频器欠压的时候，面板上将显示故障代码 F0003。按 FN 键，如果故障点已经排除，变频器复位到运行准备状态，显示设定频率 5000 闪烁。如果故障点仍然存在，则故障 F0003 代码重现。

4. 用基本操作面板 BOP 控制变频器

按照如表 6-7 所示的步骤通过 BOP 面板直接对变频器进行操作。

表 6-7　BOP 面板直接对变频器进行操作的步骤

操作步骤	设置参数	功能说明
1	P0700	=1 启/停命令源于面板
2	P1000	=1 频率设定源于面板
3	5.00	返回监视状态
4	◉	启动变频器
5	◉◉	通过增减键修改运行频率
6	◉	停止变频器

6.3　MM440 系列变频器的快速调速与参数设置

6.3.1　变频器 SDP 状态显示屏的调试方法

采用 SDP 进行操作时，变频器的预设定必须与电动机的额定频率、额定电压、额定电流和额定频率数据兼容。此外，必须按照线性 V/f 控制特性，由模拟电位计控制电动机速度（频率为 50Hz 时，最大速度为 3000 转/min，60Hz 时为 3600 转/min），斜坡上升时间/斜坡下降时间 =10s。SDP 上有两个 LED 指示灯（如图 6-8 所示），用于指示变频器的运行状态，具体表示的内容如表 6-8 所示。

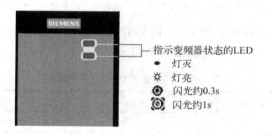

图 6-8　SDP 上的 LED 指示灯

表 6-8　SDP 状态显示屏上 LED 指示的变频器状态

指示状态	故障部位	指示状态	故障部位
•灯灭 •灯灭	电源未接通	✳灯亮 ◎闪约 1s	故障—变频器过温
✳灯亮 ✳灯亮	运行准备就绪	◎闪约 1s ◎闪约 1s	电流极限报警—两个 LED 同时闪亮

指示状态	故障部位	指示状态	故障部位
•灯灭 ✿灯亮	变频器故障—以下故障除外	◎闪约1s ◎闪约1s	其他报警—两个LED交替闪亮
✿灯亮 •灯灭	变频器正在运行	◎闪约1s ◎闪约0.3s	欠电压报警 欠电压跳闸
•灯灭 ◎闪约1s	故障—过电流	◎闪约0.3s ◎闪约1s	变频器不在准备状态
◎闪约1s •灯灭	故障—过电压	◎闪约0.3s ◎闪约0.3s	ROM故障—两个LED同时闪亮
◎闪约1s ✿灯亮	故障—电动机过温	◎闪约0.3s ◎闪约0.3s	RAM故障—两个LED交替闪亮

采用SDP进行调速时，可进行以下操作：启动和停止电动机（数字输入DIN1由外接开关控制）；电动机反向（数字输入DIN2外接开关控制）；故障复位（数字输入DIN3外接开关控制）。按图6-9连接模拟输入信号，即可实现对电动机速度的控制。

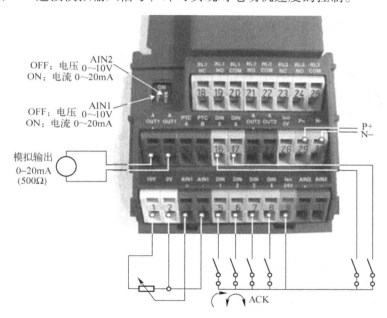

图6-9 SDP进行的基本操作接线图

数字输入1（DIN1）由外接开关控制，实现对电动机的正向运行和停机控制；数字输入2（DIN2）由外接开关控制，实现电动机的反向运行；数字输入3（DIN3）由外接开关控制，实现故障确认（复位控制）；数字输入4、5、6（DIN4、DIN5、DIN6）由外接开关控制，实现固定频率控制；数字输入7、8（经由AIN1、AIN2）由外接开关控制，实现不激活控制。具体数字输入端对应的端子号及参数设置值如表6-9 SDP操作时的默认设置值。

表 6-9　SDP 操作时的默认设置值

数字输入端	端 子 号	参数的设置值	默认的操作
数字输入 1 （DIN1）	5	P0701 = "1"	ON，正向运行
数字输入 2 （DIN2）	6	P0702 = "12"	反向运行
数字输入 3 （DIN3）	7	P0703 = "9"	故障确认
数字输入 4 （DIN4）	8	P0704 = "15"	固定频率
数字输入 5 （DIN5）	16	P0705 = "15"	固定频率
数字输入 6 （DIN6）	17	P0706 = "15"	固定频率
数字输入 7	经由 AIN1	P0707 = "0"	不激活
数字输入 8	经由 AIN2	P0708 = "0"	不激活

6.3.2　变频器 BOP 基本操作面板调试方法

1. 调速前的准备工作

① 拆卸 SDP 状态显示屏。利用基本操作板 BOP 可以更改变频器的各个参数，在使用基本操作板 BOP 之前，应先将状态显示板 SDP 取下，然后安装基本操作板 BOP，具体操作步骤如图 6-10（a）、（b）所示。

第一步，按下卡扣；

第二步，取下状态显示板 SDP。

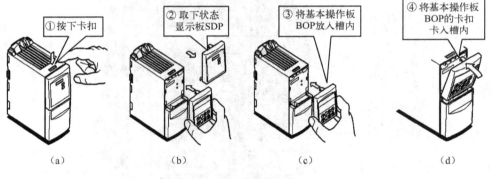

①按下卡扣　②取下状态显示板SDP　③将基本操作板BOP放入槽内　④将基本操作板BOP的卡扣卡入槽内

（a）　　　　（b）　　　　（c）　　　　（d）

图 6-10　安装基本操作板 BOP

② 设置电动机的频率。默认的电源频率设置值（工厂设置值）可以用 SDP 下的 DIP 开关加以改变，具体方法如图 6-11 所示。

③ 安装 BOP 基本操作面板，具体操作步骤如图 6-10（c）、（d）所示。

> DIP开关2：
> ◆ OFF位置：用于欧洲地区默认值（50Hz，kW等。）
> ◆ ON 位置：用于北美地区默认值（60Hz，hp等。）
> DIP开关1：
> 不供用户使用。

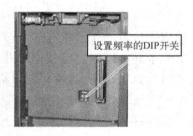

设置频率的DIP开关

图 6-11　DIP 开关的设置

第一步，将基本操作板 BOP 放入槽内。

第二步，将基本操作板 BOP 的卡扣卡入槽内。

④ 了解变频器所带电动机的基本参数，进行快速调速设置时，应先查看电动机铭牌标识上标有的数据，以便于快速调速时输入参数值。图 6-12 所示为用于参数化的电动机参数。

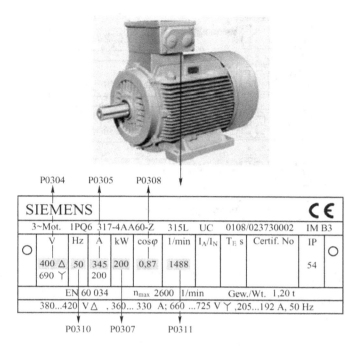

图 6-12　用于参数化的电动机参数

2. 调速步骤

通常一台新的 MM440 变频器一般需要经过如下三个步骤进行调试。

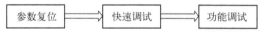

参数复位，是将变频器参数恢复到出厂状态下的默认值的操作。一般在变频器出厂和参数出现混乱的时候进行此操作。

快速调速状态，需要输入电动机相关的参数和一些基本驱动控制参数，使变频器可以良好地驱动电动机运转。一般在复位操作后，或者更换电动机后需要进行此操作。

功能调速，指按照具体生产工艺的需要进行的设置操作。这一部分的调速工作比较复杂，常需要在现场多次调试。

6.3.3　快速调试

快速调试是指通过设置电动机参数和变频器的命令源及频率给定源，从而达到简单快速运转电动机的一种操作模式。

1. 参数复位

在变频器初次调速或者参数出现设置混乱时，需要执行该操作，以便于将变频器的参数值恢复到一个确定的默认状态。具体执行步骤如图 6-13 所示。

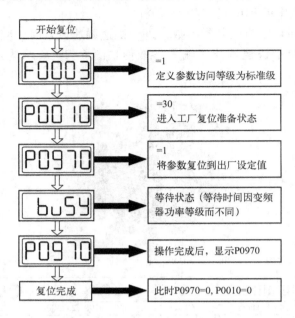

图 6-13　参数复位的步骤

在参数复位完成后，需要进行快速调试的过程。根据电动机和负载具体特性，以及变频器的控制方式等信息进行必要地设置之后，变频器就可以驱动电动机工作了。

2. 快速调试

按照以下步骤设置参数，即可完成快速调试的过程。

（1）用户访问等级的调试

变频器的参数有 3 个用户访问级：即标准访问级、扩展访问级和专家访问级。访问的等级由参数 P0003 来选择，具体参数格式如图 6-14 所示。对于大多数应用对象，只要访问标准级（P0003 = 1）和扩展级（P0003 = 2）参数就足够了。在此选择 2 扩展级，如表 6-10 所示。

P0003	用户访问级				最小值：0	访问级：
	CStat:　　CUT	数据类型：U16	单位：—		默认值：1	1
	参数组：　常用	使能有效：确认	快速调试：否—		最大值：4	

本参数用于定义用户访问参数组的等级。对于大多数简单的应用对象，采用默认设定值（标准模式）就可以满足要求了。

可能的设定值：
0　用户定义的参数表——有关使用方法的详细情况请参看 P0013 的说明。
1　标准级：可以访问最经常使用的一些参数。
2　扩展级：允许扩展访问参数的范围，如变频器的 I/O 功能。
3　专家级：只供专家使用。
4　维修级：只供授权的维修人员使用——具有密码保护。

图 6-14　P0003 的参数格式

（2）开始快速调试

开始快速调试由参数 P0010 来选择，具体参数格式如图 6-15 所示。在此选择 1 快速调试，如表 6-11 所示。

表 6-10　用户访问级的调试

	操 作 步 骤	显示的结果
1	按P访问参数	r0000
2	按▲直到显示出 P0003	P0003
3	按P进入参数数值访问级	in000
4	按P显示当前的设定值	0
5	按▲设定所需要的数值	2
6	按P确认并存储 P0003 参数的数值	P0003

P0010	调试参数过滤器		最小值：0	访问级：
	CStat:　　CT	数据类型：U16	单位：—	默认值：0	
	参数组：　常用	使能有效：确认	快速调试：否—	最大值：30	1

　　本设定值对与调试相关的参数进行过滤，只筛选出那些与特定功能组有关的参数。

　　可能的设定值：

　　　　0　　准备
　　　　1　　快速调试
　　　　2　　变频器
　　　　29　下载
　　　　30　工厂的设定值

图 6-15　P0010 的参数格式

表 6-11　开始快速调试

	操 作 步 骤	显示的结果
7	按▲直到显示出 P0010	P0010
8	按P进入参数数值访问级	in000
9	按P显示当前的设定值	0
10	按▲设定所需要的数值	1
11	按P确认并存储 P0010 参数的数值	P0010

（3）选择工作区的调试

　　选择工作区的调试由参数 P0100 来选择，具体参数格式如图 6-16 所示。在此选择 0 功率单位为 kW，f 的默认值为 50Hz，如表 6-12 所示。

P0100	使用地区：欧洲/北美		最小值：0	访问级：
	CStat:　　C	数据类型：U16	单位：—	默认值：0	
	参数组：　快速调试	使能有效：确认	快速调试：是	最大值：2	1

　　本参数用于确定功率设定值（如铭牌的额定功率—P0307）的单位是[kW]还是[hp]。除了基准频率（P2000）以外，还有铭牌的额定频率默认值（P0310）和最大电动机频率（P1082）的单位也都在这里自动设定。

　　可能的设定值：

　　　　0　　欧洲—[kW]，频率默认值50Hz
　　　　1　　北美—[hp]，频率默认值60Hz
　　　　2　　北美—[kW]，频率默认值60Hz

图 6-16　P0100 的参数格式

表 6-12　开始快速调试

	操 作 步 骤	显示的结果
12	按▲直到显示出 P0100	P0100
13	按P进入参数数值访问级	in000
14	按P显示当前的设定值	0
15	按P确认并存储 P0100 参数的数值	P0100

（4）变频器应用对象的调试

变频器应用对象的调试由参数 P0205 来选择，具体参数格式如图 6-17 所示。在此选择 0 恒转矩，如表 6-13 所示。

P0205	变频器的应用			最小值：0	访问级
CStat: C		数据类型：U16	单位：—	默认值：0	3
参数组：变频器		使能有效：确认	快速调试：是	最大值：1	

选择变频器的应用对象，采用的变频器和电动机型号取决于负载要求的速度范围和转矩。不同的负载具有不同的速度—转矩特性。

可能的设定值：
    0   恒转矩
    1   变转矩

图 6-17　P0205 的参数格式

恒转矩（CT）：如果在整个频率调节范围内驱动的对象都需要恒定的转矩时，就采取 CT 运行方式。许多负载都可以看成是恒转矩负载。典型的恒转矩负载有皮带运输机、空气压缩机和正排量泵类。

变转矩（VT）：如果驱动对象的频率—转矩特性是抛物线型的，如许多风机和水泵，就采用 VT 运行方式。

表 6-13　变频器应用对象的调试

	操 作 步 骤	显示的结果
16	按 ⊙ 直到显示出 P0205	P0205
17	按 Ⓟ 进入参数数值访问级	in000
18	按 Ⓟ 显示当前的设定值	0
19	按 Ⓟ 确认并存储 P0205 参数的数值	P0205

（5）选择电动机类型的调试

电动机类型的调试由参数 P0300 来选择，具体参数格式如图 6-18 所示。在此选择 1 异步电动机，如表 6-14 所示。

P0300[3]	选择电动机的类型			最小值：0	访问级
CStat: C		数据类型：U16	单位：—	默认值：0	2
参数组：电动机		使能有效：确认	快速调试：是	最大值：2	

选择电动机的类型。

可能的设定值：
    1   异步电动机
    2   同步电动机

图 6-18　P0300 的参数格式

表 6-14　电动机类型的调试

	操 作 步 骤	显示的结果
20	按 ⊙ 直到显示出 P0300	P0300
21	按 Ⓟ 进入参数数值访问级	in000
22	按 Ⓟ 显示当前的设定值	0
23	按 ⊙ 设定所需要的数值	1
24	按 Ⓟ 确认并存储 P0300 参数的数值	P0300

调试期间,在选择电动机的类型和优化变频器的特性时需要选定这一参数。实际使用的电动机大多是异步电动机。如果不能确定所用的电动机是否是异步电动机,可按以下的公式进行计算。

电动机的额定频率*60/电动机的额定速度 P0311

其中,电动机的额定频率为参数 P0310 所设置的数值,电动机的额定速度为参数 P0311 所设置的数值。

如果计算结果是一个整数,该电动机应是同步电动机。

(6)电动机额定电压的调试

电动机额定电压的调试由参数 P0304 来选择,具体参数格式如图 6-19 所示。根据电动机铭牌标识上标注的额定电压 400V 设置,电动机铭牌如图 6-20 所示,调试过程如表 6-15 所示。

P0304[3]	电动机的额定电压			最小值:10	访问级:
CStat: C		数据类型:U16	单位:V	默认值:230	1
参数组:电动机		使能有效:确认	快速调试:是	最大值:2000	

铭牌数据:电动机额定电压[V]。下图表明,如何从电动机的铭牌上找到电动机的有关数据。

图 6-19 P0304 的参数格式

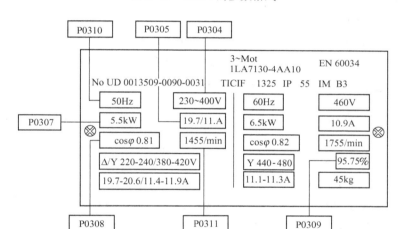

图 6-20 电动机的铭牌标识

表 6-15 电动机额定电压的调试

	操作步骤	显示的结果
25	按〇直到显示出 P0304	`P0304`
26	按〇进入参数数值访问级	`in000`
27	按〇显示当前的设定值	`380`
28	按〇使 3 或 8 闪烁,使用上升/下降键修改参数	`400`
29	按〇确认并存储 P0304 参数的数值	`P0304`

以下电动机的额定参数的调试过程与此相似,因此不再赘述。

(7)电动机额定电流的调试

电动机额定电压的调试由参数 P0305 来选择,具体参数格式如图 6-21 所示。根据图 6-20

所示的电动机铭牌标识上的标注，设置电动机的额定电流为11A。

P0305[3]	电动机额定电流			最小值：0.01	访问级：
	CStat：　　C	数据类型：浮点数	单位：A	默认值：3.25	1
	参数组：　电动机	使能有效：确认	快速调试：是	最大值：10000.00	

图6-21　P0305的参数格式

（8）电动机额定功率的调试

电动机额定功率的调试由参数P0307来选择，具体参数格式如图6-22所示，本参数只能在P0010＝1时才可以修改。根据图6-20所示的电动机铭牌标识上的标注，设置电动机的额定功率为5.5kA。

P0307[3]	电动机额定功率			最小值：0.01	访问级：
	CStat：　　C	数据类型：浮点数	单位：—	默认值：0.75	1
	参数组：　电动机	使能有效：确认	快速调试：是	最大值：2000.00	

铭牌数据：电动机的额定功率[kW/hp]。

图6-22　P0307的参数格式

（9）电动机额定功率因素的调试

电动机额定功率的调试由参数P0308来选择，具体参数格式如图6-23所示。本参数只能在P0010＝1时进行修改，在P0100＝0或2（输入的功率为kW）时才能看到。根据图6-20所示的电动机铭牌标识上的标注，设置电动机的额定功率因素为0.81。

P0308[3]	电动机的额定功率因数			最小值：0.000	访问级：
	CStat：　　C	数据类型：浮点数	单位：—	默认值：0.000	2
	参数组：　电动机	使能有效：确认	快速调试：是	最大值：1.000	

铭牌数据：电动机的额定功率因数[$\cos\varphi$]—见P0304中的附图。

图6-23　P0308的参数格式

（10）电动机额定效率的调试

电动机额定效率的调试由参数P0309来选择，具体参数格式如图6-24所示。本参数只能在P0010＝1时进行修改，在P0100＝1（即以［hp］表示输入的功率）时才能看到。根据图6-20所示的电动机铭牌标识上的标注，设置电动机的额定效率为95.75%。

P0309[3]	电动机的额定效率			最小值：0.0	访问级：
	CStat：　　C	数据类型：浮点数	单位：%	默认值：0.0	2
	参数组：　电动机	使能有效：确认	快速调试：是	最大值：99.9	

铭牌数据：电动机的额定效率，以（%）表示。

图6-24　P0309的参数格式

（11）电动机额定频率的调试

电动机额定频率的调试由参数P0310来选择，具体参数格式如图6-25所示。本参数只能在P0010＝1时进行修改。根据图6-20所示的电动机铭牌标识上的标注，设置电动机的额定频率为50Hz。

（12）电动机额定速度的调试

电动机额定速度的调试由参数P0311来选择，具体参数格式如图6-26所示。本参数只能在P0010＝1时进行修改，参数的设定值为0时，将由变频器内部来计算电动机的额定转速。根据图6-20所示的电动机铭牌标识上的标注，设置电动机的额定转速为1455r/min。

P0310[3]	电动机的额定频率			最小值：12.00	访问级：
	CStat: C	数据类型：浮点数	单位：Hz	默认值：50.00	
	参数组： 电动机	使能有效：确认	快速调试：是	最大值：650.00	1

铭牌数据：电动机的额定频率[Hz]。

图 6-25　P0310 的参数格式

P0311[3]	电动机的额定速度			最小值：0	访问级：
	CStat: C	数据类型：U16	单位：1/min	默认值：0	
	参数组： 电动机	使能有效：确认	快速调试：是	最大值：40000	1

铭牌数据：电动机的额定速度[rpm]。

图 6-26　P0311 的参数格式

（13）电动机磁化电流的调试

电动机额定速度的调试由参数 P0320 来选择，具体参数格式如图 6-27 所示。根据图 6-20 所示的电动机铭牌标识上标注的额定电流 11A 的百分值设置，通常取默认值。

P0320[3]	电动机磁化电流			最小值：0.0	访问级：
	CStat: CT	数据类型：浮点数	单位：%	默认值：0.0	
	参数组： 电动机	使能有效：立即	快速调试：是	最大值：99.0	3

本参数以P0305（电动机额定电流）的[%]值的形式确定电动机的磁化电流。

图 6-27　P0320 的参数格式

（14）电动机冷却方式的调试

电动机额定速度的调试由参数 P0335 来选择，具体参数格式如图 6-28 所示。在此选择 0 自冷，如表 6-16 所示。

P0335[3]	电动机的冷却			最小值：0	访问级：
	CStat: CT	数据类型：U16	单位：—	默认值：0	
	参数组： 电动机	使能有效：确认	快速调试：是	最大值：3	2

选择电动机采用的冷却系统。
可能的设定值：
0　自冷：采用安装在电动机轴上的风机进行冷却
1　强制冷却：采用单独供电的冷却风机进行冷却
2　自冷和内置冷却风机
3　强制冷却和内置冷却风机

图 6-28　P0335 的参数格式

表 6-16　电动机冷却方式的调试

	操作步骤	显示的结果
30	按 ▲ 直到显示出 P0335	P0335
31	按 P 进入参数数值访问级	in000
32	按 P 显示当前的设定值	1
33	按 ▲ 设定所需要的数值	0
34	按 P 确认并存储 P0335 参数的数值	P0335

（15）电动机过载因子的调试

电动机过载因子的调试由参数 P0640 来选择，具体参数格式如图 6-29 所示。根据电动机铭牌标识上标注的额定电流值 11A 设置。

P0640[3]	电动机过载因子[%]			最小值: 10.0	访问级:
CStat: CUT		数据类型:浮点数	单位: %	默认值: 150.0	2
参数组: 电动机		使能有效:立即	快速调试:是	最大值: 400.0	

以电动机额定电流（P0305）的[%]值表示的电动机过载电流限值。

图 6-29　P0640 参数格式

（16）命令源的选择调试

命令源的选择调试由参数 P0700 来选择，具体参数格式如图 6-30 所示。在此选择 1 基本操作面板 BOP 设置，如表 6-17 所示。

P0700[3]	选择命令源			最小值: 0	访问级:
CStat: CT		数据类型:U16	单位: —	默认值: 2	1
参数组: 命令		使能有效:确认	快速调试:是	最大值: 6	

选择数字的命令信号源。
可能的设定值:
    0　工厂的默认设置
    1　BOP（键盘）设置
    2　由端子排输入
    4　BOP链路的USS设置
    5　COM链路的USS设置
    6　COM链路的通信板（CB）设置

图 6-30　P0700 的参数格式

表 6-17　命令源选择的调试

	操 作 步 骤	显示的结果
35	按 ⊙ 直到显示出 P0700	P0700
36	按 ℗ 进入参数数值访问级	n000
37	按 ⊙ 显示当前的设定值	0
38	按 ⊙ 设定所需要的数值	1
39	按 ℗ 确认并存储 P0700 参数的数值	P0700

（17）设置频率给定源的调试

设置频率给定源的调试由参数 P1000 来选择，具体参数格式如图 6-31 所示。在此选择 1 电动电位计设定，如表 6-18 所示。

P1000[3]	频率设定值的选择			最小值: 0	访问级:
CStat: CT		数据类型:U16	单位: —	默认值: 2	1
参数组: 设定值		使能有效:确认	快速调试:是	最大值: 77	

设定值:
    1　电动电位计设定
    2　模拟输入
    3　固定频率设定
    4　通过BOP链路的USS设定
    5　通过COM链路的USS设定
    通过COM链路的通信板（CB）设定模拟输入2

图 6-31　P1000 的参数格式

（18）限制电动机运行最小频率的调试

限制电动机运行最小频率的调试由参数 P1080 来选择，具体参数格式如图 6-32 所示。

根据工作需求在此设定10Hz，如表6-19所示。

表6-18 设置频率给定源的调试

操作步骤		显示的结果
40	按⚪直到显示出 P1000	P1000
41	按🅿进入参数数值访问级	in000
42	按⚪显示当前的设定值	2
43	按⚪设定所需要的数值	1
44	按🅿确认并存储 P1000 参数的数值	P1000

P1080[3]	最低频率			最小值：0.00	访问级：
CStat：	CT	数据类型：浮点数	单位：Hz	默认值：0.00	1
参数组：	设定值	使能有效：立即	快速调试：是	最大值：650.00	

本参数设定最低的电动机频率 [Hz]。电动机运行在最低频率时，将不顾频率的设定值是多少。

图6-32 P1080 的参数格式

表6-19 限制电动机运行最小频率的调试

操作步骤		显示的结果
45	按⚪直到显示出 P1080	P1080
46	按🅿进入参数数值访问级	in000
47	按⚪显示当前的设定值	0
48	按⚪设定所需要的数值	10
49	按🅿确认并存储 P1080 参数的数值	P1080

（19）限制电动机运行最大频率的调试

限制电动机运行最大频率的调试由参数 P1082 来选择，具体参数格式如图6-33 所示。根据工作需求在此设定70Hz，具体调试方法可参照表6-19 限制电动机运行最小频率的调试方法。

P1082[3]	最高频率			最小值：0.00	访问级：
CStat：	CT	数据类型：浮点数	单位：Hz	默认值：50.00	1
参数组：	设定值	使能有效：确认	快速调试：是	最大值：650.00	

本参数设定最高的电动机频率[Hz]。电动机运行在最高频率时，将不顾频率的设定值是多少。

图6-33 P1082 的参数格式

（20）斜坡上升时间的调试

斜坡上升时间是指电动机从静止状态加速到最大频率所需的时间。斜坡上升时间的调试由参数 P1120 来选择，具体参数格式如图6-34 所示。根据工作需求在此设定10s，如表6-20 所示。

P1120[3]	斜坡上升时间			最小值：0.00	访问级：
CStat：	CUT	数据类型：浮点数	单位：s	默认值：10.00	1
参数组：	设定值	使能有效：确认	快速调试：是	最大值：650.00	

斜坡函数曲线不带平滑园弧时电动机从静止状态加速到最高频率（P1082）所有的时间。

图6-34 P1120 的参数格式

表 6-20　斜坡上升时间的调试

	操 作 步 骤	显示的结果
50	按◉直到显示出 P1120	P1120
51	按Ⓟ进入参数数值访问级	in000
52	按Ⓟ显示当前的设定值	0
53	按◉设定所需要的数值	10
54	按◉确认并存储 P1120 参数的数值	P1120

（21）斜坡下降时间的调试

斜坡下降时间是指电动机从最大频率减速到静止状态所需的时间。斜坡下降时间的调试由参数 P1121 来选择，具体参数格式如图 6-35 所示。根据工作需求在此设定 10s，具体调试方法可参照表 6-20 斜坡下降时间的调试方法。

（22）OFF3 斜坡下降时间的调试

OFF3 斜坡下降时间的调试由参数 P1135 来选择，具体参数格式如图 6-35 所示。根据工作需求在此设定 60s，如表 6-21 所示。

P1135[3]	OFF3的斜坡下降时间			最小值：0.00	访问级：
CStat:	CUT	数据类型：浮点数	单位：s	默认值：5.00	2
参数组：	设定值	使能有效：确认	快速调试：是	最大值：650.00	

发出OFF3命令后，电动机从最高频率减速到静止停车所需的斜坡下降时间。

图 6-35　P1135 的参数格式

表 6-21　OFF3 斜坡下降时间的调试

	操 作 步 骤	显示的结果
55	按◉直到显示出 P1135	P1135
56	按Ⓟ进入参数数值访问级	in000
57	按Ⓟ显示当前的设定值	0
58	按◉设定所需要的数值	60
59	按◉确认并存储 P1135 参数的数值	P1135

（23）控制方式选择的调试

控制方式选择的调试由参数 P1300 来选择，具体参数格式如图 6-36 所示。在此选择 0 线性特性的 V/f 控制，如表 6-22 所示。

表 6-22　控制方式选择的调试

	操 作 步 骤	显示的结果
60	按◉直到显示出 P1300	P1300
61	按Ⓟ进入参数数值访问级	in000
62	按Ⓟ显示当前的设定值	2
63	按◉设定所需要的数值	0
64	按◉确认并存储 P1300 参数的数值	P1300

P1300[3]	变频器的控制方式			最小值：0	访问级：
CStat:	CT	数据类型：U16	单位：—	默认值：0	
参数组：	控制	使能有效：确认	快速调试：是	最大值：23	2

可能的设定值：

0	线性特性的 V/f 控制。
1	带磁通电流控制（FCC）的 V/f 控制
2	带抛物线特性（平方特性）的 V/f 控制。
3	特性曲线可编程的 V/f 控制。
4	ECO（节能运行）方式的 V/f 控制
5	用于纺织机械的 V/f 控制
6	用于纺织机械的带FCC功能的 V/f 控制
19	具有独立电压设定值的 V/f 控制
20	无传感器的矢量控制
21	带有传感器的矢量控制
22	无传感器的矢量—转矩控制
23	带有传感器的矢量—转矩控制

图 6-36　P1300 的参数格式

（24）结束快速调试

结束快速调试由参数 P3900 来选择，具体参数格式如图 6-37 所示。在此选择 1 结束快速调试，如表 6-23 所示。结束快速调速后，变频器进入"运行准备就绪状态"。

P3900	结束快速调试			最小值：0	访问级：
CStat:	C	数据类型：U16	单位：—	默认值：0	
参数组：	快速调试	使能有效：立即	快速调试：是	最大值：3	1

完成优化电动机的运行所需的计算。

可能的设定值：

0	不用快速调试
1	结束快速调试，并按工厂设置使参数复位
2	结束快速调试，只进行电动机数据的计算。
3	结束快速调试，只进行电动机数据的计算。

图 6-37　P3900 的参数格式

表 6-23　结束快速调试

	操 作 步 骤	显示的结果
65	按 ● 直到显示出 P3900	P3900
66	按 ● 进入参数数值访问级	n000
67	按 ● 显示当前的设定值	0
68	按 ● 设定所需要的数值	1
69	按 ● 确认并存储 P3900 参数的数值	P3900
70	按 ● 直到显示出 r0000	r0000
71	按 ● 返回标准的变频器显示（有用户定义）	

3. 功能调试

（1）开关量输入功能

MM440 包含了 6 个数字开关量的输入端子，每个端子都有一个对应的参数用来设定该端子的功能，具体如表 6-24 所示。

（2）开关量输出功能

可以将变频器当期的状态以开关量的形式用继电器输出，方便用户通过输出继电器的状态来监控变频器的内部状态量。而且每个输出逻辑是可以进行取反操作的，即通过操作 P0748 的每一位更改逻辑。具体说明如表 6-25 所示。

表 6-24　开关量输入功能对应参数及功能说明

数字输入	端子编号	参数编号	出厂设置	功能说明
DIN1	5	P0701	1	=1 接通正转/断开停车
DIN2	6	P0702	12	=2 接通反转/断开停车
DIN3	7	P0703	9	=3 断开按惯性自由停车
DIN4	8	P0704	15	=4 断开按第二降速时间快速停车
DIN5	16	P0705	15	=9 故障复位
DIN6	17	P0706	15	=10 正向点动
	9	公共端		=11 反向点动

说明:
1. 开关量的输入逻辑可以通过 P0725 改变
2. 开关量输入状态由参数 r0722 监控,开关闭合时相应笔划点亮

=12 反转(与正转命令配合使用)
=13 电动电位计升速
=14 电动电位计降速
=15 固定频率直接选择
=16 固定频率选择 + ON 命令
=17 固定频率编码选择 + ON 命令
=25 使能直流制动
=29 外部故障信号触发跳闸
=33 禁止附加频率设定值
=99 使能 BICO 参数化

表 6-25　开关量输出功能对应参数及功能解释

继电器编号	对应参数	默认值	功能解释	输出状态
继电器 1	P0731	=52.3	故障监控	继电器失电
继电器 2	P0732	=52.7	报警监控	继电器得电
继电器 3	P0733	=52.2	变频器运行中	继电器得电

（3）模拟量输入功能

MM440 变频器有两路模拟量输入,相关参数以 in000 和 in001 区分,可以通过 P0756 分别设置每个通道属性。参数功能说明如表 6-26 所示。

表 6-26　模拟量输入功能参数说明

参数号码	设定值	参数功能	说明
P0756	=0	单极性电压输入（0 至 +10V）	"带监控"是指模拟通道具有监控功能,当断线或信号超限,报故障 F0080
	=1	带监控的单极性电压输入（0 至 +10V）	
	=2	单极性电流输入（0 至 20mA）	
	=3	带监控的单极性电流输入（0 至 20mA）	
	=4	双极性电压输入（-10V 至 +10V）	

以模拟量通道 1 电压信号 2～10V 作为频率给定,需要设置的参数如表 6-27 所示。

表 6-27　电压信号作为频率给定的参数设置

参数号码	设定值	参数功能	
P0757 [0]	2	电压 2V 对应 0% 的标度,即 0Hz	
P0758 [0]	0%		
P0759 [0]	10	电压 10V 对应 100% 的标度,即 50Hz	
P0760 [0]	100%		
P0761 [0]	2	死区宽度	

以模拟量通道2电流信号4～20mA作为频率给定，需要设置的参数如表6-28所示。

表6-28　电流信号作为频率给定的参数设置

参数号码	设 定 值	参数功能	
P0757 [0]	4	电压2V对应0%的标度，即0Hz	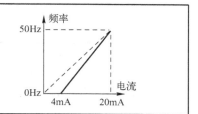
P0758 [0]	0%		
P0759 [0]	20	电压10V对应100%的标度，即50Hz	
P0760 [0]	100%		
P0761 [0]	4	死区宽度	

（4）模拟量输出功能

MM440变频器有两路模拟量输出，相关参数以in000和in001区分，出厂值为0～20mA输出，可以标定为4～20mA输出（P0778 =4），如果需要电压信号可以在相应端子并联一支500Ω电阻。需要输出的物理量可以通过P0771设置。参数功能说明如表6-29所示。

表6-29　模拟量输出功能参数说明

参数号码	设 定 值	参数功能	说　　明
P0771	=21	实际频率	模拟输出信号与所设置的物理量呈线性关系
	=25	输出电压	
	=26	直流电压	
	=27	输出电流	

输出信号标定为0～50Hz输出4～20mA。参数功能说明如表6-30所示。

表6-30　参数功能说明

参数号码	设 定 值	参数功能	
P0777	0%	0Hz对应输出电流4mA	
P0778	4		
P0779	100%	50Hz对应输出电流20mA	
P0780	20		

（5）加/减速时间

加速、减速时间也称斜坡时间，分别指电动机从静止状态加速到最高频率所需要时间和从最高频率减速到静止状态所需要的时间。参数功能说明如表6-31所示。

表6-31　加/减速时间参数功能

参数号码	参数功能	
P1120	加速时间	
P1121	减速时间	

注意：P1120设置过小可能导致变频器过电流。

　　　　P1121设置过小可能导致变频器过电压。

（6）频率限制

根据实际情况可以设置电动机的运行频率区间和所要避开的一些共振点。参数功能说明如表6-32所示。

表6-32　频率限制参数功能

参数编号	功能解释	说　明
P1080	最低频率	这两个参数用于限制电动机的最低和最高运行频率，不受频率给定源的影响
P1082	最高频率	
P1091 - P1094	跳跃频率，避开机械共振点	MM440变频器可以设置四段跳跃频率，通过P1101设置频带宽度

（7）多段速功能

多段速功能，也称作固定频率，就是设置参数P1000 = 3的条件下，用开关量端子选择固定频率的组合，实现电动机多段速度运行。可以通过如下3种方法实现。

① 直接选择（P0701 - P0706 = 15）。

在这种操作方式下，一个数字输入选择一个固定频率。参数功能如表6-33所示。

表6-33　参数功能说明

端子编号	对应参数	对应频率设置	说　明
5	P0701	P1001	
6	P0702	P1002	
7	P0703	P1003	① 频率给定源P1000必须设置为3
8	P0704	P1004	② 当多个选择同时激活时，选定的频率是它们的总和
16	P0705	P1005	
17	P0706	P1006	

② 直接选择 + ON 命令（P0701 - P0706 = 16）。

在这种操作方式下，数字量输入选择过渡频率如表6-33所示，有具备启动功能。

③ 二进制编码选择 + ON 命令（P0701 - P0704 = 17）。

使用这种方法最多可以选择15个固定频率。各个固定频率的数值可以根据表6-34选择。

表6-34　15段速设置

频率设定	端子8	端子7	端子6	端子5	频率设定	端子8	端子7	端子6	端子5
P1001	0	0	0	1	P1009	1	0	0	1
P1002	0	0	1	0	P1010	1	0	1	0
P1003	0	0	1	1	P1011	1	0	1	1
P1004	0	1	0	0	P1012	1	1	0	0
P1005	0	1	0	1	P1013	1	1	0	1
P1006	0	1	1	0	P1014	1	1	1	0
P1007	0	1	1	1	P1015	1	1	1	1
P1008	1	0	0	0					

（8）停车和制动

停车是指将电动机的转速降到零速的操作，MM440 变频器支持的停车方式包括 3 种，如表 6-35 所示。

表 6-35 停车功能参数说明

停车方式	功能解释	应用场合
OFF1	变频器按照 P1121 所设定的斜坡下降时间由全速降为零速	一般场合
OFF2	变频器封锁脉冲输出，电动机惯性滑行状态，直至速度为零速	设备需要急停、配合机械抱闸
OFF3	变频器按照 P1135 所设定的斜坡下降时间由全速降为零速	设备需要快速停车

为了缩短电动机减速时间，MM440 变频器支持以下两种制动方式，可以实现将电动机快速制动，如表 6-36 所示。

表 6-36 制动功能参数说明

制动方式	功能解释	相关参数
直流制动	变频器向电动机定子注入直流	P1230 = 1 使能直流制动 根据实际情况设置 { P1232 直流制动电流 P1233 直流制动持续时间 P1234 直流制动的起始频率
能耗制动	变频器通过制动单元和制动电阻，将电动机回馈的能量以热能的形式消耗掉	P1237 = 1-5 能耗制动的工作停止周期 P1240 = 0 禁止直流电压控制器，从而防止斜坡下降时间的自动延长

6.4 MM440 变频器的基本操作

6.4.1 MM440 变频器的面板操作与运行

面板运行操作就是利用变频器的操作面板直接来控制电动机启动/停止与运行频率的方法。

操作内容：通过变频器操作面板对电动机的启动、正/反转、点动、调速控制。

操作步骤如下。

1. 接线

按图 6-38 接线，检查无误后，合上电源开关 QS。

2. 参数设置

① 恢复变频器出厂默认值。设定 P0010 = 30 和 P0970 = 1，按下◉键，开始复位，复位过程大约需要 3min，这样就可以保证变频器的参数恢复到出厂默认值。

② 设置电动机参数。为了使电动机与变频器相匹配，需要设置电动机参数，如表 6-37 所示。电动机参数设定完成后，设

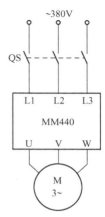

图 6-38 变频器接线图

147

P0010 = 0，变频器当前处于准备状态，可正常运行。

表 6-37　电动机参数设置

参 数 号	出 厂 值	设 置 值	说　　明
P0003	1	1	设定用户访问级为标准级
P0010	0	1	快速调速
P0100	0	0	功率用 kW 表示，频率为 50Hz
P0304	230	380	电动机额定电压（V）
P0305	3.25	1.05	电动机额定电流（A）
P0307	0.75	0.37	电动机额定功率（kW）
P0310	50	50	电动机额定频率（Hz）
P0311	0	1400	电动机额定转速（r/min）

③ 设置面板基本操作控制参数，如表 6-38 所示。

表 6-38　面板基本操作控制参数

参 数 号	出 厂 值	设 置 值	说　　明
P0003	1	1	设定用户访问级为标准级
P0010	0	0	正确地进行运行命令的初始化
P0004	0	7	命令和数字 I/O
P0700	2	1	由键盘输入设定值（选择命令源）
P0003	1	1	设定用户访问级为标准级
P0004	0	10	设定值通道和斜坡函数发生器
P1000	2	1	由键盘（电动电位计）输入设定值
P1080	0	0	电动机运行的最低频率（Hz）
P1082	50	50	电动机运行的最高频率（Hz）
P0003	1	2	设定用户访问级为扩展级
P0004	0	10	设定值通道和斜坡函数发生器
P1040	5	20	设定键盘控制的频率值（Hz）
P1058	5	10	正向点动频率（Hz）
P1059	5	10	反向点动频率（Hz）
P1060	10	5	点动斜坡上升时间（s）
P1061	10	5	点动斜坡下降时间（s）

3. 变频器运行操作

① 变频器启动：在变频器的操作面板上按运行键 ⬤，变频器将驱动电动机升速，并运行在由 P1040 所设定的 20Hz 频率对应的 560r/min 的转速上。

② 正/反转及加/减速运行：电动机的转速（运行频率）及旋转方向可直接通过按操作面板上的增加/减少键（⬤/⬤）来改变。

③ 点动运行：按下变频器操作面板上的点动键 ⬤，则变频器驱动电动机升速，并运行在由 P1058 所设置的正向点动 10Hz 频率值上。当松开变频器操作面板上的点动键，则变频

器将驱动电动机减速至零。这时，如果按下变频器操作面板上的换向键 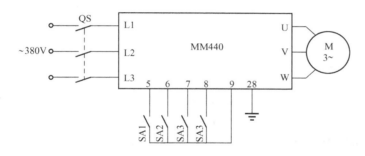，再重复上述点动运行操作，电动机可在变频器的驱动下运行在由 P1059 所设置的反向点动 10Hz 频率值上，进行反向点动运行。

④ 电动机停车：在变频器的操作面板上按下停止键，则变频器将驱动电动机减速至零。

6.4.2 MM440 变频器的外部操作与运行

外部运行操作就是利用连接在变频器控制端子上的外部接线来控制电动机启动/停止与运行频率的方法。

1. MM440 变频器的数字信号控制操作与运行

操作内容：用开关 SA1 和 SA2 控制 MM440 变频器，实现电动机的正转和反转功能。其中，变频器端口 5（DIN1）设为正转控制，当 SA1 接通时电动机正转运行；端口 6（DIN2）设为反转控制，当 SA2 接通时电动机反转运行。

用开关 SA3 和 SA4 控制 MM440 变频器，实现电动机的正向点动和反向点动功能。其中，变频器端口 7（DIN3）设为正向点动，当 SA3 接通时电动机正向点动运行；变频器端口 8（DIN4）设为反向点动，当 SA4 接通时电动机反向点动运行。

操作步骤如下。

（1）接线

按图 6-39 接线，检查无误后，合上电源开关 QS。

图 6-39　MM440 变频器外部运行接线图

（2）参数设置

① 恢复变频器出厂默认值。设定 P0010 = 30 和 P0970 = 1，按下键，开始复位，复位过程大约需要 3min，这样就可以保证变频器的参数恢复到出厂默认值。

② 设置电动机参数。为了使电动机与变频器相匹配，需要设置电动机参数，如表 6-37 所示。电动机参数设定完成后，设 P0010 = 0，变频器当前处于准备状态，可正常运行。

③ 设置数字信号操作控制参数，如表 6-39 所示。

表 6-39　数字信号操作控制参数

参 数 号	出 厂 值	设 置 值	说　　　明
P0003	1	1	设定用户访问级为标准级
P0004	0	7	命令和数字 I/O

参 数 号	出 厂 值	设 置 值	说　　明
P0700	2	2	选择命令源"由端子排输入"
P0003	1	2	设定用户访问级为扩展级
P0004	0	7	命令和数字 I/O
P0701	1	1	ON 正转接通，OFF 停止
P0702	1	2	ON 反转接通，OFF 停止
P0703	9	10	正向点动
P0704	15	11	反向点动
P0003	1	1	设定用户访问级为标准级
P0004	0	10	设定值通道和斜坡函数发生器
P1000	2	1	由键盘（电动电位计）输入设定值
P1080	0	0	电动机运行的最低频率（Hz）
P1082	50	50	电动机运行的最高频率（Hz）
P1120	10	5	斜坡上升时间（s）
P1121	10	5	斜坡下降时间（s）
P0003	1	2	设定用户访问级为扩展级
P0004	0	10	设定值通道和斜坡函数发生器
P1040	5	20	设定键盘控制的频率值（Hz）
P1058	5	10	正向点动频率（Hz）
P1059	5	10	方向点动频率（Hz）
P1060	10	5	点动斜坡上升时间（s）
P1061	10	5	点动斜坡下降时间（s）

（3）变频器运行操作

① 正向运行。

当按下带锁按钮"SA1"时，变频器数字端口"5"为"ON"，电动机按 P1120 所设置的 5s 斜坡上升时间正向启动运行，经 5s 后稳定运行在 560r/min 的转速上，此转速与 P1040 所设置的 20Hz 对应。放开按钮"SA1"，变频器数字端口"5"为"OFF"，电动机按 P1121 所设置的 5s 斜坡下降时间停止运行。

② 反向运行。

当按下带锁按钮"SA2"时，变频器数字端口"6"为"ON"，电动机按 P1120 所设置的 5s 斜坡上升时间正向启动运行，经 5s 后稳定运行在 560r/min 的转速上，此转速与 P1040 所设置的 20Hz 对应。放开按钮"SA2"，变频器数字端口"6"为"OFF"，电动机按 P1121 所设置的 5s 斜坡下降时间停止运行。

③ 电动机的点动运行。

正向点动运行：当按下带锁按钮"SA3"时，变频器数字端口"7"为"ON"，电动机按 P1060 所设置的 5s 点动斜坡上升时间正向启动运行，经 5s 后稳定运行在 280r/min 的转速上，此转速与 P1058 所设置的 10Hz 对应。放开按钮"SA3"，变频器数字端口"7"为"OFF"，电动机按 P1061 所设置的 5s 点动斜坡下降时间停止运行。

反向点动运行：当按下带锁按钮"SA4"时，变频器数字端口"8"为"ON"，电动机按 P1060 所设置的 5s 点动斜坡上升时间正向启动运行，经 5s 后稳定运行在 280r/min 的转速上，此转速与 P1059 所设置的 10Hz 对应。放开按钮"SA4"，变频器数字端口"8"为"OFF"，电动机按 P1061 所设置的 5s 点动斜坡下降时间停止运行。

④ 电动机的速度调节。

分别更改 P1040 和 P1058 、P1059 的值，按上步操作过程，就可以改变电动机正常运行速度和正、反向点动运行速度。

2. MM440 变频器的模拟信号控制操作与运行

操作内容：用开关"SA1"控制实现电动机正转起停控制，开关"SA2"控制实现电动机反转起停控制，通过调节模拟信号输入端电位器控制电动机转速的大小。

操作步骤如下。

（1）按要求接线

变频器模拟信号控制接线如图 6-40 所示，检查电路正确无误后，合上主电源开关"QS"。

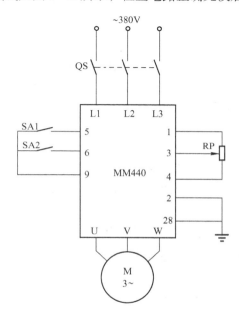

图 6-40　MM440 变频器外接模拟信号的接线图

（2）参数设置

① 恢复变频器出厂默认值。设定 P0010 = 30 和 P0970 = 1，按下 P 键，开始复位，复位过程大约需要 3min，这样就可以保证变频器的参数恢复到出厂默认值。

② 设置电动机参数，电动机参数设置见表 6-37。电动机参数设置完成后，设 P0010 = 0，变频器当前处于准备状态，可正常运行。

③ 设置模拟信号操作控制参数，模拟信号操作控制参数设置见表 6-40。

表 6-40　模拟信号操作控制参数设置表

参　数　号	出　厂　值	设　置　值	说　　　明
P0003	1	1	设定用户访问级为标准级
P0004	0	7	命令和数字 I/O
P0700	2	2	选择命令源"由端子排输入"

参 数 号	出 厂 值	设 置 值	说 明
P0003	1	2	设定用户访问级为扩展级
P0004	0	7	命令和数字 I/O
P0701	1	1	ON 正转接通，OFF 停止
P0702	1	2	ON 反转接通，OFF 停止
P0003	1	1	设定用户访问级为标准级
P0004	0	10	设定值通道和斜坡函数发生器
P1000	2	2	频率设定值选择为模拟输入
P1080	0	0	电动机运行的最低频率（Hz）
P1082	50	50	电动机运行的最高频率（Hz）

（3）变频器运行操作

① 电动机正转与调速。

按下电动机正转开关"SA1"，数字输入端口 DIN1 为"ON"，电动机正转运行，转速由外接电位器"RP"来控制，模拟电压信号在 0～10V 之间变化，对应变频器的频率在 0～50Hz 之间变化，对应电动机的转速在 0～1400r/min 之间变化。当松开开关"SA1"时，电动机停止运行。

② 电动机反转与调速。

按下电动机正转开关"SA2"，数字输入端口 DIN2 为"ON"，电动机反转运行，与电动机正转相同，反转转速的大小仍由外接电位器来调节。当松开开关"SA2"时，电动机停止运行。

3. MM440 变频器的多段速控制操作与运行

实现变频器三段固定频率控制，连接线路，设置功能参数，操作三段固定速度运行。电路如图 6-41 所示。

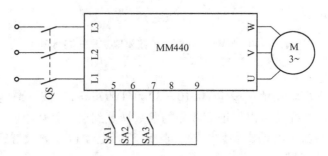

图 6-41　MM440 变频器三段速控制接线图

操作步骤如下。

（1）接线

按图 6-41 所示电路图接线，检查电路正确无误后，合上电源开关 QS。

（2）参数设置

① 恢复变频器出厂默认值。设定 P0010 = 30 和 P0970 = 1，按下 ⏺ 键，开始复位，复位

过程大约需要 3min，这样就可以保证变频器的参数恢复到出厂默认值。

② 设置电动机参数。为了使电动机与变频器相匹配，需要设置电动机参数，如表 6-41 所示。电动机参数设定完成后，设 P0010 = 0，变频器当前处于准备状态，可正常运行。

③ 设置变频三段频率控制参数，如表 6-41 所示。

表 6-41　变频器三段频率控制参数设置

参 数 号	出 厂 值	设 置 值	说　　明
P0003	1	1	设定用户访问级为标准级
P0004	0	7	命令和数字 I/O
P0700	2	2	选择命令源"由端子排输入"
P0003	1	2	设定用户访问级为扩展级
P0004	0	7	命令和数字 I/O
P0701	1	17	选择固定频率
P0702	1	17	选择固定频率
P0703	1	1	ON 正转接通，OFF 停止
P0003	1	1	设定用户访问级为标准级
P0004	0	10	设定值通道和斜坡函数发生器
P1000	2	3	选择固定频率设定值
P0003	1	2	设定用户访问级为扩展级
P0004	0	10	设定值通道和斜坡函数发生器
P1001	0	20	选择固定频率 1（Hz）
P1002	5	30	选择固定频率 2（Hz）
P1003	10	50	选择固定频率 3（Hz）

（3）变频器运行操作

当闭合开关 SA3 时，数字输入端口 7 为 ON，允许电动机运行。

① 第 1 段速控制。当闭合开关 SA1，开关 SA2 断开时，变频器数字输入端口 5 为 ON，输入端口 6 为 OFF，变频器工作在由参数 P1001 设定的频率为 20Hz 的第 1 段速上。

② 第 2 段速控制。当闭合开关 SA2，开关 SA1 断开时，变频器数字输入端口 5 为 OFF，输入端口 6 为 ON，变频器工作在由参数 P1002 设定的频率为 30Hz 的第 2 段速上。

③ 第 3 段速控制。当开关 SA1 和开关 SA2 都闭合时，变频器数字输入端口 5 和输入端口 6 为 ON，变频器工作在由参数 P1003 设定的频率为 50Hz 的第 3 段速上。

④ 电动机停车。当开关 SA1、SA2 都断开时，变频器数字输入端口 5、6 均为 OFF，电动机停止运行，或者在电动机正常运行的任何频段，将 SA3 断开使数字输入端口 7 为 OFF，电动机也能停止运行。

6.5　故障诊断

MM440 变频器非正常运行时，会发生故障或者报警。当发生故障时，变频器停止运行，面板显示以 F 字母开头相应故障代码，需要故障复位才能重新运行。当发生报警时，变频器继续运行，面板显示以 A 字母开头相应报警代码，报警消除后代码自然消除。部分故障与报警信息如附录 B。

为了使故障码复位，可以采用以下 3 种方法中的一种。

① 重新给变频器加上电源电压。

② 按下 BOP 或 AOP 上的⊙键。

③ 通过数字输入 3（默认设置）。

本 章 小 结

本章主要介绍了西门子 MM440 系列变频器的结构与外形；主回路端子与控制端子功能；操作面板的组成和功能；不同运行模式下的操作与运行及相关参数设置；变频器的常用功能；变频器的故障信息等。

第7章　变频调速系统的设计、安装与维护

【知识目标】

1. 掌握变频调速系统主电路的结构及各部分的作用。
2. 掌握变频器控制方式的选择方法。
3. 掌握变频器选择时容量的计算方法。
4. 掌握变频调速系统外围元器件的选择方法。
5. 掌握变频调速系统典型控制电路的分析方法。
6. 掌握变频器抑制各种干扰的措施。
7. 掌握变频器安装过程中的各种要求及调试方法。

【能力目标】

1. 能够根据不同需要选择变频器。
2. 能够根据不同需要选择变频调速系统的外围元器件。
3. 会设计变频调速系统的控制电路。
4. 能够安装与调试变频调速系统。

7.1　变频调速系统主电路的结构

变频器调速系统的主电路是指系统中实现主要控制任务的电气回路，如图 7-1 所示，主要包括断路器、交流接触器、交流电抗器、电动机、变频器及其周边设备等。由于变频器自身具有比较完善的过电流和过载保护功能，且断路器也具有过流保护功能，所以变频调速系统的进线侧可以不必接熔断器，并且在变频器只拖动一台电动机的情况下，也可不必接热继电器。各元器件在电路中的作用如下。

1. 断路器

断路器又称空气开关，主要用于控制变频调速系统电源的开、闭。主要有以下两个作用。

① 隔离作用。当变频器在检修或因某种因素长时间不用时，切断电源，起到将变频器与电源隔离的作用。

② 保护作用。当变频调速系统的输入侧出现过流或短路等故障时自动切断电源，起到保护的作用。

2. 交流接触器

交流接触器的主要作用有两个：一是可以实现远距离接通和断开三相交流电源，但不可直接用于控制变频器的启动和停止，否则会大大降低变频器的使用寿命；二是当变频器因故障跳闸时，可使变频器及时脱离电源。对于电网停电后的复电，可以防止自动投入，以保护

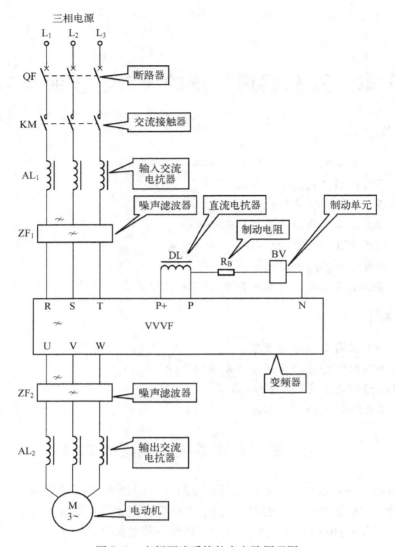

图 7-1 变频调速系统的主电路原理图

设备的安全及人身安全。

3. 输入交流电抗器

输入电抗器的主要作用是用来削弱高次谐波电流，改善功率因数（可提高至 0.85 以上），提高变频器的电能利用效率；抑制变频器输入侧谐波电流对其他设备的影响。交流电抗器不是变频器的必用外围设备，一般来说，应该选用交流电抗器的场合有以下几种。

① 当电源变压器的容量很大（超过 500kVA），达到变频器容量的 10 倍以上；

② 同一电网内接有较大的晶闸管变流器，或在电源端带有开关控制调整功率因数的补偿电容器；

③ 三相供电电源不平衡超过 3%；

④ 变频器的功率大于 30kW；

⑤ 变频器的输入电流含有较多的高次谐波。

4. 直流电抗器

直流电抗器的作用是用来削弱电源刚接通瞬间电容充电形成的浪涌电流，同时还可提高功率因数。与交流电抗器同时使用，则可将变频调速系统的功率因数提高至 0.95 以上。直流电抗器也不是变频器的必用外围设备，一般来说，应该选用直流电抗器的场合有以下几种。

① 当给变频器供电的同一电源上有开关、无功补偿电容器屏或带有晶闸管调压负载时；

② 当变频器供电三相电源的不平衡度≥3%时；

③ 当要求变频器输入端的功率因数提高到 0.93 时；

④ 当变频器接入到大容量供电变压器上时（大于 550kW 以上），需要配置直流电抗器。

5. 输出交流电抗器

输出交流电抗器的作用主要有三个方面。

① 减小输出侧的电压上升率，从而延长电动机的使用寿命；

② 改善变频器输出电流的波形；

③ 抑制由于输电线路过长（超过 20m），线路之间的分布电容和分布电感而引起的电动机振动。

6. 噪声滤波器

噪声滤波器分为输入噪声滤波器和输出噪声滤波器。

输入噪声滤波器连接在电源与变频器之间，其作用是抑制变频器产生的高次谐波通过电源传导到其他设备，或抑制外界无线电干扰及瞬时冲击、浪涌对变频器的干扰。具备线路滤波和辐射滤波双重作用，并具有共模和差模干扰抑制能力。

输出噪声滤波器安装在变频器和电动机之间，可减小输出电流中的高次谐波成分，抑制变频器输出侧的浪涌电压，减小电动机由高次谐波引起的附加转矩，减小电动机噪声，并抑制高次谐波的辐射。

7. 制动电阻和制动单元

制动电阻和制动单元主要是用来消耗电动机在制动或降速过程中产生的再生能，并使电动机迅速降速或制动。

制动电阻和制动单元的安装应注意以下几个方面：①在无内置制动单元的变频器中，制动单元和制动电阻配套选用；②将制动电阻接在制动单元上，再将制动单元按要求连接到变频器上；③由于制动单元和制动电阻都是发热单元，安装时要互相有一定的距离，以便于散热。

7.2　变频器的选择

变频器的选择主要包括控制方式和容量的选择。

7.2.1　变频器控制方式的选择

变频器控制方式的选择，主要根据负载的类型来进行。负载的类型众多，但归纳其转速—转矩特性，主要有二次方律负载、恒功率负载、恒转矩负载。

1. 二次方律负载

二次方律负载是指转矩正比于转速平方的负载，即 $T_L \propto n^2$。如风机、泵类都属于二次方律负载，低速时负载转矩较小，随着负载转速的增大，所需的转矩也越来越大。此类负载是最普通的负载，对变频器的要求不是很高，通常情况下使用普通 U/f 控制方式的变频器即可。目前，市场上有很多风机、泵类负载的专业变频器，应用更方便，价格也比较低廉。

2. 恒功率负载

恒功率负载是指转矩大小与转速成反比，而功率基本不变的负载，如机床主轴和轧钢、造纸机、塑料薄膜生产线中的卷曲机、开卷机等。通常没有特殊要求的情况下，可选用普通 U/f 控制方式的变频器即可；对于高性能和精确度要求高的轧钢、卷曲机等，必须采用高性能矢量控制的变频器拖动。

3. 恒转矩负载

恒转矩负载是指负载转矩大小只取决于负载的轻重，而与负载转速大小无关的负载，如挤压机、搅拌机、传送带、厂内运输电车、桥式起重机和带式输送机等都属于恒转矩负载。对于恒转矩负载，若是调速范围不大且对机械性能要求不高时，可选用 U/f 控制方式的变频器或无反馈矢量控制方式的变频器；如负载转矩波动较大，应考虑采用高性能的矢量控制变频器；对要求有高动态响应的负载，应选用有反馈的矢量控制变频器。

7.2.2 变频器容量的计算

变频器容量的选择通常应根据异步电动机的额定电流或异步电动机在实际运行中的电流值来选择变频器。遵循的基本原则是"最大电流原则"，即变频器的额定电流必须大于电动机的额定电流或在运行过程中的最大电流。

1. 连续运行场合变频器容量的计算

由于变频器提供给电动机的是脉动电流，其脉动值比工频供电时的电流要大，因此选择变频器的容量时应留有适当的裕量。一般令变频器的额定电流大于或等于（1.05～1.1）倍的电动机的额定电流或电动机实际运行中的最大电流，即

$$I_N \geq (1.05 \sim 1.1) I_{MN} \tag{7-1}$$

或

$$I_N \geq (1.05 \sim 1.1) I_{Mmax} \tag{7-2}$$

式中，I_{MN}——电动机的额定电流，A；

I_N——变频器的额定电流，A；

I_{Mmax}——电动机的最大运行电流，A。

如果按电动机实际运行中的最大电流来选择变频器时，变频器的容量可以适当减小。

2. 加/减速运行场合变频器容量的计算

变频器的最大输出转矩由变频器的最大输出电流决定。一般情况下，对于短时间的加/减速运行场合而言，变频器运行可以达到额定输出电流的130%～150%（视变频器的容量而定），因此，在短时加/减速运行场合时的输出转矩也可以增大；反之，当只需要较小的加速转矩时，也可以降低变频器的容量。由于电流的脉动原因，此时应将变频器的最大输出

电流降低 10% 后再进行选择。

3. 频繁加/减速运行场合变频器容量的计算

对于频繁加/减速运行场合，可根据加速、恒速、减速等各种运行状态下的电流值，按式（7-3）确定变频器的额定电流值。

$$I_N = \frac{I_1 t_1 + I_2 t_2 + \cdots + I_n t_n}{I_1 + I_2 + \cdots + I_n} K_0 \tag{7-3}$$

式中，I_1、$I_2 \cdots I_n$——各运行状态下的平均电流，A；

t_1、$t_2 \cdots t_n$——各运行状态下的时间，s；

K_0——安全系数，运行频繁时取 1.2，其他条件下取 1.1。

4. 电流变化不规则的场合

不均匀负载或冲击负载造成电动机的电流不规则变化，此时不易获得运行特性曲线。可根据使电动机在输出最大转矩时的电流限制在变频器的额定输出电流内的原则，选择变频器的容量，即遵循"最大电流原则"。

$$I_N \geq I_{Mmax} \tag{7-4}$$

5. 电动机直接启动时变频器容量的计算

三相异步电动机直接启动时，启动电流很大，是正常额定电流的 5 ~ 7 倍。此时，变频器的容量就要成倍的增加，按式（7-5）确定变频器的额定电流值。

$$I_N \geq \frac{I_K}{K_g} \tag{7-5}$$

式中，I_K——在额定电压、额定频率下电动机启动时的堵转电流，A；

K_g——变频器允许的过载倍数，一般取 1.3 ~ 1.5。

6. 多台电动机共用一台变频器供电时变频器容量的计算

多台电动机共用一台变频器供电时，变频器容量的计算分为 3 种情况。

（1）多台电动机同时启动

如图 7-2（a）所示为多台电动机一起启动，此时，在选择变频器的容量时，只需使变频器的额定电流大于各台电动机的最大工作电流之和。即

$$I_N \geq \sum I_{Mmax} \tag{7-6}$$

式中，$\sum I_{Mmax}$——电动机最大工作电流之和。

（2）多台电动机分别启动

如图 7-2（b）所示为多台电动机分别启动，在这种情况下，变频器必须能够承受最后启动的电动机的启动电流，有

$$I_N \geq \frac{\sum I_{MN} + I_{Smax}}{K_g} \tag{7-7}$$

式中，$\sum I_{MN}$——电动机额定电流之和，A；

I_{Smax}——最大容量电动机的启动电流，A。

（3）并联追加投入启动

用一台变频器使多台电动机并联运行时，如果所有电动机同时启动加速可按如上所述选择容量。但是对一小部分电动机开始启动后再追加启动其他电动机的场合，此时变频器的电压、频率已经上升，变频器的额定输出电流可按式（7-8）算出。

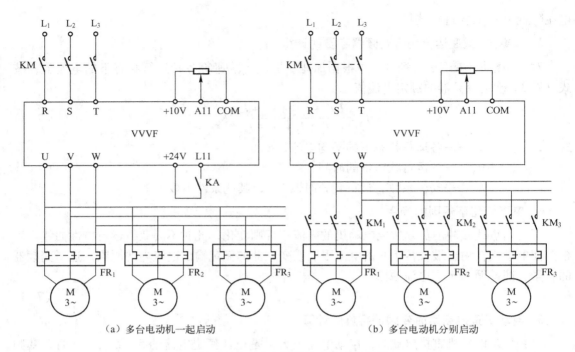

（a）多台电动机一起启动　　　　　　　　　　（b）多台电动机分别启动

图7-2　一台变频器拖动多台电动机

$$I_{N} \geqslant \sum^{N_1} KI_{M} + \sum^{N_2} I_{MS} \tag{7-8}$$

式中，N_1——先启动的电动机台数；

　　　N_2——追加投入启动的电动机台数；

　　　I_{MS}——追加投入启动电动机的启动电流，A。

7.3　变频器外围设备的选择

为了确保变频调速系统的正常工作，变频器的运行离不开某些外围设备，这些外围设备都是选购配件，包括常规配件和专业配件，具体接线如图7-1所示。其中，断路器和交流接触器属于常规配件，交流电抗器、制动电阻和制动单元以及噪声滤波器均属于专业配件。

1. 断路器的选择

图7-3为断路器的实物外形及图形符号。断路器的选择应该注意断路器的保护功能与变频器工作电流之间的配合。在变频器单独控制的主电路中，属于正常过电流的情况有以下几种。

① 变频器允许的过载能力为$150\% I_N$，1min。

② 变频器在刚接通电源的瞬间，对电容器的充电电流可高达额定电流的$2 \sim 3$倍。

③ 变频器的进线电流是脉冲电流，其峰值常可能超过额定电流。

上述3种情况下断路器不必动作，断路器的额定电流应满足式（7-9），即

$$I_{QN} \geqslant (1.3 \sim 1.4) I_{SN} \tag{7-9}$$

式中，I_{QN}——断路器的额定电流，A；

　　　I_{SN}——变频器输入侧的额定电流，A。

在工频和变频切换控制的主电路中，因为电动机可能在工频下运行，故应按电动机在工

图形符号

图 7-3 断路器的实物外形

频下的启动电流来进行选择,断路器的额定电流应满足式(7-10),即

$$I_{QN} \geq 2.5 I_{MN} \tag{7-10}$$

式中,I_{MN}——电动机的额定电流,A。

2. 交流接触器的选择

在变频调速系统中,根据安装位置的不同,交流接触器可分为输入侧交流接触器和输出侧交流接触器。图 7-4 所示为交流接触器的实物外形及图形符号。

接触器线圈
KM

常开
主触点
KM-1

常开
辅助触点
KM-2

常开
辅助触点
KM-3

(a)实物外形   (b)图形符号

图 7-4　交流接触器的实物外形及图形符号

(1)输入侧交流接触器的选择

输入侧交流接触器主触点的额定电流应该比变频器输入侧的额定电流大,即

$$I_{KN} \geq I_{SN} \tag{7-11}$$

式中,I_{KN}——交流接触器的额定电流,A。

(2)输出侧交流接触器的选择

输出侧交流接触器用于变频器工频与变频的切换,变频器与工频电网的运行是互锁的,一旦变频器的输出侧接入工频电网会损坏变频器。由于变频器的输出侧电流含有较多的谐波成分,其电流的有效值应略大于工频运行的有效值,故输出侧交流接触器的主触点额定电流应选大些,即

$$I_{KN} \geq 1.1 I_{MN} \tag{7-12}$$

3. 交流电抗器的选择

图 7-5 所示为交流电抗器的实物外形及图形符号。

接线端子

接线端子

AL

（a）实物外形　　　　　　　　　　　　　　（b）图形符号

图 7-5　交流电抗器的实物外形及图形符号

交流电抗器的选择主要依据以下两条。

（1）额定电流

交流电抗器的额定电流应大于变频器额定输入电流的 82%，即

$$I_{AL} \geqslant 82\% \, I_{SN} \qquad (7-13)$$

式中，I_{AL}——交流接触器的额定电流，A。

（2）电感量

交流电抗器的电压降应该在额定电压的 95% ~ 98% 以内，即

$$\Delta U_{AL} \leqslant (2\% \sim 5\%) \, U_{SN} \qquad (7-14)$$

式中，ΔU_{AL}——输入交流电抗器的电压降，V。

　　　　U_{SN}——变频器输入侧的额定相电压，V。

则

$$L_{AL} \leqslant \frac{\Delta X_{AL}}{2\pi f} \leqslant \frac{\Delta U_{AL}}{I_{AL}} \Big/ 2\pi f \qquad (7-15)$$

式中，L_{AL}——输入交流电抗器的电感量，mH。

在工程上输入侧交流电抗器的简便计算公式为：

$$L_{AL} = \frac{21}{I_{SN}} \qquad (7-16)$$

交流电抗器还可查表选取，表 7-1 为常用交流电抗器的规格。

表 7-1　常用交流电抗器的规格

电动机容量（kW）	30	37	45	55	75	90	10	32	60
变频器容量（kW）	30	37	45	55	75	90	110	132	160
电感量（mH）	0.32	0.26	0.21	0.18	0.13	0.11	0.09	0.08	0.06

4. 直流电抗器的选择

图 7-6 所示为直流电抗器的实物外形及图形符号。

在工程上，直流电抗器的简便计算公式为

$$L_D = \frac{53}{I_{SN}} \qquad (7-17)$$

式中，L_D——直流电抗器的电感量，mH。

接线端子

DL

（a）实物外形 　　　　　　　　　　　（b）图形符号

图7-6　直流电抗器的实物外形及图形符号

直流电抗器还可查表选取，常用的直流电抗器的规格如表7-2所示。

表7-2　常用直流电抗器的规格

电动机容量（kW）	30	37~55	75~90	110~132	160~200	220	280
允许电流（A）	75	150	220	280	370	560	740
电感量（μH）	600	300	200	140	110	70	55

5. 制动电阻的选择

图7-7所示为变频器典型外接元件制动电阻和制动单元实物外形。

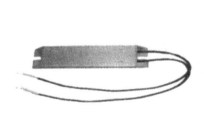

制动电阻器　　　　　　　　　　　制动电阻器单元

图7-7　制动电阻和制动单元实物外形

精确计算很复杂，一般情况下可按下式粗略估算，即

$$R_B = \frac{2U_{DH}}{I_{MN}} \tag{7-18}$$

式中，U_{DH}——直流电压的上限值，V；多数变频器取700V，有的高达800V，国产变频器也
　　　　有用650V；

　　　I_{MN}——电动机的额定电流，A；

　　　R_B——制动电阻，Ω。

$$P_{BS} = K_C P_{MN} \tag{7-19}$$

式中，P_{BS}——制动电阻的实选容量，kW；

　　　P_{MN}——电动机的额定功率，kW；

　　　K_C——容量修正系数。一般取$K_C = 0.08 ~ 0.2$。

制动电阻还可查表选取，表7-3所示为选择制动电阻参考表。

表7-3　选择制动电阻参考表（电源电压：380V）

电动机容量（kW）	电阻值（Ω）	电阻功率（kW）	电动机容量（kW）	电阻值（Ω）	电阻功率（kW）
0.40	1000	0.14	37	20.00	8
0.75	750	0.18	45	16.00	12
1.50	350	0.40	55	13.60	12
2.20	250	0.55	75	10.00	20
3.70	150	0.90	90	10.00	20
5.50	110	1.30	110	7.00	27
7.50	75	1.80	132	7.00	27
11.00	60	2.50	160	5.00	33
15.00	50	4.00	200	4.00	40
18.50	40	4.00	220	3.50	45
22.00	30	5.00	280	2.70	64
30.00	24	8.00	315	2.70	64

6. 输出交流电抗器的选择

在工程上，输出电抗器的简便计算公式为

$$L_{\text{OL}} = \frac{5.25}{I_{\text{MN}}} \qquad (7\text{-}20)$$

式中，L_{OL}——输出电抗器的电感量，mH；

I_{MN}——电动机的额定电流，A。

7. 噪声滤波器的选择

图7-8所示为噪声滤波器的实物外形及图形符号。一般情况下，可以不安装噪声滤波器，若想安装，建议安装变频器专业的噪声滤波器。

噪声滤波器实物外形　　　电容器型噪声滤波器实物外形
　　　　　　　　　　　　　（变频器输入侧专用）

　　　（a）实物外形　　　　　　　　　　　　　　（b）图形符号

图7-8　噪声滤波器的实物外形及图形符号

7.4　变频调速系统的典型控制电路

通过前面的学习，我们知道变频调速系统包括主电路和控制电路两大部分，这一节主要介绍几个变频调速系统的典型控制电路。

在设计变频调速系统控制电路时，应该注意以下两个方面。

第一，不能使用变频器输入侧的交流接触器直接启动、停止变频器，如图7-9（a）所示，这样相当于变频器通过交流接触器KM接通电源，此时如果电位器RP并不处于"0"位的话，电动机将开始启动并升速。这种方式控制电动机启动或停止是不适宜的。这是因为：

① 容易出现误动作。在变频器内，主电路的时间常数较短，故直流电源上升至稳定值也较快。而控制电源的时间常数较长，控制电路在电源未充到正常电压之前，工作状况有可能出现紊乱。所以，不少变频器在说明书中明确规定：禁止用这种方法来启动电动机。

② 电动机不能准确停机。变频器在切断电源后，其逆变电路将立即"封锁"，输出电压为零。因此，电动机将处于自由制动状态，而不能按预置的降速时间进行降速。

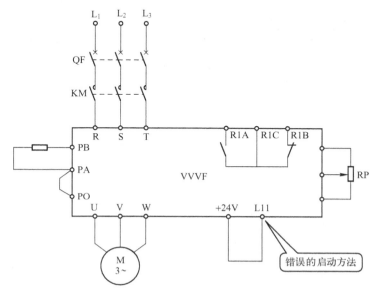

（a）通过KM直接启动

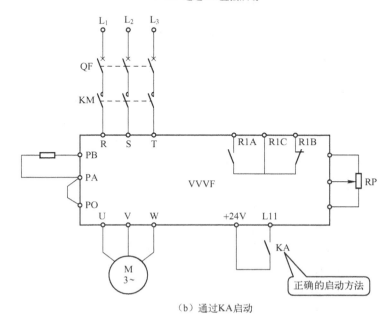

（b）通过KA启动

图7-9 变频器的启动方式

③ 容易对电源形成干扰。变频器在刚接通电源的瞬间，有较大的充电电流。如果经常用这种方式来启动电动机，将使电网受到冲击而形成干扰。

④ 缩短变频器的使用寿命。由于电源投入时浪涌电流的反复入侵会导致变频器开关器件的寿命（开关寿命为 100 万次左右）缩短，因此应避免通过交流接触器 KM 频繁开关变频器。正确的控制方法如下。

① 接触器 KM 只起到变频器接通电源的作用；

② 电动机的启动和停止通过继电器 KA 控制变频器的逻辑输入端来实现；

③ 接触器 KM 和继电器 KA 之间应该有互锁：一方面，只有在接触器 KM 动作，使变频器接通电源后，继电器 KA 才能动作；另一方面，只有在继电器 KA 断开，电动机减速并停止后，接触器 KM 才能断开，切断变频器的电源。

第二，由于交流接触器、继电器的线圈都具有较大的电感，在接通或断开的瞬间，电流的突变会产生很大的自感电动势，可能使变频器内部的触点或晶体管击穿。因此，当由变频器的输出端子直接控制接触器和继电器时，应在接触器、继电器的线圈旁并联阻容吸收电路，如图 7-10 所示。

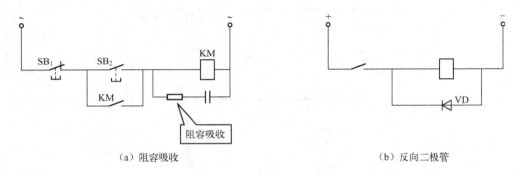

（a）阻容吸收　　　　　　　　　　　　　　　（b）反向二极管

图 7-10　浪涌电压吸收电路

下面以施耐德 Altivar 系列为例，介绍几种典型的变频控制电路。

7.4.1　点动与连续运行变频调速控制电路

图 7-11 为异步电动机点动与连续变频运行典型控制电路，主要包括主电路和控制电路两大部分。其中，主电路包括断路器 QF、交流接触器 KM、变频器主电路、三相异步电动机；控制电路包括按钮 $SB_1 \sim SB_5$、继电器 KA_1 与 KA_2、变频器频率给定电位器、变频器 R1 故障继电器的常闭触点。

1. 点动运行控制过程

图 7-12 所示为异步电动机点动运行变频控制过程。

① 闭合主电路断路器 QF，接通三相电源。

② 按下启动按钮 SB_2，交流接触器 KM 线圈得电并吸合。

③ 交流接触器 KM 线圈吸合，其辅助常开触点 KM_{-1} 闭合并自锁。

④ 交流接触器 KM 线圈吸合，其常开主触点 KM 闭合，变频器主电路输入端 R、S、T 得电，控制电路部分也接通电源进入准备运行状态。

⑤ 交流接触器 KM 线圈吸合，其辅助常开触点 KM_{-2} 闭合，点动运行进入准备运行状态。

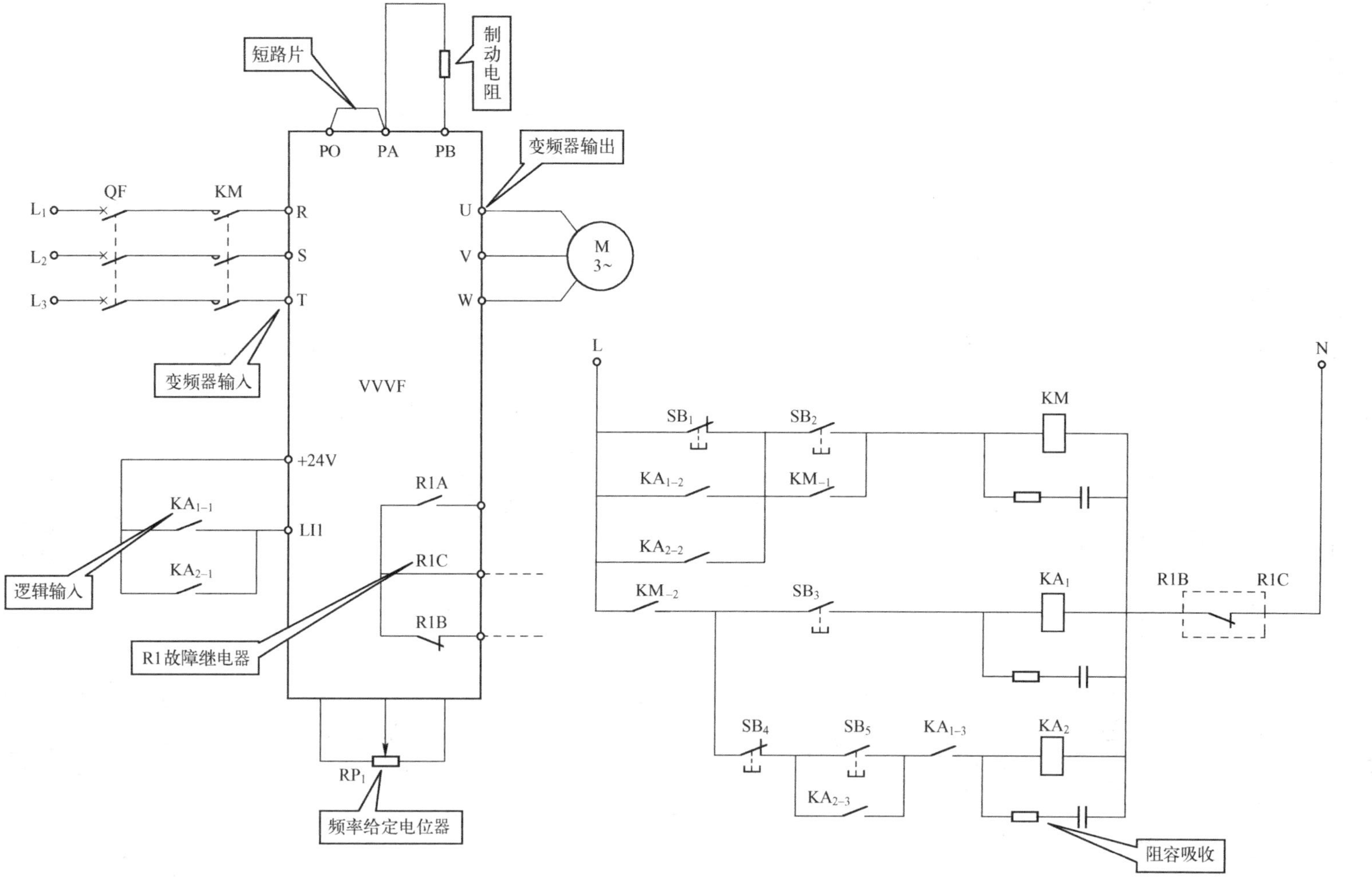

图7-11 异步电动机点动与连续运行变频控制电路

⑥ 按下点动启动控制按钮 SB_3，继电器 KA_1 线圈得电并吸合。

⑦ 继电器 KA_1 线圈吸合，其常闭触点 KA_{1-3} 断开，实现联锁控制，防止继电器 KA_2 线圈得电。

⑧ 继电器 KA_1 线圈吸合，其常开触点 KA_{1-2} 闭合，防止交流接触器 KM 线圈失电，从而导致变频器主电路失电。

⑨ 继电器 KA_1 线圈吸合，其常开触点 KA_{1-1} 闭合，变频器的逻辑输入端 LI1 通过 KA_{1-1} 与变频器内置的 +24V 接通，变频器开始工作，U、V、W 端输出变频电源，三相交流电动机按变频预置的升速时间启动，最后电动机运行。

⑩ 此时，通过调节频率给定电位器 RP_1，就可以获得三相交流电动机点动运行时需要的工作频率。

⑪ 松开按钮 SB_3，继电器 KA_1 线圈失电并释放，各常开触点断开、常闭触点闭合，变频器逻辑输入端 LI1 失电，变频器停止工作，三相交流电动机失电停转。

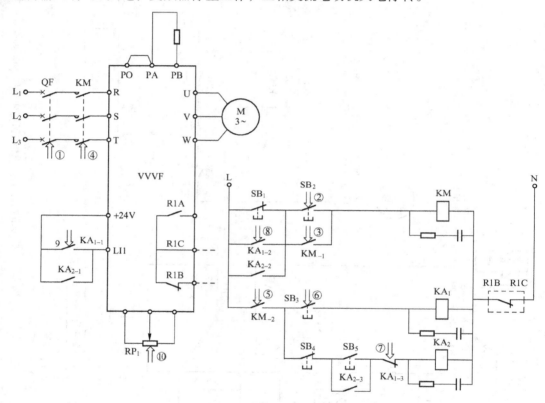

图 7-12　异步电动机点动运行变频控制过程

2. 连续运行控制过程

图 7-13 所示为异步电动机连续运行变频控制过程。

① 闭合主电路断路器 QF，接通三相电源。

② 按下启动按钮 SB_2，交流接触器 KM 线圈得电并吸合。

③ 交流接触器 KM 线圈吸合，其辅助常开触点 KM_{-1} 闭合并自锁。

④ 交流接触器 KM 线圈吸合，其常开主触点 KM 闭合，变频器主电路输入端 R、S、T 得电，控制电路部分也接通电源进入准备运行状态。

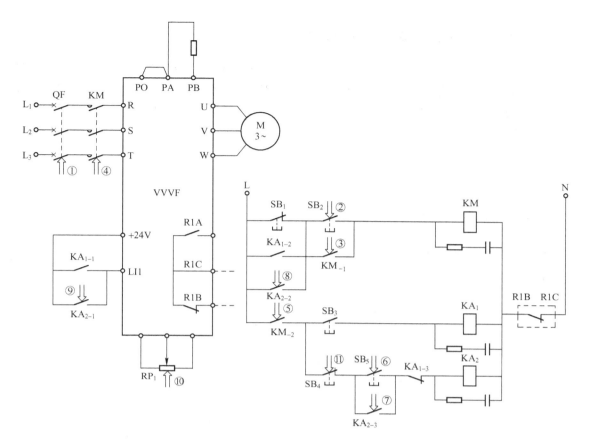

图 7-13　异步电动机连续运行变频控制过程

⑤ 交流接触器 KM 线圈吸合，其辅助常开触点 KM$_{-2}$ 闭合，连续运行进入准备运行状态。

⑥ 按下点动启动控制按钮 SB$_5$，继电器 KA$_2$ 线圈得电并吸合。

⑦ 继电器 KA$_2$ 线圈吸合，其常开触点 KA$_{2-3}$ 闭合实现自锁控制。

⑧ 继电器 KA$_2$ 线圈吸合，其常开触点 KA$_{2-2}$ 闭合，防止交流接触器 KM 线圈失电，从而导致变频器主电路失电。

⑨ 继电器 KA$_2$ 线圈吸合，其常开触点 KA$_{2-1}$ 闭合，变频器的逻辑输入端 LI1 通过 KA$_{2-1}$ 与变频器内置的 +24V 接通，变频器开始工作，U、V、W 端输出变频电源，三相交流电动机按变频预置的升速时间启动，最后电动机运行。

⑩ 通过调节频率给定电位器 RP$_1$，就可以获得三相交流电动机连续运行时需要的工作频率。

⑪ 按下停止按钮 SB$_4$，继电器 KA$_2$ 线圈失电并释放，各常开触点断开、常闭触点闭合，变频器逻辑输入端 LI1 失电，变频器停止工作，三相交流电动机失电停转。

3. 停机过程

按下停机按钮 SB$_1$，交流接触器 KM 线圈失电并释放，其主触点 KM 断开，变频器控制电路与电源断开。最后断开断路器 QF，变频调速系统与电源完全断开。

若在上述过程中，三相交流异步电动机出现过载或过流故障时，则变频器内置的 R1 故障继电器的常闭触点断开，切断控制电路部分的供电回路，各继电器线圈均失电，从而使变频器停止输出，三相交流电动机停转，起到保护的功能。

7.4.2 正、反转变频调速控制电路

图 7-14 为异步电动机正、反转变频运行典型控制电路，主要包括主电路和控制电路两大部分。其中，主电路包括断路器 QF、交流接触器 KM、变频器主电路、三相异步电动机；控制电路包括按钮 $SB_1 \sim SB_6$、继电器 KA_1 与 KA_2、变频器频率给定电位器、变频器 R1 故障继电器的常闭触点。

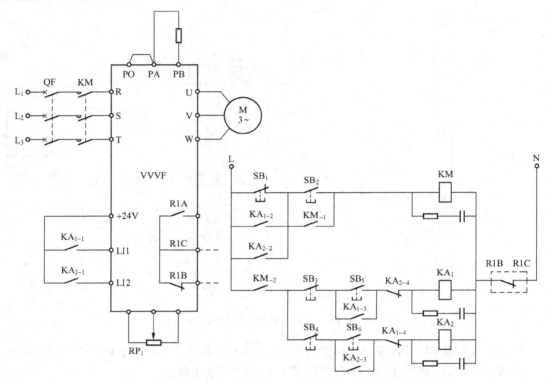

图 7-14 异步电动机正、反转变频运行典型控制电路

按钮 SB_2、SB_1 用于控制交流接触器 KM，从而控制变频器接通或切断电源，无论是正转还是反转运行，只有在交流接触器 KM 线圈得电吸合后，变频器已经通电的状态下才能进行。

按钮 SB_5、SB_3 用于控制正转继电器 KA_1，从而控制电动机的正转运行与停止。

按钮 SB_6、SB_4 用于控制反转继电器 KA_2，从而控制电动机的反转运行与停止。

在停止按钮 SB_1 两端并联继电器 KA_1、KA_2 的常开触点，用于防止电动机在运行状态下通过 KM 直接停机。

接触器 KM 的常开触点 KM_{-2}，确保了正转和反转运行只有在接触器 KM 已经动作，变频器已经通电的状态下才能运行。

施耐德变频器 Altivar 系列变频器在两线控制方式下，默认 LI1 为正向输入端，LI2 为反向输入端。

7.4.3 多段速变频调速控制电路

图 7-15 所示为异步电动机多段速变频运行控制电路，由继电器来转换转速挡次。7 个按钮开关 $SB_1 \sim SB_7$ 分别控制 7 个小继电器 $KA_1 \sim KA_7$。这 7 个按钮是带有机械联锁的，即任

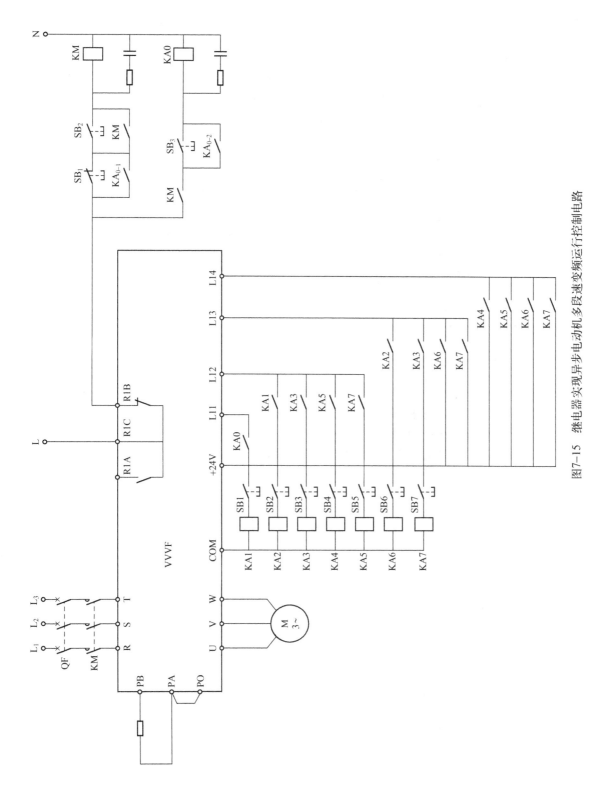

图7-15 继电器实现异步电动机多段速变频运行控制电路

何一个按下后，其余 6 个都处于断开状态。继电器可选择 24V 的直流继电器，直接利用变频器提供的 24V 电源。Altivar 系列变频器 24V 电源所能提供的最大电流是 100mA，所以在选购继电器时，其线圈电阻必须大于 240Ω。

具体控制逻辑输入端 LI1 ~ LI4 的状态，可根据表 7-4 多段速转速控制端子的状态来实现。例如，要实现第 3 挡次，其输入端子状态为 011，则 KA$_3$ 线圈得电，LI2 和 LI3 同时被接通。

用小继电器来实现多段速控制，不但控制方法简单，而且也很经济，便于实现。实际中也常用 PLC 来控制逻辑输入端子的状态，相较于上述控制方式就昂贵得多。

表 7-4　多段速转速控制端子状态

输入端子状态			转速挡次
LI4	LI3	LI2	
0	0	1	1
0	1	0	2
0	1	1	3
1	0	0	4
1	0	1	5
1	1	0	6
1	1	1	7

7.4.4　声光报警电路

上述典型控制电路，在具体实施过程中还可以利用输出端"R1A—R1C"触点设置声光报警功能，使变频调速系统的保护功能更完善。设置声光报警电路时需注意，保证报警电路的电源在发生故障时能够继续接在电路中，直至手动停止才可以结束报警。

如图 7-16 所示，当电动机运行过程中发生故障时，R1 故障继电器动作，"R1B—R1C"

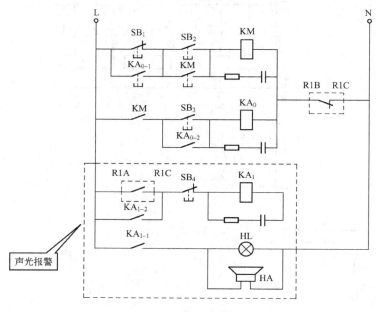

图 7-16　声光报警电路

断开，变频器停止工作，并切断电源。同时，"R1A—R1C"闭合，继电器 KA$_1$ 线圈得电，其常开触点 KA$_{1-1}$ 闭合声光报警电路接入；断电器 KA 线圈得电，触点 KA$_{1-2}$ 闭合，可保证变频器断电后，声光报警电路继续通电。按下停止按钮 SB$_4$ 报警结束。

7.5　变频调速系统的抗干扰及抑制

在变频器的输入和输出电路中，除含有较低次的谐波成分外，还有许多频率很高的谐波，这些高次谐波除了增加输入侧的无功功率、降低功率因数（主要是频率较低的谐波）外，频率较高的谐波将以各种方式把自己的能量传播出去，形成对其他设备的干扰信号，严重的甚至使某些设备无法正常工作。本节主要分析变频器干扰产生的原因及其解决方案。

7.5.1　变频器产生的干扰

变频器在运行过程中，要产生以下 3 个干扰源。

1. 变频器的输入电流

变频器在运行过程中，其输入电压为正弦波，由于变频器中间电路存在直流电压，当电源电压小于直流电压时，电路中没有电流存在，最终导致变频器输入电流的波形是非正弦的。如图 7-17 中的①曲线所示，它具有十分丰富的高次谐波成分，其频率一般在 3kHz 以下。这些高次谐波电流产生的谐波分量将影响其他设备的正常运行。

2. 变频器的输出电压

变频器的输出电压波形是经正弦脉宽调制 SPWM 的高频、高压的脉冲序列，如图 7-17 中的曲线②所示，这种具有陡变沿的脉冲信号将产生很强的电磁干扰信号，其频率为载波频率，高达（2~15）kHz。

3. 变频器的输出电流

在高频、高压脉冲序列的作用下，由于电动机的绕组具有电感性质，输出电流的波形十分接近正弦波，但因为电压是脉冲序列，故电流不可能是十分光滑的正弦波。输出电流中也存在着非常丰富的高频分量，其频率一般在 10kHz 以上，如图 7-17 中曲线③所示。

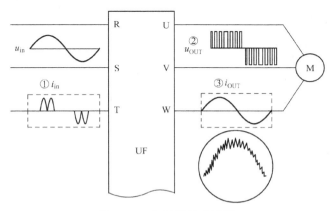

图 7-17　变频器的干扰源

这些干扰源的传播途径有以下几种方式，如图 7-18 所示。

1. 线路传播

线路传播即通过相关的电路传播干扰信号，具体的传播途径如下。

① 通过电源网络传播，这是变频器输入电流干扰信号的主要传播方式。由于变频器的输入电流中有很强的高次谐波成分，使网络电压产生相应的脉动，从而传播到同一网络中的其他电子设备，如图7-18中的途径 a 所示。

② 通过漏电流传播，这是变频器输出侧干扰信号的主要传播方式。因为输出线路与大地之间或地线之间存在着分布电容，所以变频器输出的高频脉冲电压通过分布电容流向大地的漏电流是比较可观的，这些高频漏电流又通过地线而传播到其他设备，如图7-18中的途径 b 所示。

2. 电磁波传播

变频器的输入电流和输出电流中的高次谐波所产生的电磁场具有辐射能力，使其他设备因接收到电磁波信号而受到干扰，如图7-18中的途径②所示。这种传播途径主要针对一些遥控装置和通信设备。

3. 感应耦合方式

当变频器的输入电路或输出电路附近有其他电气设备时，变频器的高次谐波信号将通过感应的方式耦合到其他设备中去。感应的方式有两种。

① 电磁感应方式，这是电流干扰信号的主要传播方式。由于变频器的输入电流和输出电流中的高频成分要产生高频磁场，该磁场的高频磁力线穿过其他设备的控制线路而产生感应干扰电流，电磁感应方式产生的干扰电流，是以控制电路为回路的，并叠加到控制电流上去，如图7-18中的途径③所示。具有这种特点的干扰信号，通常称为差模干扰信号。

② 静电感应方式，这是电压干扰信号的主要传播方式。是变频器输出的高频电压波通过线路的分布电容传播给控制电路的，如图7-18中的途径④所示。静电感应方式产生的干扰电流在两根控制线内的瞬间电流将具有相同的方向，它们共同与大地构成回路。具有这种特点的干扰信号，通常称为共模干扰信号。

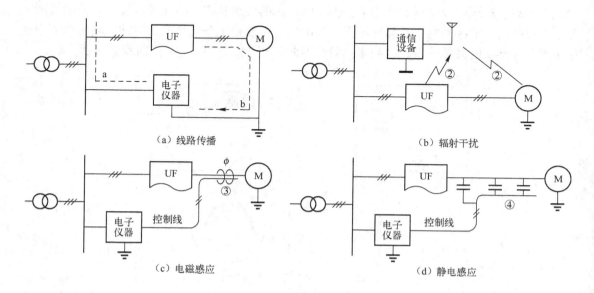

图7-18　干扰的途径

7.5.2　抑制变频器干扰的措施

1. 合理布线

合理布线能在相当大程度上削弱干扰信号的强度，布线时，应遵循以下几个原则。

① 远离原则。干扰信号的大小与受干扰控制线和干扰源之间距离的平方成反比。有数据表明，如果干扰的控制线距离干扰源 30cm，则干扰强度将削弱 $\left(\frac{1}{2} \sim \frac{1}{3}\right)$。因此，各种设备的控制线应尽量远离变频器的输入、输出线。

② 相绞原则。两根控制线相绞，能够有效地抑制差模干扰信号。这是因为，两个相邻绞距中，通过电磁感应产生的干扰电动势的方向是相反的。

③ 不平行原则。控制线如果和变频器的输入、输出线平行，则两者间的互感越大，分布电容也大，故电磁感应和静电感应的干扰信号也越大。因此，控制线在空间上，应尽量和变频器的输入、输出线交叉，最好是垂直交叉。

2. 削弱干扰源

① 输入电抗器。变频器在电源输入侧接入电控器（包括交流电抗器和直流电抗器）后，可使输入电流的波形大为改善。即提高功率因数，同时又非常有效地削弱了输入电流中的高次谐波成分对其他设备的干扰。

② 接入滤波器。滤波器主要用于抑制具有辐射能力的频率很高的谐波电流，串联在变频器的输入和输出电路中。线路滤波器主要由三相电源线同方向缠绕在高磁铁芯上构成，缠绕的圈数越多，效果越好。

因为辐射能与频率有关，只有频率较高的电磁场，才具有较强的辐射能，所以线路滤波器的主要作用是削弱高频电流的干扰信号。

3. 对线路进行屏蔽

屏蔽的主要作用是吸收和削弱高频电磁场。

① 主电路的屏蔽。变频器到电动机之间的连接线，应尽量穿入金属管内，金属管应该接地，如图 7-19 中的①所示。主电路屏蔽，主要是吸收和削弱干扰源向外辐射的能力。

② 控制电路的屏蔽。控制电路的屏蔽，主要是防止外来的干扰信号窜入控制电路，常用的方法是采用屏蔽线。当控制线和变频器相接时，屏蔽层可不用接地，而只需将其中的一端接至仪器的信号公共端即可，如图 7-19 中的②所示。控制电路屏蔽线的屏蔽层只能一端接地，切不可两端接地，如图 7-19 中的③所示。这是因为控制电路是干扰的受体，当它接近主电路时，要受到高频电磁场的感应干扰。屏蔽层的作用是阻挡主电路的高频电磁场，但它在阻挡高频电磁场的同时，自己也会因切割高频电磁场而受到感应。当一端接地时，因不构成回路而产生不了电流。而如果两端接地的话，就有可能与控制线构成回路，在控制线里产生干扰电流，尽管十分微小，但因控制电路的电流通常是毫安级的，所以很容易受到干扰。

4. 隔离干扰信号

隔离技术主要用于把已经窜入线路的干扰信号阻隔掉。

① 电源隔离。对于一些耗电量较小的仪器设备，其电源可通过隔离变压器和电网进行

隔离，以防止窜入电网的干扰信号进入仪器，如图7-20中的①所示。

② 信号隔离。信号隔离是设法使已经窜入控制线的干扰信号不进入仪器。隔离器件采用线性光耦合管，如图7-20中的②所示。

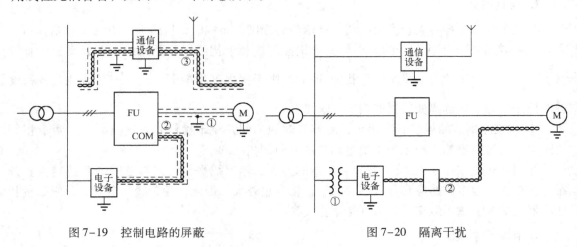

图7-19　控制电路的屏蔽　　　　　　　　图7-20　隔离干扰

5. 准确接地

设备接地的主要目的是安全，但对于一些具有高频干扰信号的设备来说，也具有把高频干扰信号引入大地的功能。接地时，应注意以下几点。

① 接地线应尽量粗一些，接地点应尽量靠近变频器。

② 接地线应尽量远离电源线。

③ 变频器所用的接地线，必须和其他设备的接地线分开，如图7-21中的（a）所示；必须绝对避免把所有设备的接地线连在一起后再接地，如图7-21（b）所示。

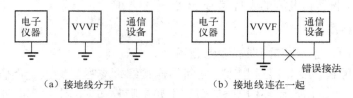

（a）接地线分开　　　　　　　（b）接地线连在一起

图7-21　接地

7.5.3　其他设备对变频器的干扰

变频器的外部也存在着许多其他的干扰源，通过辐射或电源线路侵入变频器，使变频器运行不正常，或产生保护性的误动作。例如：

1. 开关的闭合与断开

其他设备的空气断路器、接触器及继电器等的触点在接通和断开的过程中，将产生火花。这些火花将产生频率很高的电磁波，干扰其他设备的正常工作。

2. 电磁铁线圈的断电

电磁铁线圈在断电瞬间，常常会产生很高的自感电动势，从而产生高频电场，干扰其他设备的正常工作。

3. 其他设备产生的高频脉冲

某些设备在运行过程中，也会产生高次谐波电压或电流，干扰变频器的正常工作。如变电所的补偿电容在合闸后的过渡过程中，可以产生很高的冲击电压；大容量的晶闸管设备在运行过程中，容易使电源电压波形产生畸变等。

对于这些设备对变频器可能构成的干扰，解决的方法有两个：一方面，尽量在干扰源处吸收高频信号；另一方面，对于已经串入变频器进线侧的高频干扰信号，可以通过电抗器削弱、电容器吸收来解决。

7.6 变频器的安装、调试与维护

7.6.1 变频器的安装

变频器是精密的电力电子装置，为了增强变频器的工作性能，提高使用寿命，安装时应严格按照变频器使用手册的要求进行安装，同时也应遵守变频器的基本安装原则和安装方法。在设置安装方面必须注意以下 3 个方面。

1. 安装环境

变频器安装环境的标准规格如表 7-5 所示，在超过此条件的场所使用时不仅会导致变频器的性能降低，使用寿命缩短，甚至会引起故障。可参照以下所述要点，采取完善的对策。

表 7-5　变频器的标准环境规格

项　　目	内　　容	
周围温度	SLD	− 10 ～ + 40℃（不结冰）
	LD、ND（初始设定）、HD	− 10 ～ + 50℃（不结冰）
周围湿度	90％ RH 以下（无凝露）	
环境	无腐蚀性气体、可燃性气体、油污、尘埃等	
海拔	海拔 1000m 以下	
振动	5. 9m／s² 以下（符合 JIS C 60068 − 2 − 6 标准）	

（1）环境温度

安装变频器时应充分考虑变频器的环境温度，不得超过变频器允许的温度范围，通常变频器周围温度范围为 − 10 ～ + 40℃（SLD 设定时）或 − 10 ～ + 50℃（SLD 以外设定时）。如果环境温度高于最高允许温度值，则每升高 1℃，变频器应降额 5% 使用。一般在室内使用都没有问题。图 7-22 所示为变频器周围温度、湿度的测量位置。

当变频器周围的环境温度超过允许的使用范围时，半导体开关元件的使用寿命会缩短。为使变频器周围的环境温度保持在允许的范围内，可以采取的措施有如下一些。

① 高温对策。

◇ 采用强迫换气等冷却方式；

◇ 将变频器电气柜安装在有空调的电气室内；

◇ 避免直射阳光；

◇ 设置遮盖板等，避免直接的热源辐射热、暖风等；

◇ 保证电气柜周围有良好的通风。

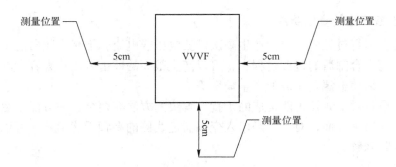

图7-22　变频器周围温度、湿度的测量位置

② 低温对策。

◇ 在电气柜内安装加热器；

◇ 不切断变频器的电源（切断变频器的启动信号）。

③ 剧烈的温度变化。

◇ 选择没有剧烈温度变化的场所安装变频器；

◇ 避免安装在空调设备的出风口附近；

◇ 受到门开关影响时远离门进行安装。

（2）环境湿度

通常变频器的环境湿度范围在45%～90%之间。如果湿度过高，不仅会导致绝缘降低，还容易使金属部位腐蚀；如果湿度过低，会导致空间绝缘破坏。一般来说，以保证变频器内部不出现结露现象为宜。图7-22所示为变频器周围温度、湿度的测量位置。

① 高湿度对策。

◇ 将电气柜设计为密封结构，放入吸湿剂；

◇ 从外部将干燥空气吸入盘内；

◇ 在电气柜内安装加热器。

② 低湿度对策。例如，将合适温度的空气从外部吹入电气柜内等。在此状态下进行组件单元的安装或检查时，应将人体带的电（静电）进行放电后再操作。

③ 凝露对策。由于频繁的启动停止引起电气柜内温度急剧变化时，或是环境温度急剧变化等时会产生凝露。凝露会造成绝缘降低或生锈等。

◇ 采取①中提到的高湿度对策；

◇ 不切断变频器的电源（切断变频器的启动信号）。

（3）尘埃，油污

尘埃会引起接触部位接触不良。积尘吸湿后会引起绝缘降低，冷却效果下降，过滤网孔堵塞会引起电气柜内温度上升，有油污的情况下也会发生同样的状况，有必要采取如下的对策。

◇ 安装在密封结构的电气柜内使用；

◇ 电气柜内温度上升时采取相应措施；

◇ 实施空气净化。将外部洁净空气压送入电气柜内，以保持电气柜压力比外部气体压力大。

（4）腐蚀性气体，盐害

安装在有腐蚀性气体的场所，或是海岸附近易受盐害影响的场所使用时，会产生对印制线路板和元件的腐蚀，并造成继电器和开关等部位的接触不良现象。在此类场所使用时，请采用凝露对策。

（5）易燃易爆性气体

变频器并非防爆结构设计，在可能会由于爆炸性气体、粉尘引起爆炸的场所下使用时，必须安装在防爆结构设计的盘内使用，必须在结构上符合相关法令中的基准指标并检验合格。这样，电气柜的价格（包括检查费用）会非常高。所以，最好应避免安装在以上场所使用，应安装在安全的场所使用。

（6）海拔

请在海拔1000m以下使用变频器，这是因为随着高度的升高空气会变得稀薄，从而引起冷却效果的降低，气压下降容易引起绝缘承受能力的劣化等。

（7）振动，冲击

基于JIS C 6006826标准，变频器的振动承受能力应在振动频率10~55Hz、振幅1mm时加速度在5.9m/s² 以下（160kW以上的时候，速度在2.9m/s²以下）。即使振动，冲击在规定值以下。如果长时间施加后，会引起机构部位的松动，连接器的接触不良等。特别是反复施加冲击时比较容易产生部件安装脚的折断等事故，应加以注意。可以采取如下对策。

◇ 在电气柜内安装防振橡胶；

◇ 强化电气柜的结构避免产生共振；

◇ 安装时远离振动源。

2. 安装方向和空间

为了保证变频器良好的散热，应垂直安装变频器，即变频器前面板上的文字方向应垂直。不能上下颠倒或平放安装。

为了散热及维护方便，变频器周围至少大于如图7-23（a）所示的尺寸，以保证其他装置及盘的壁面分开。变频器下部作为布线空间，变频器上部作为散热用的空间至少应保证以下尺寸。

在同一个电气柜内安装多台变频器时，在周围温度不超过允许值的情况下，应横向摆放。当电气控制柜较小需要进行纵向摆放时，可安装隔板，防止下部变频器运行时的热量引起上部变频器的温度升高。具体实施如图7-23所示。

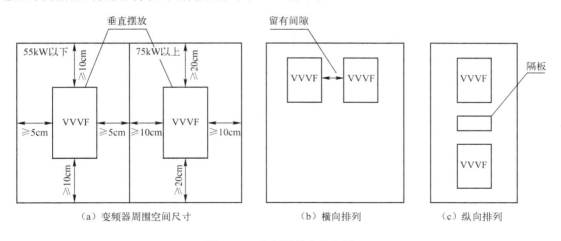

（a）变频器周围空间尺寸　　　（b）横向排列　　　（c）纵向排列

图7-23　变频器的安装布局

另外，在同一个电气柜内安装多台变频器使用时，应注意换气，通风或是将电气柜的尺寸做得大一点，以保证变频器周围的温度不会超过容许值范围。变频器内部产生的热量通过冷却风扇成为暖风，从单元的下部向上部流动。安装风扇进行通风时，应考虑风的流向，决定换气风扇的安装位置（风会从阻力较小的地方通过，应制作风道或整流板等确保冷风从变频器流过）。图7-24所示为换气风扇的位置。

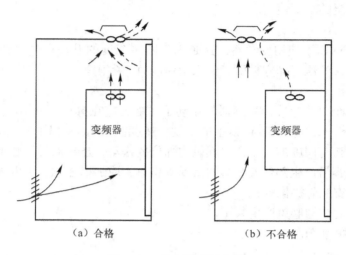

（a）合格　　　　　　　　　　（b）不合格

图7-24　换气风扇的位置

3. 散热通风

为了阻挡外界的灰尘、油污、滴水等，通常将变频器安装在电气控制柜内。安装在电气控制柜内时，应保证将变频器及变频器之外的其他装置（变压器、灯、电阻等）的发热，保证阳光直射等外部热量良好的散发，从而将电气柜内的温度维持在包含变频器在内的盘内所有装置的容许温度以下。变频器电气柜的冷却方式可以分为自然冷却和强制冷却，表7-6所示的是对几种冷却方式的比较。

表7-6　几种冷却方式的比较

冷却方式		盘 结 构	评 价
自然冷却	自然换气（开放式）	INV	成本低，普遍采用 变频器容量变大时，电气柜的尺寸也变大 适用于小容量变频器
	自然换气（全封闭式）	INV	由于是全封闭式，最适合在有尘埃、油污等恶劣环境中使用 根据变频器的容量不同，电气柜的尺寸也不同

冷却方式		盘 结 构	评 价
强制冷却	散热片冷却	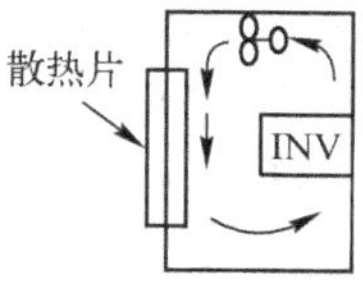 散热片 INV	散热片的安装部位和面积均受限制，适用于小容量变频器
	强迫通风	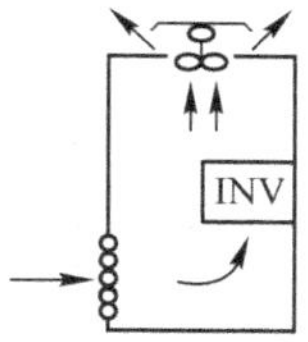 INV	一般在室内设置时使用，可以实现电气柜的小型化、低成本而被经常使用
	热管	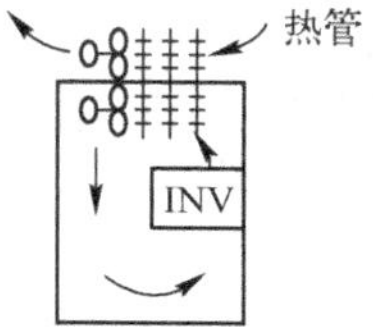 热管 INV	可以实现电气柜的小型化

7.6.2 变频器的接线

变频器的接线包括主电路接线和控制电路接线。

1. 主电路接线

在对主电路进行布线以前，应该首先检查一下电缆的线径是否符合要求。此外在进行布线时，还应注意将主电路和控制电路的布线分开，并分别走线。变频器与电动机之间的连线尽量不要超过50m，若超过50m需要增加导线的线径和增设线路滤波器。

2. 控制电路接线

变频器的主电路是强电信号，而控制电路所处理的是弱电信号。因此在控制电路的布线方面应采取必要的措施，避免主电路中的高次谐波信号进入控制电路，影响变频器的正常工作。控制电路接线有模拟量接线和开关量接线两种。

① 模拟量控制线主要包括输入侧的频率给定信号线和各种传感器的信号反馈线，输出侧的频率信号线和电流信号线。由于模拟量的抗扰能力较差，因此必须采用屏蔽线。

屏蔽线在连线时，屏蔽层靠近变频器的一端应该接控制电路的公共端（COM），注意不要接到变频器的接地端（E）或大地，屏蔽层的另一端应该悬空，如图7-25屏蔽线的接法所示。

除了采用屏蔽线外，对模拟信号的接线还要注意三个方面：其一，尽量远离主电路，至少在10cm以上，不允许主电路捆绑或放在同一配线槽内；其二，尽量不和主电路交叉，如果要交叉必须采用垂直交叉的方式；其三，模拟量信号线一般要求采用双绞线双屏蔽线。

② 开关量控制线主要包括点动、正/反转启动、多挡速控制等的控制线。由于开关量信

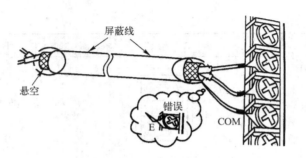

图 7-25　屏蔽线的接法

号抗干扰能力较强，在距离较近时，可以不使用屏蔽线，但同一信号的两根线必须相绞在一起，以抑制干扰信号。一般来说，模拟量控制线的接线原则也都适用于开关量控制线，低压数字信号采用双层屏蔽线，也可以采用单层屏蔽线或无屏蔽的绞线；频率信号则只能采用屏蔽线。

　　如果操作信号距离较远、需要的控制电路较长时，若直接用开关控制变频器，信号损失较大，此时可以采用中间继电器控制，如图 7-26 所示。即由按钮 SB 控制继电器的线圈 KA，再由 KA 的触点控制变频器得电。

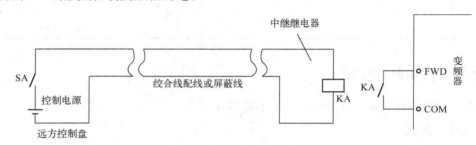

图 7-26　信号较远时采用继电器控制变频器的方法

7.6.3　调试

　　变频器安装和接线之后需要进行调试，对于变频调速系统的调试工作，并没有严格的规定和步骤，只是大体上应遵循"先空载、再轻载、后重载"的一般规律进行调试。

　　1. 检查

　　变频调速系统通电之前要进行断电检查。首先是外观和结构的检查，主要是检查变频器的型号、安装环境是否符合要求，装置有无损坏和脱落，电缆线径和种类是否合适，电气接线有无松动、错误，接地是否可靠等。其次是绝缘电阻的检查，在测量变频器主电路的绝缘电阻时，要将输入端 R、S、T 和输出端 U、V、W 连接起来，再用 500V 的兆欧表测量这些端子与接地端之间的绝缘电阻是否在 10MΩ 以上。在测量控制回路的绝缘电阻时，应采用万用表 R×10kΩ 挡测量各端子与地之间的绝缘电阻，不能使用兆欧表或其他高电压仪表测量，以免损坏控制回路。最后是供电电压的检查，检查主电路的电源电压是否在允许的范围之内，避免变频调速系统在允许电压范围之外工作。

　　2. 变频器的功能预置

　　变频器功能预置的内容包括电动机参数、变频器启动方式、调速信号给定、输出信号等。功能预置完毕，通电试机，先就几个易观察的项目，如加减速时间、点动频率、多挡转速控制时的各挡频率等，检查各项的控制功能及调速功能是否准确、变频器的输出有无异常、显示屏显示是否正确等。

3. 电动机的空载试验

在进行空载试验时，电动机尽可能与负载脱开，再将变频器的输出端 U、V、W 与电动机连接，然后进行通电试验。其目的是观察变频器拖动电动机的工作情况，以及校准电动机的旋转方向。具体实施过程如下。

① 将变频器的输出频率设置为0，变频器运行后，慢慢增大工作频率，观察电动机的启动情况及旋转方向是否正确。如方向相反，则予以纠正。

② 将变频器的输出频率逐步升高至额定频率值，让电动机在此频率下运行一段时间，如无异常，再设定若干频率值，检测变频器加速、减速情况有无异常。

③ 将变频器的给定频率突降至零（或按停止按钮），观察电动机的制动情况是否正确。如果正常，空载试验结束。

4. 拖动系统的启动和停机试验

空载试验通过后，再将电动机与生产机械连接起来，进行带载试验。带载试验主要有启动试验、加速试验、停机试验和带载能力试验。

（1）启动试验

将变频器的工作频率由 0 开始慢慢调高，观察系统的启动情况，同时观察电动机负载运行是否正常。若电动机不能随着频率的上升而运转，说明电动机启动困难，应修改变频器的功能设置，加大启动转矩。

（2）加速试验

将显示屏切换至电流显示，再将频率给定信号调到最大值，让电动机按设定的升速时间上升到最高转速，在此期间观察电流变化，若在升速过程中变频器出现过电流保护而跳闸，说明升速时间不够，应设置延长升速时间。若在某一速度段启动电流偏大，可通过改变启动方式的办法来解决。

（3）停机试验

将变频器的工作频率调到最高，然后按下停止键，观察拖动系统的停机过程，看停机过程中是否因出现过电压或过电流而跳闸，若出现此现象，则应适当延长降速时间。当输出频率降到 0 时，过程变频调速系统是否出现"爬行"现象（电动机停不住），若出现此现象，则应适当加强直流制动功能。

（4）带载能力试验

带载能力试验的主要内容如下。

① 进行最高频率时带负载能力试验，也就是观察电动机在最高频率下拖动系统带正常负载是否能带得动。

② 进行最低频率时带负载能力试验，使电动机拖动额定负载长时间运行在系统所要求的最低速运行，观察电动机的发热情况。

③ 过载试验。按负载可能出现的过载情况及持续时间进行试验，观察拖动系统能否继续工作。

7.6.4 变频器的维护

为了使变频器能长期可靠地、连续地运行，防患事故于未然，必须进行必要的日常检查和定期检查。

1. 日常检查

日常检查基本上是在变频器运行时，通过目测变频器的运行状况，确认是否有异常现象。通常检查如下内容。

① 变频器与电动机是否振动、是否有异常声音。

② 冷却系统的运行情况，包括风扇、空气过滤器、散热器及散热通道。

③ 变频器、电动机、变压器、电抗器等是否过热、变色或有异味。

④ 键盘面板各种显示是否正常，仪表指示是否正确，是否有振动、振荡等。

⑤ 变频器的运行环境，包括环境温度、湿度、有害气体、灰尘及振动等。

⑥ 变频器的进线电源是否异常，电源开关是否有电火花、缺相，电压是否正常等。

⑦ 电解电容器的安全塞是否顶出，端部是否有膨胀迹象，是否有异味及液体渗透。

2. 定期检查

定期检查时要切断电源，停止变频器运行，并卸下变频器的外盖。主要检查不停止运转而无法检查的地方或日常检查难以发现问题的地方，以及电气特性的检查、调整等。

变频器断电后，主电路滤波电容器上仍有较高的充电电压。放电需要一定时间，一般为 5～10min，必须等待充电指示灯熄灭，并用电压表测试，确认此电压低于安全值 25V DC 才能开始检查作业。通常检查如下内容。

① 检查冷却系统是否正常，清扫空气过滤器的积尘。

② 由于变频器运行过程中温度上升、振动等原因，常常引起主回路元器件、控制回路各端子及引线松动，发生腐蚀、氧化、接触不良、断线等。所以要检查螺钉、螺栓等紧固件是否松动，进行必要的紧固；对于有锡焊的部分、压接端子处，应检查有无腐蚀、变色、裂纹、破损等现象。还应检查框架结构件有无松动，导体、导线有无破损等。

③ 检查控制电路板连接有无松动、电容器有无漏液、板上线条有无锈蚀、断裂等。

④ 检查滤波电容器是否有漏液，电容量是否降低。

⑤ 检测绝缘电阻是否在正常值范围内。

⑥ 在以上检查项目都完成后，应进行保护回路动作检查。使保护回路经常处于安全工作状态，这是很重要的。

7.6.5 常见故障及原因

变频器提供了较强的故障诊断功能，根据报警信息可以判断故障原因及修正方案，以下是变频器运行时的几种常见的故障及其原因。

1. 过电流

过电流是变频器报警最为频繁的现象，具体表现如下。

① 重新启动时，只要升速变频器就会跳闸，这是过电流十分严重的现象。产生的原因有负载短路、机械部件卡死、逆变模块损坏、电动机的转矩过小等。

② 通电后立即跳闸，这种现象一般不能复位，主要原因有逆变模块损坏、驱动电路损坏、电流检测电路损坏等。

③ 重新启动时并不是立即跳闸，而是在加速时跳闸，主要原因有加速时间设置得太短、电流上限设置得太小、转矩补偿设定较高等。

2. 过电压

过电压报警一般出现在停机的时候，其主要原因是减速时间太短或制动电阻及其制动单元有问题。

3. 欠电压

欠压也是经常碰到的问题，主要是因为主回路电压太低（220V 系列低于 200V，380V 系列低于 400V）。主要原因有整流桥某一路损坏或晶闸管三路中有的工作不正常，这些都有可能导致欠压故障的出现；其次是主回路接触器损坏，导致直流母线电压损耗在充电电阻上，这也有可能导致欠压；还有就是电压检测电路发生故障而出现欠压问题。

4. 过热

过热也是一种比较常见的故障，主要原因有周围温度过高、风机堵转、温度传感器性能不良、电动机过热等。

5. 输出电压不平衡

输出电压不平衡的表现为电动机抖动、转速不稳，主要原因是驱动电路损坏或电抗器损坏。

6. 过载

过载也是变频器跳动比较频繁的故障之一，出现过载现象应该先分析是电动机过载还是变频器自身过载。一般情况下，由于电动机过载能力较强，只要变频器参数中的电动机参数设置得当，电动机不易出现过载；而变频器本身由于过载能力较差很容易出现过载报警，可以检测变频器的输出电压是否正常。

7. 接地故障

接地故障也是比较常见的故障之一，在排除电动机接地存在问题之后，最可能发生故障的部分就是霍尔传感器。霍尔传感器由于受温度、湿度等环境因素的影响，工作点很容易发生漂移，导致接地报警。

本 章 小 结

1. 变频调速系统外接电路中必须配置的器件有空气断路器、输入接触器；酌情配置的有快速熔断器、输出接触器、热继电器。

2. 选择变频器容量的最根本原则是变频器的额定电流必须大于电动机在运行过程中的最大电流。

3. 当一台变频器带多台电动机时，必须注意：最后启动的电动机是处于直接启动状态的，应充分考虑到它的启动电流。

4. 在选择变频器的型号时，可遵循的原则大致有：

对于没有特殊要求的生产机械，可采用通用型变频器；

对于有较硬机械特性或要求有较高动态响应能力的生产机械，应采用具有矢量控制功能的"高性能型"变频器；

对于需要有特殊功能的生产机械，应尽量采用专用型变频器。

5. 变频器的运行应该通过键盘上的运行键，或接通外接端子的正转或反转端子来启动，不应该在变频器接通电源时直接进行"上电启动"。

6. 在设计变频控制电路时，可以使用多功能输出端的报警继电器。当变频器因发生故障而跳闸时，其报警继电器动作，由报警输出端子输出报警信号。其动断触点使主接触器线圈断电，从而使变频器迅速脱离电源；其动合触点则接通声光报警电路。

7. 变频器的干扰源主要是输入、输出电流中的高次谐波成分，以及输出电压的高频脉冲。

8. 干扰源的传播途径有以下 3 种方式：线路传播、电磁波传播和感应耦合方式。

9. 抑制变频器干扰的措施有合理布线、削弱干扰源、对线路进行屏蔽、隔离干扰信号和准确接地。

练 习 题

一、填空题

1. 变频调速系统外接电路中必须配置的有（　　　）、（　　　）。

2. 变频调速系统外接电路中酌情配置的有（　　　）、（　　　）、（　　　）。

3. 在设计变频控制电路时，可以使用多功能输出端的报警继电器。当变频器因发生故障而跳闸时，其报警继电器动作，由报警输出端子输出报警信号。其（　　　）使主接触器线圈断电，从而使变频器迅速脱离电源；其（　　　）则接通声光报警电路。

4. 变频器的干扰源主要是输入、输出电流中的（　　　），以及输出电压的（　　　）。

5. 干扰源的传播途径有以下 3 种方式：（　　　）传播、（　　　）传播和（　　　）方式。

6. 抑制变频器干扰的措施有合理布线、削弱干扰源、对线路进行屏蔽、隔离干扰信号和准确接地。

二、简答题

简述变频调速系统内各元器件的作用。

三、设计题

1. 控制要求：

① 正确设置变频器输出的额定频率、额定电压、额定电流、额定功率、额定转速及变频器控制电动机正转运行的相关参数。

② 通过变频器外部端子控制电动机启动/停止。

设计要求：绘制由继电器控制变频器运行的主电路图和控制电路图。

2. 控制要求：

① 正确设置变频器输出的额定频率、额定电压、额定电流、额定功率、额定转速、加/减速时间等参数。

② 通过外部端子控制电动机多段速度运行，运行频率分别为 5 Hz、10 Hz、20 Hz、25 Hz、30 Hz、40 Hz、50 Hz。

设计要求：绘制由开关"K1"、"K2"、"K3"控制的变频器主电路图。

第8章 变频器综合应用

8.1 变频器在恒压供水系统中的应用

随着科学技术的进步，人们的生产、生活正趋向于高标准、高质量和现代化。由于高层建筑越来越高，采用传统的水塔、高位水箱、气压增压设备，不但占地面积和设备投资大、维护维修困难，且不能满足高层建筑、工业、消防等高水压、大流量的快速供水需求。而且供水量是随机变化的，采用传统的方法，难以保证供水的实时性，且能量浪费严重。随着交流电动机变频调速技术的日趋完善，变频调速很好地克服了传统方法的缺点，成为一种比较完善的供水系统。

8.1.1 恒压供水系统的基本原理

控制供水系统最终是为了满足用户对水流量的需要，因此流量是供水系统中最根本的控制对象。一般用管道中的水压力作为控制流量变化的参考变量。若要保持供水系统中某处压力的恒定，则只需保证该处的供水量与用水流量处于平衡状态即可，从而实现恒压供水。

在实际恒压供水系统中，一般在管道中安装有压力传感器，由压力传感器实时检测管道中水的压力大小，并将压力信号转换为电信号送至含有 PID 调节器的变频器中。图 8-1 为恒定供水原理示意图。

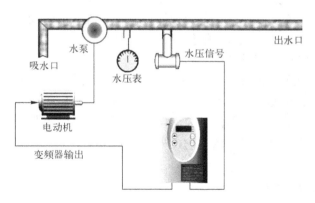

图 8-1 恒压供水原理示意图

利用变频器内部的 PID 调节功能，从图 8-2 中可以看到，变频器有两个控制信号：一个是目标给定信号 X_T；一个是实际反馈信号 X_F。其中，目标给定信号 X_T 由外接电位器 RP 设定给变频器（通过计算恒定时水流量等效的电压值），通常用百分数表示；实际反馈信号 X_F 则是由压力传感器 SP 反馈回来的，是监测到的实际压力值相对应的模拟信号量。

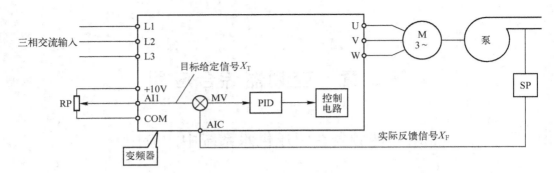

图 8-2　变频器 PID 调节功能

目标给定信号 X_T 与实际反馈信号 X_F 相减即得到比较信号。该比较信号经变频器内部的 PID 调节（目前风机水泵类专用变频器内部均设置有该项功能）处理后，即可得到频率给定信号，控制变频器的输出频率。

一般来说，当用水量减少，供水能力大于用水需求时，水压上升，实际反馈信号 X_F 变大，目标给定信号 X_T 与 X_F 的差减小，经 PID 处理后的频率给定信号变小，变频器输出频率下降，水泵电动机 M 转速下降，供水能力下降。

当用水量增加，供水能力小于用水需求时，水压下降，实际反馈信号 X_F 减小，目标给定信号 X_T 与 X_F 的差增大，PID 处理后的频率给定信号变大，变频器输出频率上升，水泵电动机 M 转速上升，供水能力提高。直到压力大小等于目标值、供水能力与用水需求之间达到平衡时为止，即实现恒压供水。

8.1.2　单泵恒压供水系统

对于供水量较小的供水系统，一台水泵就能满足供水量要求，由一台变频器来控制水泵。这种恒压供水系统的控制简单实用，如图 8-3 所示。其系统组成主要有：输出环节，由水泵电动机执行；转速控制环节，由变频器控制，实现变流量恒压控制；压力检测环节，由压力传感器检测管网的出水压力，把信号传给变频器，通过变频器中的 PID 调节功能来控制水泵的转速，实现闭环控制系统。

在用水高峰期，用水量较大、水压下降，水压变送器信号小于设定信号，经变频器内部 PID 调节后，变频器输出频率上升，水泵加速运行，供水量增大，水压回升到设定值；当用水量较小、水压上升，水压变送器信号大于设定信号，经变频器内部 PID 调节后，变频器输出频率下降，水泵减速运行，供水量减少，水压下降到设定值。这样就使供水系统始终保持恒压供水。

1. 用户需求与分析

有一座 24 层的高楼，每层 8 户，安装一套恒压供水设备。

恒压供水系统中，选择水泵型号所需的主要参数有以下几项。

实际扬程（HA）：水泵实际提高水位所需的能量。HA = 24 层 × 3m/层 = 72m。

损失扬程（HL）：管道损失扬程可以采用估算法，即管道损失扬程等于实际地形扬水高度的 0.1 ~ 0.2 倍。HL = (0.1 ~ 0.2) × 72m = 7.2 ~ 14.4m，在此选择 10m。

全扬程（HT）：总扬程，即水泵可达到的扬程。HT = HA + HL = 72m + 10m = 82m。

流量 Q：单位时间流过管道内某一截面的水量，单位为 m/s、m/h。设每户有 2 个洗脸水龙头、1个淋浴龙头、1个蹲便器，即每户有3个普通水龙头、1个自闭式冲洗阀，用水高峰时所用水龙头均开启，部分冲洗阀开启（按5%考虑）。根据卫生器具给水百分比，计算秒流量 $Q = 0.2 \times 3 \times 8 \times 24 + 6 \times 1 \times 8 \times 24 \times 5\% = 172.8 \text{l/s}$，即水泵流量为172.8l/s。

2. 设备选型

（1）水泵

根据前面确定的用水量和扬程以及供水压力的需要，依照水泵流量、供水量、水泵扬程及所需压力来确定水泵的型号。本例确定水泵型号为80LG50 - 20 × 5一台，水泵自带电动机功率为22kW。

一般而言，水泵机组的额定流量和扬程与实际计算不会完全一致。因此，在选择水泵的容量时，应按略高于计算值的10% ~ 15%来确定流量与扬程。水泵运行方式的选择方式如下。

① 对小型系统，尤其是对逐渐建设的小区，以一台水泵工作，一台备用为好，即一备一用，切换运行，并考虑将来联网运行。

② 对大、中型供水系统，在选泵时应以"一备一用"和"2～3台水泵联网运行"方式进行。

（2）水泵电动机

水泵电动机的容量可根据水泵的轴功率来选择，具体型号见有关标准。

（3）变频器的选型与控制方式

因为水泵也属于二次方律负载，因此变频器的类型可选具有 U/F 控制方式的西门子MM440变频器，容量为22kW。

（4）空气开关

选取空气开关要考虑有过载、断路瞬时保护功能的空气开关，极数、电流都要根据实际需要选取。

（5）接触器

接触器的选型主要考虑接触控制的电压、频率，主触点和辅助触头的数量是否满足被控对象的需要。

3. 电路原理图设计

（1）变频主电路

如图8-3（a）所示，变频主电路包括变频器，变频供电接触器KM1、KM2的主触点KM1 - 1、KM2 - 1，工频供电接触器KM3的主触点 KM3 - 1 及压力传感器SP等部分。

（2）控制电路设计

控制电路由变频器外部控制端子及其外围的继电接触设备构成，如图8-3（b）所示。

① 控制电路可以实现工频运行与变频运行，通过内置的PID功能调节变频器的输出频率，从而控制电动机的转速。通过工频切换按钮SB6与变频启动按钮SB3实现变频与工频的切换。

② 压力的目标值给定通过外接电位器实现，此例设置压力目标值用百分数表示为70%。

③ 具体声光报警、短路、过电流和过载等保护功能。

（3）控制原理分析

① PID控制

目标给定信号 X_T 由模拟给定端子3通过外接电位器的方式给定，实际反馈信号 X_F 由模拟给定端子 10 通过压力传感器输入，在变频器的内部进行相减，其合成信号（$X_T - X_F$）经过变频器内部的 PID 调节处理后得到频率给定信号，它决定了变频器的输出频率 f_x。

② 变频运行控制

首先闭合主电路断路器 QF，按下变频供电启动按钮 SB，交流接触器 KM1、KM2 线圈同时得电吸合，变频电路供电指示灯亮。KM1 得电，其常开辅助触点 KM1－2 闭合，实现自锁功能；常开主触点 KM1－1 闭合，变频器的主电路输入端 L1、L2、L3 得电；KM2 得电，其常闭辅助触点 KM2－2 断开，防止交流接触器 KM3 线圈得电，起到联锁保护作用；常开主触点 KM2－1 闭合，变频器输出侧与电动机相连，使电动机进入变频运行等待状态。

其次按下变频运行启动按钮 SB3，中间继电器 KA1 线圈得电并自锁，同时变频运行指示灯 HL2 点亮。常开触点 KA1－1 闭合，接通变频器端子 5 和 9，电动机开始加速进入变频运行状态。并联在变频供电停止按钮 SB2 两端的触点 KA1－3 闭合后，停止按钮将失去作用，以防止变频器在运行时，直接通过切断 KM1 接触器断开电源而使电动机停止。

③ 工频运行控制

按下工频切换控制按钮 SB6，中间继电器 KA2 线圈得电并自锁，其常闭触点 KA2－1 断开，中间继电器 KA1 线圈失电释放，其触点均复位。其中，KA1－1 复位断开，切断变频器运行端子回路，变频器停止输出，同时变频运行指示灯 HL2 熄灭。中继电器 KA2 的常开触点 KA2－3 闭合，延时时间继电器 KT1 线圈得电，其延时断开触点 KT1－1 延时一段时间后断开，交流接触器 KM1、KM2 线圈均失电，其所有触点均复位，主电路中变频器与三相交

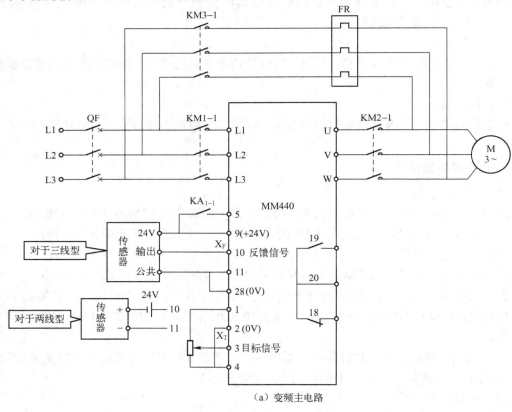

（a）变频主电路

图 8-3　单泵恒压供水系统电路图

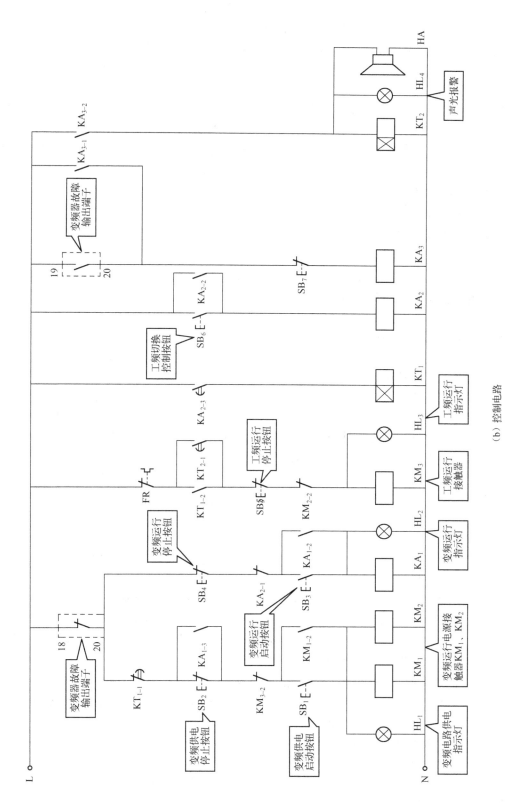

（b）控制电路

图8-3 单泵恒压供水系统电路图（续）

流电源断开；同时变频供电指示灯 HL1 熄灭。时间继电器 KT1 线圈得电，其延时闭合触点 KT1－2 延时一段时间后闭合，工频运行接触器 KM3 线圈得电，同时工频运行指示灯 HL3 点亮；常闭辅助触点 KM3－2 断开，防止交流接触器 KM2、KM1 线圈得电，起联锁保护作用；常开主触点 KM3－1 闭合，水泵电动机 M1 接入，开始工频运行。

④ 故障报警

在变频器运行中，如果变频器因故障而跳闸，则变频器输出端子 20 与 18 断开，接触器 KM1 和 KM2 均断电，电源与变频器之间以及变频器与电动机之间都被切断。与此同时，输出端子 19 和 20 闭合，由蜂鸣器 HA 与指示灯 HL4 进行声光报警。并且，时间继电器 KT2 线圈得电，其延时闭合触点 KT2－1 延时一段时间后闭合，使工频运行接触器 KM3 线圈得电，主触点闭合，电动机进入工频运行状态。操作员发现后，按下报警停止按钮 SB7，声光报警停止，并使时间继电器 KT2 断电。

4. 变频器的功能参数设置

（1）变频器的基本功能参数预置

① 最高频率。水泵属二次方率负载，变频器的工作频率是不允许超过额定频率的，其最高频率只能与额定频率相等，即 $f_{max} = f_N = 50Hz$。

② 上限频率。变频调速系统在 50Hz 频率下运行还不如直接在工频下运行，所以可将上限频率预置为 49Hz 或 49.5Hz，这是恰当的。

③ 下限频率。在供水系统中，转速过低，会出现水泵"空转"的现象，即水泵的全扬程小于实际扬程。所以通常情况下，下限频率应设置为 30～35Hz。

④ 启动频率。水泵在启动前，其叶轮全部在水中，启动时存在着一定的阻力。在从零开始启动时的一段频率内，实际上转不起来，应适当预置启动频率。使其在启动瞬间有一点冲力，也可采用手动或自动转矩补偿功能。当启动电流为额定电流 15% 时，启动转矩可达额定转矩的 20% 左右。现场设置应视具体情况而定。

⑤ 升速与降速时间。对于水泵这类不属于频繁启动与制动的负载，其升/降速时间的长短并不涉及生产效率问题，因此可将升/降速时间预置得长一些。通常确定升/降速时间的原则是在启动过程中其最大启动电流接近或等于电动机的额定电流，升/降速时间相等即可。

（2）PID 参数预置

西门子 MM440 变频器内置有 PID，在使用时只要根据控制要求设置相应的参数，就可以方便地进行闭环控制。

① 反馈输入通道选择。反馈量输入通道选择是指当应用 PID 功能时，反馈量从哪个模拟量通道输入。本例设置 P2264 = 755.1，反馈量从变频器模拟通道 2 输入，反馈量为 DC 电流，范围为 4～20mA。4mA 对应于传感器的输出值为 0%，即 P2268 = 0；20mA 对应于传感器的输出值为 100%，即 P2267 = 100。

② 给定目标值设置。PID 调节的根本依据是反馈量与目标值进行比较的结果。因此，准确地预置目标值是十分重要的。目标值设置可以通过键盘输入和外接给定两种方法，本例通过模拟通道 1 外接电位器给定，故设置 P2253 = 755.0。

控制运转频率范围为 50～0Hz，实际频率设置为 30Hz 左右。压力为 0～1Mpa，实际控制压力设置估算公式为 $P = \rho gh = 1000 \times 9.8 \times 82 = 0.8Mpa$。

给定电压范围是 0～10V，目标值设置为 0.8Mpa，对应的电压为 8V，设置为 80%。目标值设置为 P2240 = 80。

③ PID 参数的设置。PID 的参数设置主要包括比例增益、积分时间常数、微分时间常数的设置。具体如表 8-1 所示。

表 8-1　系统的 PID 参数的设定

参　数　号	设　置　值	说　　　明
P0003	3	设定用户访问级为专家级
P0004	0	显示全部参数
P0700	2	命令源选择由端子排输入
P0701	1	数字输入端子 1 为 ON 时电动机正转接通，OFF 时停止
P1000	1	频率设定值：由电动电位计输入设定
P1080	20	设定电动机最低频率
P1082	50	设定电动机最高频率
P2200	1	PID 功能有效
P2253	755.0	模拟通道 1 设定目标值
P2240	80	目标设定值为 80%
P2257	1	设定上升时间为 1s
P2258	1	设定下降时间为 1s
P2264	755.1	反馈通道由模拟通道 2 输入
P2265	0	反馈无滤波
P2267	100	反馈信号的上限为 100%
P2268	0	反馈信号的下限为 0%
P2269	100	反馈信号的增益为 100%
P2271	0	反馈形式正常
P2280	10	比例增益设置
P2285	5	积分时间设置
P2274	0	微分时间设置（通常微分需要关闭）
P2291	100	PID 输出上限为 100%
P2292	0	PID 输出下限为 0%

8.2　变频器在中央空调节能中的应用

中央空调系统是现代大型建筑物不可缺少的配套设施之一，电能的消耗非常大，约占建筑物总电能的 50%。由于中央空调系统都是按最大负载并增加一定裕量设计的，而实际上在一年中，满负载下运行最多只有十多天，甚至十多个小时，几乎绝大部分时间负载都在 70% 以下运行。

8.2.1　中央空调系统的组成原理及控制要求

1. 控制要求

某中央空调冷却系统有 3 台水泵，现采用变频调速，整个系统由 PLC 和变频器配合实现自动恒温控制。具体控制要求如下。

① 按设计要求每次运行两台，一台备用，10 天轮换一次。

② 冷却进回水温差超出上限温度时，一台水泵全速运行，另一台变频器高速运行；冷却进回水温差小于下限温度时，一台水泵变频器低速运行，另一台停机。

③ 3 台水泵分别由电动机 M1、M2、M3 拖动，全速运行由接触器 KM1、KM2、KM3 控制，变频调速分别由接触器 KM4、KM5、KM6 控制。

④ 变频器调速通过 7 段速控制来实现。

2. 中央空调系统的组成和原理

典型的中央空调系统的组成如图 8-4 所示，主要由冷冻水循环系统、冷却水循环系统及主机 3 部分组成。

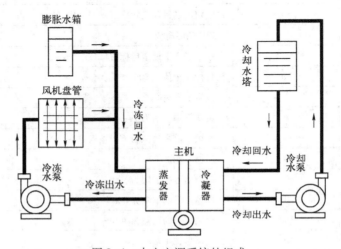

图 8-4　中央空调系统的组成

（1）冷冻水循环系统

从冷冻主机流出的冷冻水由冷冻泵加压送入冷冻水管道，通过各房间的盘管，带走房间内的热量，使房间内的温度下降。同时，房间内的热量被冷冻水吸收，使冷冻水的温度升高，温度升高了的循环水经冷冻主机后又变成冷冻水，如此循环。室内风机用于将空气吹过冷冻水管道，加速室内热交换。

从冷冻主机流出（进入房间）的冷冻水管称为"出水"，流经所有的房间后回到冷冻主机的冷冻水称为"回水"。无疑，回水的温度将高于出水的温度，形成温差。

（2）冷却水循环系统

冷却水循环系统由冷却泵、冷却水管道及冷却水塔组成。冷冻水循环系统进行室内热交换的同时，必将带走室内大量的热能，该热能通过主机内冷媒传递给冷却水，使冷却水温度升高。冷却泵将升温后的冷却水压入冷却水塔，使之在冷却塔中与大气进行热交换，降温后送回到冷却机组，如此不断循环，带走冷冻机组释放的热量。

流进冷却主机的冷却水简称为"进水"，从冷却主机流回冷却塔的冷却水简称为"回水"。同样，回水的温度将高于进水的温度，形成温差。

（3）主机

主机由压缩机、蒸发器、冷凝器及冷媒（制冷剂）等组成，其工作循环过程如下。

首先，低压气态冷媒被压缩机加压后被冷凝器中的冷却水吸收，并送到室外的冷却水塔里，最终释放到空气中。

随后，冷凝器中的高压液态冷媒在流经蒸发器前的节流降压装置时，因压力的突变而气化，形成气液混合物进入到蒸发器，冷媒在蒸发器中不断气化，同时吸收冷冻水中的热量，使其达到较低温度。

最后，蒸发器中气化后的冷媒又变成了低压气体，重新进入压缩机，如此循环工作。

可以看出，中央空调系统的工作过程是一个不断进行热交换的能量转换过程。在这里，冷冻水和冷却水循环系统是能量的主要传递者，因此，对冷冻水和冷却水循环系统的控制是中央空调控制系统的重要组成部分。

3. 中央空调变频调速系统的节能控制原理

中央空调变频调速的控制依据是：冷冻水和冷却水两个循环系统完成中央空调的外部热交换，而循环水系统的回水与出水温度之差，反映了需要进行热交换的热量。因此，根据回水与出水温度之差来控制循环水的流动速度，从而控制进行热交换的速度，这是比较合理的控制方法。冷冻水循环系统和冷却水循环系统控制方法略有不同，具体如下。

（1）冷冻水循环系统的控制

由于冷冻水的出水温度是冷冻机组冷冻的结果，常常是比较稳定的。因此，单是回水温度的高低就足以反映室内的温度。所以，冷冻水泵的变频调速可以简单地根据回水温度来进行控制。回水温度高，则说明室内温度高，应提高冷冻水泵的转速，加快冷冻水的循环速度；反之，回水温度低，说明室内温度低，可降低冷冻水泵的转速，减缓冷冻水的循环速度，以节约能源。简言之，对于冷冻水循环系统，控制依据是回水温度，即通过变频调速来实现回水的恒温控制。为了确保最高楼层具有足够的压力，在回水管上接一个压力表，如果回水压力低于规定值，电动机的转速将不再下降。

（2）冷却水循环系统的控制

① 温差控制。由于冷却水的进水温度就是冷却水塔的水温，随环境温度等因素影响而变化，单侧水温不能反映冷却机组内产生热量的多少。因此，对于冷却水泵，以其进水和回水作为控制依据，实现进水和回水的恒温差控制是比较合理的。温差大，则说明冷却机组产生的热量大，应提高冷却水泵的转速，增大冷却水的循环速度；反之，则可减缓冷却水的循环速度。实际运行表明，把温差值控制在 $3 \sim 5℃$ 的范围内是比较适宜的。

② 温差与进水温度的综合控制。由于进水温度是随环境温度而改变的，因此把温差恒定为某值并非上策。因为当采用变频调速系统时，所考虑的不仅仅是冷却效果，还必须考虑节能效果。具体地说，就是：温差值定低了，水泵的平均转速上升，影响节能效果；温差值定高了，在进水温度偏高时，又会影响冷却效果。实践表明，根据进水温度来随时调整温差的大小是可取的。即进水温度低时，应主要着眼于节能效果，温差的目标值可适当地高一点；而在进水温度高时，则必须保证冷却效果，温差的目标值低一些。

③ 控制方案。利用变频器内置的 PID 调节功能，控制方案如图 8-5 所示。反馈信号是由温差控制器得到的、与温差 Δt 成正比的电流或电压信号。目标信号是一个与进水温度 t_A 有关、并与目标温差成正比的值，如图 8-5 所示。其基本思路是：当进水温度高于 32℃ 时，温差的目标值定为 3℃；当进水温度低于 24℃ 时，温差的目标值定为 5℃，当进水温度在 $24 \sim 32℃$ 之间变化时，温差的目标值按此曲线自动调速。

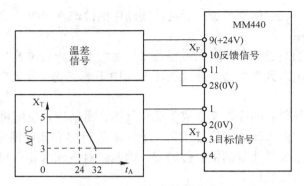

图 8-5 冷却水控制方案

8.2.2 中央空调变频调速控制方案

中央空调的水循环系统一般都由若干台水泵组成，采用变频调速时，一般有以下两种方案。

1. 一台变频器方案

若干台冷冻水泵由一台变频器控制，各台水泵之间的切换方法如下。

① 先启动 1 号水泵，进行恒温度（差）控制。

② 当 1 号水泵的工作频率上升到 50Hz 或上限切换频率（如 48Hz）时，将它切换至工频电源；同时将变频器的给定频率迅速降到 0Hz，使 2 号水泵与变频器相连，并开始启动，进行恒温度（差）控制。

③ 当 2 号水泵的工作频率上升到 50Hz 或上限切换频率（如 48Hz）时，将它切换至工频电源；同时将变频器的给定频率迅速降到 0Hz，使 3 号水泵与变频器相连，并开始启动，进行恒温度（差）控制。

④ 当 3 号水泵的工作频率下降至下限切换频率时，将 1 号水泵停机。

⑤ 当 3 号水泵的工作频率再次下降至下限切换频率时，将 2 号水泵停机，因此只有 3 号水泵处于变频调速状态。

这种方案的优点是只用一台变频器，设备投资少；缺点是节能效果稍差。

2. 全变频方案

全变频方案即所有的冷冻水泵和冷却水泵都采用变频调速，各台水泵切换方法如下。

① 先启动 1 台水泵，进行恒温度（差）控制。

② 当 1 号水泵的工作频率上升到 50Hz 或上限切换频率（如 48Hz）时，启动 2 号水泵，1 号水泵和 2 号水泵同时进行变频调速，进行恒温度（差）控制。

③ 当工作频率又上升至切换频率上限值时，启动 3 号水泵，3 台水泵同时进行变频器调速，进行恒温度（差）控制。

④ 当 3 台变频器同时运行，而工作频率下降至设置的下限切换频率时，可关闭 3 号水泵，使系统进入两台水泵运行的状态。当频率继续下降至下限切换频率时，关闭 2 号水泵，进入单台水泵运行状态。

全变频方案由于每台水泵都要配置变频器，故设备投资较高，但节能效果更明显。

附 录 A

三菱 FR-700 系列变频器参数一览表

功能	参　数	名　　称	设定范围	最小设定单位	初　始　值
基本功能	0	转矩提升	0~30%	0.1%	6/4/3/2/1% *1
	1	上限频率	0~120Hz	0.01Hz	120/60Hz *2
	2	下限频率	0~120Hz	0.01Hz	0Hz
	3	基准频率	0~400Hz	0.01Hz	50Hz
	4	多段速设定（高速）	0~400Hz	0.01Hz	50Hz
	5	多段速设定（中速）	0~400Hz	0.01Hz	30Hz
	6	多段速设定（低速）	0~400Hz	0.01Hz	10Hz
	7	加速时间	0~3600/360s	0.1/0.01s	5/15s *3
	8	减速时间	0~3600/360s	0.1/0.01s	5/15s *3
	9	电子过电流保护	0~500/0~3600A *2	0.1/0.01A *2	额定电流
直流制动	10	直流制动动作频率	0~120Hz，9999	0.01Hz	3Hz
	11	直流制动动作时间	0~10s，8888	0.1s	0.5s
	12	直流制动动作电压	0~30%	0.1%	4/2/1% *4
—	13	启动频率	0~60Hz	0.01Hz	0.5Hz
—	14	适用负载选择	0~5	1	0
JOG点动	15	点动频率	0~400Hz	0.01Hz	5Hz
	16	点动加/减速时间	0~3600/360s	0.1/0.01s	0.5s
—	17	MRS输入选择	0，2，4	1	0
—	18	高速上限频率	120~400Hz	0.01Hz	120/60Hz *2
—	19	基准频率电压	0~100V,8888,9999	0.1V	9999
加减速时间	20	加/减速基准频率	1~400Hz	0.01Hz	50Hz
	21	加/减速时间单位	0，1	1	0
防止失速	22	失速防止动作水平（转矩限制水平）	0~400%	0.1%	150%
	23	倍时时失速防止动作水平补偿系数	0~200%，9999	0.1%	9999
多段速度设定	24~27	多段速设定（4速~7速）	0~400Hz，9999	0.01Hz	9999
—	28	多段速输入补偿选择	0，1	1	0
—	29	加/减速曲线选择	0~5	1	0
—	30	再生制动功能选择	0，1，2，11，12，20，21	1	0

功能	参　数	名　　称	设　定　范　围	最小设定单位	初　始　值
频率跳变	31	频率跳变1A	0~400Hz，9999	0.01Hz	9999
	32	频率跳变1B	0~400Hz，9999	0.01Hz	9999
	33	频率跳变2A	0~400Hz，9999	0.01Hz	9999
	34	频率跳变2B	0~400Hz，9999	0.01Hz	9999
	35	频率跳变3A	0~400Hz，9999	0.01Hz	9999
	36	频率跳变3B	0~400Hz，9999	0.01Hz	9999
—	37	转速显示	0，1~9998	1	0
频率检测	41	频率到达动作范围	0~100%	0.1%	10%
	42	输出频率检测	0~400Hz	0.01Hz	6Hz
	43	反转时输出频率检测	0~400Hz，9999	0.01Hz	9999
第2功能	44	第2加/减速时间	0~3600/360s	0.1/0.01s	5s
	45	第2减速时间	0~3600/360s，9999	0.1/0.01s	9999
	46	第2转矩提升	0~30%，9999	0.1%	9999
	47	第2V/F基准频率	0~400Hz，9999	0.01Hz	9999
	48	第2失速防止动作水平	0~220%	0.1%	150%
	49	第2失速防止动作频率	0~400Hz，9999	0.01Hz	0Hz
	50	第2输出频率检测	0~400Hz	0.01Hz	30Hz
	51	第2电子过电流保护	0~500A，9999/ 0~3600A，9999 ∗2	0.01/0.1A ∗2	9999
监视器功能	52	DU/PU主显示数据选择	0，5~14，17~ 20，22~25，32~ 35，50~57，100	1	0
	54	CA端子选择功能	1~3，5~14，17， 18，21，24，32~34， 50，52，53	1	1
	55	频率监视基准	0~400Hz	0.01Hz	50Hz
	56	电流监视基准	0~500/0~3600A ∗2	0.01/0.1A ∗2	变频器额定电流
再试	57	再启动自由运行时间	0，0.1~5s，9999/ 0，0.1~30s， 9999，∗2	0.1s	9999
	58	再启动上升时间	0~60s	0.1s	1s
—	59	遥控功能选择	0，1，2，3	1	0
—	60	节能控制选择	0，4	1	0
自动加减速	61	基准电流	0~500A，9999/ 0~3600A，9999 ∗2	0.01/0.1A ∗2	9999
	62	加速时基准值	0~220%，9999	0.1%	9999
	63	减速时基准值	0~220%，9999	0.1%	9999
	64	升降机模式启动频率再试选择	0~10Hz，9999	0.01Hz	9999

功能	参 数	名 称	设 定 范 围	最小设定单位	初 始 值
—	65	再试选择	0～5	1	0
—	66	失速防止动作水平降低开始频率	0～400Hz	0.01Hz	50Hz
再试	67	报警发生时再试次数	0～10，101～110	1	0
	68	再试等待时间	0～10s	0.1s	1s
	69	再试次数显示和消除	0	1	0
—	70	特殊再生制动使用率	0～30%/0～10% *2	0.1%	0%
—	71	适用电动机	0～8，13～18，20，23，24，30，33，34，40，43，44，50，53，54	1	0
—	72	PWM 频率选择	0～15/0～6，25 *2	1	2
—	73	模拟量输入选择	0～7，10～17	1	1
—	74	输入滤波时间常数	0～8	1	1
—	75	复位选择/PU 脱离检测/PU 停止选择	0～3，14～17	1	14
—	76	报警代码选择输出	0，1，2	1	0
—	77	参数写入选择	0，1，2	1	0
—	78	反转防止选择	1，1，2	1	0
—	79	运行模式选择	0，1，2，3，4，6，7	1	0
电动机常数	80	电动机容量	0.4 ～ 55kW，9999/0 ～ 3600k，9999 *2	0.01/0.1kW *2	9999
	81	电动机级数	2，4，6，8，10，12，14，16，18，20，112，122，9999	1	9999
	82	电动机励磁电流	0～500A，9999/0～3600A，9999 *2	0.01/0.1A *2	9999
	83	电动机额定电压	0～1000V	0.1V	200/400V
	84	电动机额定频率	10～120Hz	0.01Hz	50Hz
	89	速度控制增益（磁通矢量）	0～200%，9999	0.1%	9999
	90	电动机常数（R1）	0～50Ω，9999/0～400mΩ，9999 *2	0.001Ω/0.01mΩ *2	9999
	91	电动机常数（R2）	0～50Ω，9999/0～400mΩ，9999 *2	0.001Ω/0.01mΩ *2	9999
	92	电动机常数（L1）	0 ～ 50，（0 ～ 1000mH）0～3600mΩ（0～400mH）9999 *2	0.001Ω（0.1mH0）/0.01mΩ(0.1mH0) *2	9999

功能	参 数	名 称	设定范围	最小设定单位	初 始 值
电动机常数	93	电动机常数（L2）	0 ~ 50，（0 ~ 1000mH）0 ~ 3600mΩ（0 ~ 400mH）9999 *2	0.001Ω（0.1 mH0）/0.01mΩ(0.1mH0) *2	
	94	电动机常数（X）	0 ~ 500Ω（0 ~ 100%）9999/0 ~ 100Ω（0 ~ 100%）9999 *2	0.001Ω（0.1 mH0）/0.01mΩ(0.1mH0) *2	9999
	95	在线自动调谐选择	0 ~ 2	1	0
	96	自动调谐设定/状态	0，1，101	1	
V/F5 点可调整	100	V/F1	0 ~ 400Hz，9999	0.01Hz	9999
	101	V/F1	0 ~ 1000V	0.1V	0V
	102	V/F2	0 ~ 400Hz，9999	0.01Hz	9999
	103	V/F2	0 ~ 1000V	0.1V	0V
	104	V/F3	0 ~ 400Hz，9999	0.01Hz	9999
	105	V/F3	0 ~ 1000V	0.1Hz	0V
	106	V/F4	0 ~ 400Hz，9999	0.01Hz	9999
	107	V/F4	0 ~ 1000V	0.1V	0V
	108	V/F5	0 ~ 400Hz，9999	0.01Hz	9999
	109	V/F5	0 ~ 1000V	0.1V	0V
第3功能	110	第3加/减速时间	0 ~ 3600/360s，9999	0.1/0.01s	9999
	111	第3减速时间	0 ~ 3600/360s，9999	0.1/0.01s	9999
	112	第3转矩提升	0 ~ 30%，9999	0.1%0 ~ 30%	9999
	113	第3V/F（基底频率）	0 ~ 400Hz，9999	0.01Hz	9999
	114	第3失速防止动作电流	0 ~ 220%	0.1%	150%
	115	第3失速防止动作频率	0 ~ 400Hz	0.01Hz	0
	116	第3输出频率检测	0 ~ 400Hz	0.01Hz	50Hz
PU 接口通信	117	PU 通信站号	0 ~ 31	1	0
	118	PU 通信速率	48，96，192，384	1	192
	119	PU 通信停止位长	0，1，10，11	1	1
	120	PU 通信奇偶校验	0，1，2	1	2
	121	PU 通信再试次数	0 ~ 10，9999	1	1
	122	PU 通信校验时间间隔	0，0.1 ~ 999.8s，9999	0.1s	9999
	123	PU 通信等待时间设定	0 ~ 150ms，9999	1	9999
	124	PU 通信有无 CR/LF 选择	0，1，2	1	1
—	125	端子 2 频率设定增益	0 ~ 400Hz	0.01Hz	50Hz
—	126	端子 4 频率设定增益	0 ~ 400Hz	0.01Hz	50Hz

功能	参 数	名 称	设 定 范 围	最小设定单位	初 始 值
PID运行	127	PID控制自动切换频率	0~400Hz，9999	0.01Hz	9999
	128	PID运动选择	10，11，20，21，50，51，60，61	1	10
	129	PID比例带	0.1%~1000%，9999	0.1%	100%
	130	PID积分时间	0.1~3600s，9999	0.1s	1s
	131	PID上限	0~100%，9999	0.1%	9999
	132	PID下限	0~100%，9999	0.1%	9999
	133	PID运动目标值	0~100%，9999	0.01%	9999
	134	PID微分时间	0.01~10.00s，9999	0.01s	9999
第2功能	135	工频电源切换输出端子选择	0，1	1	0
	136	MC切换互锁时间	0~100s	0.1s	1s
	137	启动等待时间	0~100s	0.1s	0.5s
	138	异常时工频切换选择	0，1	1	0
	139	变频—工频自动切换频率	0~60Hz，9999	0.01Hz	9999
监视器功能	140	齿隙补偿加速中断频率	0~400Hz	0.01Hz	1Hz
	141	齿隙补偿加速中断时间	0~360s	0.1s	0.5s
	142	齿隙补偿减速中断频率	0~400Hz	0.01Hz	1Hz
	143	齿隙补偿减速中断时间	0~360s	0.1s	0.5s
—	144	速度设定转换	0，2，4，6，8，10，12，102，104，106，108，110，112	1	4
PU	145	PU显示语言切换	0~7	1	1
电流检测	148	输入0V	0~220%	0.1%	150%
	149	输出10V时的防止失速水平	0~220%	0.1%	200%
	150	输出电流检测水平	0~220%	0.1%	150%
	151	输出电流检测信号延迟时间	0~10s	0.1s	0s
	152	零电流检测水平	0~220%	0.1%	5%
	153	零电流检测时间	0~1s	0.01s	0.5s
—	154	时速防止动作中的电压降低选择	0，1	1	1
—	155	RT信号执行条件选择	0，10	1	0
—	156	失速防止动作选择	0~31，100，101	1	0
—	157	OL信号输出延时	0~25s，9999	0.1s	0s
—	158	AM端子功能选择	1~3，5~14，17，18，21，24，32~34，50，52，53	1	1

功　能	参　数	名　　称	设定范围	最小设定单位	初　始　值
—	159	变频—工频自动切换范围	0~10Hz，9999	1	0
—	160	用户参数组读取选择	0，1，9999	1	0
—	161	频率设定/键盘锁定操作选择	0，1，10，11	1	0
再启动	162	瞬时停电再启动动作选择	0，1，2，10，11，12	1	0
	163	再启动第1缓冲时间	0~20s	0.1s	0s
	164	再启动第1缓冲电压	0~100%	0.1%	0%
	165	再启动失速防止动作水平	0~220%	0.1%	150%
电流检测	166	输出电流检测信号保持时间	0~10s，9999	0.1s	0.1s
	167	输出电流检测动作选择	0，1	1	0
—	168	生产厂家设定用参数，请不要设定			
—	169				
监视器功能	170	累计电度表清零	0，10，9999	1	0
	171	实际运作时间清零	0，9999	1	9999
用户组	172	用户参数组注册数显示/一次性删除	9999，（0~16）	1	0
	173	用户参数注册	0~999，9999	1	9999
	174	用户参数删除	0~999，9999	1	9999
输入端子的功能分配	178	STF端子功能选择	0~20，22~28，37，42~44，60，62，64~71，9999	1	60
	179	STR端子功能选择	0~20，22~28，37，42~44，60，62，64~71，9999	1	61
	180	RL端子功能选择	0~20，22~28，37，42~44，61，62，64~71，9999	1	0
	181	RM端子功能选择		1	1
	182	RH端子功能选择		1	2
	183	RT端子功能选择		1	3
	184	AU端子功能选择	0~20，22~28，37，42~44，62~71，9999	1	4
	185	JOG端子功能选择	0~20，22~28，37，42~44，62~71，9999	1	5
	186	CS端子功能选择	0~20，22~28，37，42~44，64~71，9999	1	6
	187	MRS端子功能选择		1	24
	188	STOP端子功能选择		1	25
	189	RES端子功能选择		1	62

功能	参　数	名　　称	设 定 范 围	最小设定单位	初　始　值
输出端子的功能分配	190	RUN 端子功能选择	0 ~ 8, 10 ~ 20, 25 ~ 28, 30 ~ 36, 39, 41 ~ 47, 64, 70, 84, 85, 90 ~ 99, 100 ~ 108, 110 ~ 116, 120, 125 ~ 128, 130 ~ 136, 139, 141 ~ 147, 164, 170, 184, 185, 190 ~ 199, 9999	11	0
	191	SU 端子功能选择		1	1
	192	IPF 端子功能选择		1	2
	193	OL 端子功能选择		1	3
	194	FU 端子功能选择		1	4
	195	ABC1 端子功能选择	0 ~ 8, 10 ~ 20, 25 ~ 28, 30 ~ 36, 39, 41 ~ 47, 64, 70, 84, 85, 90, 91, 94 ~ 99, 100 ~ 108, 110 ~ 116, 120, 125 ~ 128, 130 ~ 136, 139, 141 ~ 147, 164, 170, 184, 185, 194 ~ 199, 9999	1	99
	196	ABC2 端子功能选择		1	9999
多段速度设定	232 ~ 239	多段速设定（8 速 ~ 15 速）	0 ~ 400Hz, 9999	0.01Hz	9999
—	240	Soft – PWM 动作选择	0, 1	1	1
—	241	模拟输入显示单位切换	0, 1	1	0
—	242	端子 1 叠加补偿增益（端子 2）	0 ~ 100%	0.1%	100%
—	243	端子 1 叠加补偿增益（端子 4）	0 ~ 100%	0.1%	75%
—	244	冷却风扇的动作选择	0, 1	1	1
转差补偿	245	额定转差	0 ~ 50%, 9999	0.01%	9999
	246	转差补偿时间常数	0.01 ~ 10s	0.01s	0.5s
	247	恒功率区域转差补偿选择	0, 9999	1	9999
—	250	停止选择	0 ~ 100s, 1000 ~ 1100s, 8888, 9999	0.1s	9999
—	251	输出缺相保护选择	0, 1	1	1
频率补偿功能	252	过调节偏置	0 ~ 200%	0.1%	50%
	253	过调节增益	0 ~ 200%	0.1%	150%
寿命诊断	255	寿命报警状态显示	（0 ~ 15）	1	0
	256	浪涌电流抑制电路寿命显示	（0 ~ 100%）	1%	100%
	257	控制电路电容器寿命显示	（0 ~ 100%）	1%	100%
	258	主电路电容器寿命显示	（0 ~ 100%）	1%	100%
	259	测定主电路电容器寿命	0, 1	1	0
	260	PWM 频率自动切换	0, 1	1	1

功能	参 数	名 称	设 定 范 围	最小设定单位	初 始 值
掉电停机	261	掉电停止方式选择	0, 1, 2, 11, 12	1	0
	262	起始减速频率降	0~20Hz	0.01Hz	3Hz
	263	起始减速频率	0~120Hz, 9999	0.01Hz	50Hz
	264	掉电时减速时间1	0~3600/360s	0.1/0.01s	5s
	265	掉电时减速时间2	0~3600/360s, 9999	0.1/0.01s	9999
	266	掉电减速时间切换频率	0~400Hz	0.01Hz	50Hz
—	267	端子4输入选择	0, 1, 2	1	0
—	268	监视器小数位数选择	0, 1, 9999	1	9999
—	269	厂家设定用参数，请勿自行设定			
—	270	挡块定位，负荷转矩高速频率控制选择	0, 1, 2, 3	1	0
负荷转矩高速频率控制	271	高速设定最大限电流	0~220%	0.1%	50%
	272	中速设定最小限电流	0~220%	0.1%	100%
	273	电流平均范围	0~400Hz, 9999	0.01Hz	9999
	274	电流平均滤波时间常数	1~4000	1	16
挡块定位控制	275	挡块定位励磁电流低速倍速	0~1000%, 9999	0.1%	9999
	276	挡块定位时PWM载波频率	0~9, 9999, 0~4, 9999*2	1	9999
制动序列功能	278	制动开启频率	0~30Hz	0.01Hz	3Hz
	279	制动开启电流	0~220%	0.1%	130%
	280	制动开启电流检测时间	0~2s	0.1s	0.3s
	281	制动操作开始时间	0~5s	0.1s	0.3s
	282	制动操作频率	0~30Hz	0.01Hz	6Hz
	283	制动操作停止时间	0~5s	0.1s	0.3s
	284	减速检测功能选择	0, 1	1	0
	285	超速检测频率（速度偏差过大检测频率）	0~30Hz, 9999	0.01Hz	9999
固定偏差控制	286	增益偏差	0~100%	0.1%	0%
	287	滤波器偏差时定值	0~1s	0.01s	0.3s
	288	固定偏差功能动作选择	0, 1, 2, 10, 11	1	0
—	291	脉冲列输入/输出选择	0, 1	1	0
—	292	自动加/减速	0, 1, 3, 5~8, 11	1	0
—	293	加速/减速个别动作选择模式	0~2	1	0
—	294	UV回避电压增益	0~200%	0.1%	100%
—	299	再启动时的旋转方向检测选择	0, 1, 9999	1	0

功能	参 数	名 称	设 定 范 围	最小设定单位	初 始 值
RS-485 通信	331	RS-485 通信站号	0~319（0~247）	1	0
	332	RS-485 通信速率	3，6，12，24，48，96，192，384	1	96
	333	RS-485 通信停止位长	0，1，10，11	1	1
	334	RS-485 通信奇/偶校验选择	0，1，2	1	2
	335	RS-485 通信再试次数	0~10，9999	1	1
	336	RS-485 通信校验时间间隔	0~999.8s，9999	0.1s	0s
	337	RS-485 通信等待时间设定	0~150ms，9999	1	9999
	338	通信运行指令权	0，1	1	0
	339	通信速率指令权	0，1，2	1	0
	340	通信启动模式选择	0，1，2，10，12	1	0
	341	RS-485CR/LF 选择	0，1，2	1	0
	342	通信 EEPROM 写入选择	0，1	1	0
	343	通信错误计数	－	1	0
定向控制	350 * 5	停止位置指令选择	0，1，9999	1	9999
	351 * 5	定向速度	0~30Hz	0.01Hz	2Hz
	352 * 5	蠕变速度	0~10Hz	0.01Hz	0.5Hz
	353 * 5	蠕变切换位置	0~16383	1	511
	354 * 5	位置环路切换位置	0~8191	1	96
	355 * 5	直流制动开始位置	0~255	1	5
	356 * 5	内部停止位置指令	0~16383	1	0
	357 * 5	定向完成区域	0~255	1	5
	358 * 5	伺服转矩选择	0~13	1	1
	359 * 5	PLG 转动方向	0，1	1	1
	360 * 5	16 位数据选择	0~127	1	0
	361 * 5	移位	0~16383	1	0
	362 * 5	定向位置环路增益	0.1~100	0.1	1
	363 * 5	完成信号输出延迟时间	0~5s	0.1s	0.5s
	364 * 5	PLG 停止确认时间	0~5s	0.1s	0.5s
	365 * 5	定向结束时间	0~60s，9999	1s	9999
	366 * 5	再确认时间	0~5s，9999	0.1s	9999
PLG 反馈	367 * 5	速度反馈范围	0~400Hz，9999	0.01Hz	9999
	368 * 5	反馈增益	0~100	0.1	1
	369 * 5	PLG 脉冲数量	0~4096	1	1024
	374	过速度检测水平	0~400Hz	0.01Hz	115Hz
	376 * 5	选择有无断线检测	0，1	1	0

功能	参　数	名　　称	设 定 范 围	最小设定单位	初　始　值
S 字加减速 c	380	加速时 s 字 1	0～50%	1%	0
	381	减速时 s 字 1	0～50%	1%	0
	382	加速时 s 字 2	0～50%	1%	0
	383	减速时 s 字 2	0～50%	1%	0
脉冲列输入	384	输入脉冲分度倍率	0～250	1	0
	385	输入脉冲零时频率	0～400Hz	0.01Hz	0
	386	输入脉冲最大时频率	0～400Hz	0.01Hz	50Hz
定向控制	393 * 5	定向选择	0, 1, 2	1	0
	396 * 5	定向速度增益（P 项）	0～1000	1	60
	397 * 5	定向速度积分时间	0～20s	0.001s	0.333s
	398 * 5	定向减速增益（D 项）	0～100	0.1	1
	399 * 5	定向减速率	0～1000	1	20
位置控制	419 * 5	位置指令权选择	0, 2	1	0
	420 * 5	指令脉冲倍率分子	0～32767	1	1
	421 * 5	指令脉冲倍率分母	0～32767	1	1
	422 * 5	位置环路增益	0～150sec－1	1sec－1	25sec－1
	423 * 5	位置前馈增益	0～100%	1%	0
	424 * 5	位置指令加/减速时间常数	0～50s	0.001s	0s
	425 * 5	位置前馈指令滤波器	0～5s	0.001s	0s
	426 * 5	定位完成宽度	0～32767 脉冲	1 脉冲	100 脉冲
	427 * 5	误差过大水平	0～400k, 9999	1k	40k
	428 * 5	指令脉冲选择	0～5	1	0
	429 * 5	清除信号选择	0, 1	1	1
	430 * 5	脉冲监视器选择	0～5, 9999	1	9999
第2电动机常数	450	第2适用电动机	0～8, 13～18, 20, 23, 24, 30, 33, 34, 40, 43, 44, 50, 53, 54, 9999	1	9999
	451	第2电动机控制方法选择	10, 11, 12, 20, 9999	1	9999
	453	第2电动机容量	0.1 ～ 500kW, 9999, 0～3600kW, 9999 * 2	0.01kW/0.1kW * 2	9999
	454	第2电动机极数	2, 4, 6, 8, 10, 12, 9999	1	9999
	455	第2电动机励磁电流	0～500A, 9999/0～3600A, 9999 * 2	0.01/0.1A * 2	9999
	456	第2电动机额定电压	0～1000V	0.1V	200/400V
	457	第2电动机额定频率	10～120Hz	0.01Hz	50Hz

功能	参 数	名 称	设 定 范 围	最小设定单位	初 始 值
第2电动机常数	458	第2电动机常数（R1）	0～50Ω，9999/0～400mΩ，9999 *2	0.001Ω/0.01mΩ *2	9999
	459	第2电动机常数（R2）	0～50Ω，9999/0～400mΩ，9999 *	0.001Ω/0.01mΩ *2	9999
	460	第2电动机常数（L1）	0～50Ω（0～1000mH），9999/0～3600mΩ（0～400mH），9999 *2	0.001Ω（0.1mH）/0.01mΩ(0.01mH) *2	9999
	461	第2电动机常数（L2）	0～50Ω（0～1000mH），9999/0～3600mΩ（0～400mH），9999 *2	0.001Ω（0.1mH）/0.01mΩ（0.01mH）*2	9999
	462	第2电动机常数（X）	0～50Ω（0～1000mH），9999/0～3600mΩ（0～400mH），9999 *2	0.001Ω（0.1mH）/0.01mΩ（0.01mH）*2	9999
	463	第2电动机自动调谐设定/状态	9999 *2	（0.01%）*2	
位置指令权选择	464 *5	数字位置控制急停止减速时间	0，1	1	0
	465 *5	第1位置传送量下4位	0～360.0s	0.1s	0
	466 *5	第1位置传送量上4位	0～9999	1	0
	467 *5	第2位置传送量下4位	0～9999	1	0
	468 *5	第2位置传送量上4位	0～9999	1	0
	469 *5	第3位置传送量下4位	0～9999	1	0
	470 *5	第3位置传送量上4位	0～9999	1	0
	471 *5	第4位置传送量下4位	0～9999	1	0
	472 *5	第4位置传送量上4位	0～9999	1	0
	473 *5	第5位置传送量下4位	0～9999	1	0
	474 *5	第5位置传送量上4位	0～9999	1	0
	475 *5	第6位置传送量下4位	0～9999	1	0
	476 *5	第6位置传送量上4位	0～9999	1	0
	477 *5	第7位置传送量下4位	0～9999	1	0
	478 *5	第7位置传送量上4位	0～9999	1	0
位置指令权选择	479 *5	第8位置传送量下4位	0～9999	1	0
	480 *5	第8位置传送量上4位	0～9999	1	0
	481 *5	第9位置传送量下4位	0～9999	1	0
	482 *5	第9位置传送量上4位	0～9999	1	0
	483 *5	第10位置传送量下4位	0～9999	1	0
	484 *5	第10位置传送量上4位	0～9999	1	0
	485 *5	第11位置传送量下4位	0～9999	1	0

功能	参 数	名 称	设 定 范 围	最小设定单位	初 始 值
位置指令权选择	486 * 5	第 11 位置传送量上 4 位	0 ~ 9999	1	0
	487 * 5	第 12 位置传送量下 4 位	0 ~ 9999	1	0
	488 * 5	第 12 位置传送量上 4 位	0 ~ 9999	1	0
	489 * 5	第 13 位置传送量下 4 位	0 ~ 9999	1	0
	490 * 5	第 13 位置传送量下 4 位	0 ~ 9999	1	0
	491 * 5	第 14 位置传送量下 4 位	0 ~ 9999	1	0
	492 * 5	第 14 位置传送量上 4 位	0 ~ 9999	1	0
	493 * 5	第 15 位置传送量下 4 位	0 ~ 9999	1	0
	494 * 5	第 15 位置传送量上 4 位	0 ~ 9999	1	0
远程输出	495	远程输出选择	0, 1, 10, 11	1	0
	496	远程输出内容 1	0 ~ 4095	1	0
	497	远程输出内容 2	0 ~ 4095	1	0
维护	503	维护定时器	0（1 ~ 9998）	1	0
	504	维护定时器报警输出设定时间	0 ~ 9998, 9999	1	9999
—	505	速度设定基准	1 ~ 120Hz	0.01Hz	50Hz
S 字加减速 D	516	加速开始时的 s 字时间	0.1 ~ 2.5s	0.1s	0.1s
	517	加速完成时的 s 字时间	0.1 ~ 2.5s	0.1s	0.1s
	518	减速开始时的 s 字时间	0.1 ~ 2.5s	0.1s	0.1s
	519	减速完成时的 s 字时间	0.1 ~ 2.5s	0.1s	0.1s
—	539	Modbus – RTU 通信校验时间间隔	0 ~ 999.8s, 9999	0.1s	9999
USB	547	USB 通信站号	0 ~ 31	1	0
	548	USB 通信检查时间间隔	0 ~ 998.8, 9999	0.1s	9999
通信	549	协议选择	0, 1	1	0
	550	网络模式操作权选择	0, 1, 9999	0.1s	9999
	551	PU 模式操作权选择	1, 2, 3	1	2
电流平均值	555	电流平均时间	0.1 ~ 1.0s	0.1s	1s
	556	数据输出屏蔽时间	0.0 ~ 20.0s	0.1s	0s
	557	电流平均值监视信号基准输出电流	0 ~ 500/0 ~ 3600A * 2	0.01/0.1A * 2	变频器额定电流
—	563	累计通电时间次数	（0 ~ 65536）	1	
—	564	累计运转时间次数	（0 ~ 65536）	1	0
第 2 电动机常数	569	第 2 电动机速度控制增益	0 ~ 200%, 9999	0.1%	9999
—	570	多重额定选择	0 ~ 3	1	2
—	571	启动时维护时间	0.0 ~ 10.0s, 9999	0.1s	9999
—	574	第 2 电动机在线自动调谐	0.1	1	0

功能	参数	名称	设定范围	最小设定单位	初始值
PID	575	输出中断检测时间	0 ~ 3600s, 9999	0.1s	1s
	576	输出中断检测水平	0 ~ 400Hz	0.01Hz	0Hz
	577	输出中断解除水平	900% ~ 1100%	0.1%	1000%
三角波功能	592	三角波功能选择	0, 1, 2	1	0
	593	最大振幅量	0 ~ 25%	0.1%	10%
	594	减速时振幅补偿量	0 ~ 50%	0.1%	10%
	595	加速时振幅补偿量	0 ~ 50%	0.1%	10%
	596	振幅加速时间	0.1 ~ 3600s	0.1s	5s
	597	振幅减速时间	0.1 ~ 3600	0.1s	5s
—	598	欠电压电平	350 ~ 430V DC, 9999	0.1V	9999
—	611	再启动时加速时间	0 ~ 3600s, 9999	0.1s	5/15s * 2
—	665	再生回避频率增益	0 ~ 200%	0.1%	100%
—	684	协调数据单位切换	0, 1	1	0
—	800	控制方法选择	0 ~ 5, 9 ~ 12, 20	1	20
—	802 * 2	预备励磁选择	0, 1	1	0
转矩指令	803	横输出区域转矩特性选择	0, 1	1	0
	804	转矩指令权选择	0, 1, 3 ~ 6	1	0
	805	转矩指令值（RAM）	600% ~ 1400%	1%	1000%
	806	转矩指令值（RAM, EEP-ROM）	600% ~ 1400%	1%	1000%
速度限制	807	速度限制选择	0, 1, 2	1	0
	808	正转速度限制	0 ~ 120Hz	0.01Hz	50Hz
	809	反转速度限制	0 ~ 120Hz, 9999	0.01Hz	9999
转矩限制	810	转矩限制输入方法选择	0, 1	1	0
	811	设定分辨率切换	0, 1, 10, 11	1	0
	812	转矩限制水平（再生）	0 ~ 400%, 9999	0.1%	9999
	813	转矩限制水平（第3象限）	0 ~ 400%, 9999	0.1%	9999
	814	转矩限制水平（第4象限）	0 ~ 400%, 9999	0.1%	9999
	815	转矩限制水平2	0 ~ 400%, 9999	0.1%	9999
	816	加速时转矩限制水平	0 ~ 400%, 9999		9999
	817	减速时转矩限制水平	0 ~ 400%, 9999	0.1%	9999
简单增益协调	818	简单增益调谐响应性设定	1 ~ 15	1	2
	819	简单增益调谐选择	0 ~ 2	1	0
调整功能	820	速度控制积分时间1	0 ~ 1000%	1%	60%
	821	速度控制积分时间1	0 ~ 20s	0.001s	9999
	822	速度设定滤波器1	0 ~ 5s, 9999	0.001s.	9999
	823 * 2	速度检测滤波器1	0 ~ 0.1s	0.001s	0.001s

功能	参 数	名 称	设 定 范 围	最小设定单位	初 始 值
调整功能	824	转矩控制 P 增益 1	0 ~ 200%	1%	100%
	825	转矩控制积分时间 1	0 ~ 500ms	0.1ms	5ms
	826	转矩设定滤波器 1	0 ~ 5s, 9999	0.001s	9999
	827	转矩检测滤波器 1	0 ~ 0.1s	0.001s	0s
	828	模型速度控制增益	0 ~ 1000%	1%	60%
	830	速度控制 P 增益 2	0 ~ 1000%, 9999	1%	9999
	831	速度控制积分时间 2	0 ~ 20s, 9999	0.001s	9999
	832	速度设定滤波器 2	0 ~ 5s, 9999	0.001s	9999
	833 * 5	速度检测滤波器 2	0 ~ 0.1s, 9999	0.001s	9999
	834	转矩控制 P 增益 2	0 ~ 200%, 9999	1%	9999
	835	转矩控制积分时间 2	0 ~ 500ms, 9999	0.1ms	9999
	836	转矩设定滤波器 2	0 ~ 5s, 9999	0.001s	9999
	837	转矩检测滤波器 2	0 ~ 0.1s, 9999	0.001s	9999
转矩偏置	840 * 5	转矩偏置选择	0 ~ 3, 9999	1	9999
	841 * 5	转矩偏置 1	600% ~ 1400%, 9999	1%	9999
	842 * 5	转矩偏置 2	600% ~ 1400%, 9999	1%	9999
	843 * 5	转矩偏置 3	600% ~ 1400%, 9999	1%	9999
	844 * 5	转矩偏置滤波器	0 ~ 5s, 9999	0.001s	9999
	845 * 5	转矩偏置动作时间	0 ~ 5s, 9999	0.01s	9999
	846 * 5	转矩偏置平衡补偿	0 ~ 10v, 9999	0.1v	9999
	847 * 5	下降时转矩偏置置端子 1 偏置	0 ~ 400%, 9999	1%	9999
	848 * 5	下降时转矩偏置端子 1 增益	0 ~ 400%, 9999	1%	9999
附加功能	849	模拟输入补偿调整	0 ~ 200%	0.1%	100%
	850	制动动作选择	0, 1	1	0
	853	速度偏差时间	0 ~ 100s	0.1s	1s
	854	励磁率	0 ~ 100%	1%	0
	858	端子 4 功能分配	0, 4, 9999	1	0
	859	转矩电流	0 ~ 500A, 9999/0 ~ 3600A, 9999 * 2	0.01/0.1A * 2	9999
	860	第 2 电动机转矩电流	0 ~ 500A, 9999/0 ~ 3600A, 9999 * 2	0.01/0.1A * 2	9999
	862	陷波滤波器时间常数	0 ~ 31/0 ~ 60	1	0
	863	陷波滤波器深度	0, 1, 2, 3	1	0
	864	转矩检测	0 ~ 400%	0.1%	150%
	865	低速度检测	0 ~ 400Hz	0.01Hz	1.5Hz
表示功能	866	转矩监视器基准	0 ~ 400%	0.1%	150%

功能	参 数	名 称	设 定 范 围	最小设定单位	初 始 值
—	867	AM 输出滤波器	0 ~ 5s	0.01s	0.01s
—	868	端子 1 功能分配	0 ~ 6, 9999	1	0
保护功能	872	输入缺相保护选择	0, 1	1	0
	873 * 5	速度限制	0 ~ 120Hz,	0.01Hz	1.5Hz
	874	OLT 水平设定	0 ~ 200%	0.1%	150%
	875	故障定义	0, 1	1	0
控制系统功能	877	速度前馈控制、模拟适应速度控制选择	0, 1, 2	1	0
	878	速度前馈滤波器	0 ~ 1s	0.01s	0s
	879	速度前馈转矩限制	0 ~ 400%	0.1%	150%
	880	负荷惯性比	0 ~ 200 倍	0.1	7
	881	速度前馈增益	0 ~ 1000%	1%	0%
避免再生功能	882	再生回避动作选择	0, 1, 2	1	0
	883	再生回避动作水平	300 ~ 800v	0.1v	DC760V
	884	减速时检测避免再生的敏感度	0 ~ 5	1	0
	885	再生回避补偿频率限制值	0 ~ 10Hz, 9999	0.01Hz	6Hz
	886	再生回避电压增益	0 ~ 200%	0.1%	100%
自由参数	888	自由参数 1	0 ~ 9999	1	9999
	889	自由参数 2	0 ~ 9999	1	9999
节能监视器	891	累计电力监视位切换频率	0 ~ 4, 9999	1	9999
	892	负载率	30 ~ 150%	0.1%	100%
	893	节能监视器基准（电机容量）	0.1 ~ 55/0 ~ 3600kw * 2	0.01/0.1kw * 2	变频器额定容量
	894	工频时控制选择	0, 1, 2, 3	1	0
	895	节能功率基准值	0, 1, 9999	1	9999
	896	电价	0 ~ 500, 9999	0.01	9999
	897	节能监视器平均时间	0, 1 ~ 100h, 9999	1	9999
	898	清楚节能累计监视值	0, 1, 10, 9999	1	9999
	899	运行时间率（推测值）	0 ~ 100%, 9999	0.1%	9999
校正参数	C0 (900)	CA 端子校正	—	—	—
	C1 (901)	AM 端子校正	—	—	—
	C2 (902)	端子 2 频率设定偏置频率	0 ~ 400Hz	0.01Hz	0Hz
	C3 (903)	端子 2 频率设定偏置	0 ~ 300%	0.1%	0%
	125 (903)	端子 2 频率设定增益频率	0 ~ 400Hz	0.01Hz	50Hz
	C4 (903)	端子 2 频率设定增益	0 ~ 300%	0.1%	100%
	C5 (904)	端子 4 频率设定偏执频率	0 ~ 400Hz	0.01Hz	0Hz
	C6 (904)	端子 4 频率设定偏置	0 ~ 300%	0.1%	20%

功能	参 数	名 称	设 定 范 围	最小设定单位	初 始 值
校正参数	126（905）	端子 4 频率设定增益频率	0～400Hz	0.01Hz	50Hz
	C7（905）	端子 4 频率设定增益	0～300%	0.1%	100%
模拟输出电流校正	C8（930）	电流输出偏置信号	0～100%	0.1%	0%
	C9（930）	电流输出偏置电流	0～100%	0%	0%
	C10（931）	电流输出增益信号	0～100%	0.1%	100%
	C11（931）	电流输出增益电流	0～100%	0.1%	100%
校正参数	C12（917）	端子 1 偏置频率（速度）	0～400Hz	0.01Hz	0Hz
	C13（917）	端子 1 偏置（速度）	0～300%	0.1%	0%
	C14（918）	端子 1 增益频率（速度）	0～400Hz	0.01Hz	50Hz
	C15（918）	端子 1 增益（速度）	0～300%	0.1%	100%
	C16（919）	端子 1 偏置指令（转矩/磁通）	0～400%	0.1%	0%
	C17（919）	端子 1 偏置（转矩/磁通）	0～300%	0.1%	0%
	C18（920）	端子 1 增益指令（转矩/磁通）	0～400%	0.1%	150%
	C19（920）	端子 1 增益（转矩/磁通）	0～300%	0.1%	100%
	C38（932）	端子 4 偏置指令（转矩/磁通）	0～400%	0.1%	0%
	C39（932）	端子 4 偏置（转矩/磁通）	0～300%	0.1%	20%
	C40（933）	端子 4 增益指令（转矩/磁通）	0～400%	0.1%	150%
	C41（933）	端子 4 增益（转矩/磁通）	0～300%	0.1%	100%
—	989	解除复制参数报警	0，1	1	10/100%2
PU	990	PU 蜂鸣器音控制	0，1	1	1
	991	PU 对比调整	0～63	1	58
参数清除	Pr. CL	清楚参数	0，1	1	0
	ALLC	参数全部清除	0，1	1	0
	Er. CL	清楚报警历史	0，1	1	0
	PCPY	参数复制	0，1，2，3	1	0

附 录 B

西门子 MM440 变频器故障信息

故 障 代 码	故障成因分析	故障诊断及处理
F0001 过电流	电动机电缆过长 电动机绕组短路 输出接地 电动机堵转 变频器硬件故障 加速时间过短（P1120） 电动机参数不正确 启动提升电压过高（P1310） 矢量控制参数不正确	1. 变频器上电报 F0001 故障且不能复位，请拆除电动机并将变频器参数恢复为出场设定值，如果此故障依然出现，请联系西门子维修部门 2. 启动过程中出现 F0001，可以适当加大加速时间，减轻负载，同时要检查电动机接线，检查机械抱闸是否打开 3. 检查负载是否突然波动 4. 用钳形表检查三相输出电流是否平衡 5. 用于特殊电动机，需要确认电动机参数，并正确修改 V/F 曲线 6. 对于变频器输出端安装了接触器，检查是否在变频器运行中有通断动作 7. 对于一台变频器拖动多台电动机的情况，确认电动机电缆总长度和总电流
F0002 过电压	输入电压过高或者再生能量回馈 PID 参数不合适	1. 延长降速事件 P1121，使能最大电压控制器 P1240 = 1 2. 测量直流母线电压，并且与 r0026 的显示值比较，如果相差太大，建议维修 3. 负载是否平稳 4. 测量三相输入电压 5. 检查制动单元、制动电阻是否工作 6. 如果使用 PID 功能，检查 PID 参数
F0003 欠电压	输入电压低冲击负载输入缺相	1. 测量三相输入电压 2. 测量三相输入电流，是否平衡 3. 测量变频器直流母线电压，并且与 r0026 显示值比较，如果相差太大，需维修 4. 检查制动单元是否正确接入 5. 输出是否有接地情况
F0004 变频器过温	冷却风量不足，机柜通风不好 环境温度过高	1. 检查变频器本身的冷却风机 2. 可以适当降低调制脉冲的频率 3. 降低环境温度
F0005 变频器 I2T（过载）	电动机功率（P0307）大于变频器的负载能力（P0206）负载有冲击	检查变频器实际输出电流 r0027 是否超过变频器的最大电流 r0209
F0011 电动机过热	负载的工作/停止周期不符合要求 点击超载运行 电动机参数不对	1. 检查变频器传出电流 2. 重新进行电动机参数识别（P1910 = 1） 3. 检查温度传感器
F0041 电动机参数检测失败	电动机参数自动检测故障	检查电动机类型、接线、内部是否有短路，手动来测量电动机阻抗写入数 P0350
F0042 速度控制优化失败	电动机动态优化故障	检查机械负载是否脱开 重新优化

故障代码	故障成因分析	故障诊断及处理
F0080 模拟输入信号丢失	断线，信号超出范围。	检查模拟量接线，测试信号输入
F0452 电动机堵转	电动机转子不旋转	检查机械抱闸，重新优化
A0501 过电流限幅	电动机电缆过长 电动机内部有短路 接地故障 电动机参数不正确 电动机堵转 补偿电压过高 启动时间过短	1. 检查电动机电缆 2. 检查电动机绝缘 3. 检查变频器的电动机参数，补偿电压，加/减速时间设置是否正确
A0502 过电压限幅	线电压过高或者不稳 再生能量回馈	1. 测量三相输入电压 2. 加降速时间 P1121 3. 安装制动电阻 4. 检查负载是否平衡
A0503 欠电压报警	电网电压输入缺相冲击性负载	1. 测量变频器输入电压 2. 如果变频器在轻载时正常运行，但重载时报欠电压故障，测量三相输入电流，可能缺相，可能变频器整流桥故障 3. 检查负载
A0504 变频器过温	冷却风量不足，机柜通风不好，环境温度过高	1. 检查变频器的冷却风机 2. 改善环境温度 3. 适当降低调制脉冲的频率
A0505 变频器过载	变频器过载 工作/停止周期不符合求电动机功率（P0307） 超过变频器的负载能力（P0206）	可以通过检查变频器实际输出电流 r0027 是否接线 变频器的最大电流 r0209，如果接地，说明变频器过载，建议减小负载
A0511 电动机 I2T 过载	电动机过载 负载的"工作-停止" 周期中，工作时间太长	1. 检查负载的工作/停机周期必须正确 2. 检查电动机的过温参数（P0626 – P0628）必须正确 3. 检查电动机的温度报警电平（P0604）必须匹配 4. 检查所链接传感器是否是 KTY84 型
A0512 电动机温度信号丢失	至电动机温度传感器的信号断线	如果已检查出信号线断线，温度监控开关应切换到采用电动机的温度模型进行监控
A521 运行环境过温	运行环境温度超出报警值	1. 检查环境温度必须在允许限值以内 2. 检查变频器运行时，冷却风机必须正常转动 3. 检查冷却风机的机风口不允许有任何阻塞
A0541 电动机数据自动检测已激活	已选择电动机数据自动检测（P1910）功能，或检测正在进行检测	如果此时 P1910 =1，需要马上启动变频器激活自动检测
A0509 编码器反馈信号丢失的报警	从编码器来的反馈信号丢失	1. 检查编码器的安装及参数设置 2. 检查变频器与编码器之间的接线 3. 手动运行变频器，检查 r0061 是否有反馈信号 4. 增加编码器信号丢失的门限值（R0492）

故障代码	故障成因分析	故障诊断及处理
A0910 最大电压 Vdc -max 控制器未激活	电源电压一直太高 电动机由负载带动旋转, 使电动机处于再生制动方式下运行 负载的惯量特别大	检查电源输入 安装制动单元、制动电阻
A0911	直流母线电压超过 P2171 设定的门限值	
A0922	变频器无负载	输出没接电动机, 或者电动机功率过小